Peter Kunz

Umwelt-Bioverfahrenstechnik

AF608605

Aus dem Programm Biotechnologie / Umwelttechnik

A. Heintz und G. Reinhardt
Chemie und Umwelt
Ein Studienbuch für Chemiker, Biologen und Geologen

G. Schmidt
Pestizide und Umweltschutz

B. Philipp (Hrsg.)
Einführung in die Umwelttechnik
Grundlagen und Anwendungen aus Recht und Technik

M. Meiners
Biotechnologie für Ingenieure
Grundlagen, Verfahren, Aufgaben, Perspektiven

H. Kindl
Biochemie - ein Einstieg

A. Berkaloff, J. Bourguet, P. Favard und J.-C. Lacroix
Die Zelle
Biologie und Physiologie

W. Schumann
Biologie bakterieller Plasmide

T. Scheper
Bioanalytik

K. Schügerl (Hrsg.)
Analytische Methoden in der Biotechnologie
Mit Literaturübersicht und Bezugsquellenverzeichnis

F. Oehme
Chemische Sensoren
Funktion, Bauformen, Anwendungen

J. S. Fritz und G. H. Schenk
Quantitative Analytische Chemie
Grundlagen – Methoden – Experimente

K. E. Geckeler und H. Eckstein
Analytische und präparative Labormethoden
Grundlegende Arbeitstechniken für Chemiker, Biochemiker, Mediziner, Pharmazeuten und Biologen

Vieweg

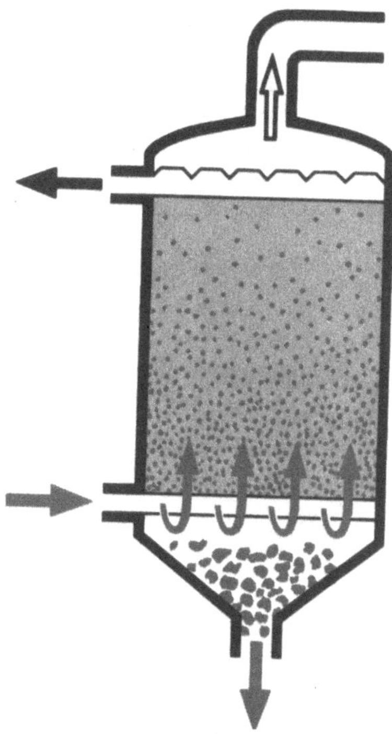

Peter Kunz

Umwelt-Bioverfahrenstechnik

Prof. Dr. Peter Kunz
Institut für Biologische Verfahrenstehnik (IBV)
Fachhochschule für Technik (FHT)
Speyerer Str. 4
6800 Mannheim 1

Die Deutsche Bibliothek – CIP-Einheitsaufnahme

Kunz, Peter:
Umwelt-Bioverfahrenstechnik / Peter Kunz. –
Braunschweig; Wiesbaden: Vieweg, 1992
ISBN 978-3-322-83111-8

Das vorliegende Werk wurde sorgfältig erarbeitet. Dennoch übernehmen Autoren, Herausgeber und Verlag für die Richtigkeit von Angaben, Hinweisen und Ratschlägen sowie für eventuelle Druckfehler keine Haftung. Die Wiedergabe von Gebrauchsnamen, Handelsnamen, Warenbezeichnungen usw. in diesem Buch berechtigt auch ohne besondere Kennzeichnung nicht zu der Annahme, daß solche Namen im Sinne der Warenzeichen- und Warenschutzgesetzgebung als frei zu betrachten wären und daher von jedermann benutzt werden dürfen.

Alle Rechte vorbehalten
© Friedr. Vieweg & Sohn Verlagsgesellschaft mbH, Braunschweig / Wiesbaden, 1992
Softcover reprint of the hardcover 1st edition 1992
Der Verlag Vieweg ist ein Unternehmen der Verlagsgruppe Bertelsmann International.

Das Werk einschließlich aller seiner Teile ist urheberrechtlich geschützt. Jede Verwertung außerhalb der engen Grenzen des Urheberrechtsgesetzes ist ohne Zustimmung des Verlags unzulässig und strafbar. Das gilt insbesondere für Vervielfältigungen, Übersetzungen, Mikroverfilmungen und die Einspeicherung und Verarbeitung in elektronischen Systemen.

Gedruckt auf säurefreiem Papier

ISBN-13: 978-3-322-83111-8 e-ISBN-13: 978-3-322-83110-1
DOI: 10.1007/ 978-3-322-83110-1

Vorwort

Anlaß für dieses Buch ist der Wunsch, umweltverträgliche Techniken in die Produktion und Entsorgung hineinzutragen. Die Natur hat es über Jahrtausende geschafft, einen Kreislauf aufzubauen, der über Produktion und Konsumption abläuft, ohne daß größere Abfallberge entstanden sind. Diesen Kreislauf sollte eigentlich unsere hochentwickelte Zivilisation, als die wir sie bezeichnen, sich zum Vorbild nehmen und in ein aktives Handeln umsetzen. Andernfalls wird diese hochentwickelte Zivilisation als ein kosmisches Zwischenspiel in die Erdgeschichte eingehen.

Allerdings wäre es verfehlt, daraus zu schließen, Biologie sei grundsätzlich gut, und Chemie sei grundsätzlich schlecht! Mikrobielle Stoffwechselprodukte können nämlich toxischer sein als ihre Ausgangsprodukte; auch mikrobiell kann es zur Produktion von Dioxinen kommen. Schließlich sollte man auch nicht die emissionslose Produktion vor Augen haben: Sie wäre unsinnig, weil der natürliche Kreislauf auf "Abprodukte" angewiesen ist und weil "emissionslos" - abgesehen davon, daß ein 100prozentiger Stoffumsatz unmöglich ist und jede Annäherung daran in der Regel mit hohem Energieeinsatz erkauft wird - die Entropie steigert.

Dieses Buch will neben methodischen Ansätzen dem technisch orientierten und durch Schule, vielleicht Studium und über allgemeinbildende Literatur vorinformierten Leser die Möglichkeiten und Grenzen einer Biologischen Technik in Produktion und Entsorgung vorstellen. Es ist entstanden aus einem Vorlesungsskriptum und verschiedenen Veranstaltungen zu diesem Themenkreis (Wasserkreisläufe, mikrobielle Laugung, Entsorgung von Fetten und Ölen, Lacken und Emulsionen).

Nach einer kurzen Grundlagen-Betrachtung, die notwendig ist, um zu verstehen, wie biologische Systeme funktionieren und wie sie optimiert werden können, werden die biologischen End-of-pipe-Techniken erläutert. Einsatzbeispiele sowie Erfahrungen, die aus eigenen Arbeiten herrühren, und Literatur-Reviews zeigen den aktuellen Stand der praktischen Nutzung in diesem Bereich. Abschließend werden einige Entwicklungen vorgestellt, die zwar noch am Anfang ihrer großtechnischen Umsetzung in die Praxis stehen, die aber - zumindest vom methodischen Ansatz her - eine interessante Perspektive haben.

Dieses Buch will also an ausgewählten Beispielen den Stand des Wissens in einem Überblick darstellen, kommentieren und an einigen Stellen weitergehende Lösungsansätze und Perspektiven aufzeigen, um den Leser zu eigenen Initiativen der Umweltvorsorge anzuspornen. Es will ihn weiterhin in die Lage versetzen, Möglichkeiten - aber auch Grenzen - der Biologischen Technik für eigene Anwendungsfälle abzuschätzen. Es wäre schön, wenn dieses Buch damit umweltverträglichere Produktionen und erfolgreichere Vermeidungsmaßnahmen initiieren würde. Der Autor freut sich im übrigen über jede diesbezügliche Ergänzung, Kommentierung und Verbesserung des Inhaltes für spätere Auflagen.

Alles Wissen
über die Wirklichkeit
geht von der Erfahrung aus
und mündet in ihr.

Albert Einstein

Widmung

Dieses Buch ist meinen Kindern Jenny-Alexandra und Johannes gewidmet; ich hoffe, ihnen mit meiner Arbeit ein Stückchen lebenswerte Umwelt erhalten zu können.

Dank

An erster Stelle danke ich meinen Mitarbeitern und meinen Studenten, die in den unterschiedlichsten Diskussionen im Rahmen von seminarartigen Vorlesungen und Vorträgen sowie in Studien- und Diplomarbeiten dazu beigetragen haben, Inhalte zu vertiefen und an der Verständlichkeit des Textes weiterzuarbeiten. Frau Dipl.-Biol. E. Neitmann und Herr Dipl.-Ing. S. Wagner haben sich mit dem Text kritisch auseinandergesetzt; Herr Wagner hat dankenswerter Weise in seiner Freizeit die Reinzeichnungen der Bilder angefertigt. Schließlich sei Herrn Dipl.-Chem. B. Gondesen vom Vieweg-Verlag an dieser Stelle für die Ermunterung zu diesem Buch und die Betreuung gedankt.

Karlsruhe, im Juli 1992

Peter Kunz

INHALTSVERZEICHNIS

1 EINFÜHRUNG

Im allgemeinen unterstellt man den biologischen Techniken ein hohes Maß an Umweltverträglichkeit, wenn man einmal die Angst vor der Gentechnik außen vor läßt. Dies ist zwar nicht grundsätzlich so (über die biogene Bildung von Furanen und Dioxinen in aeroben Medien durch Peroxidasesysteme ist in der Literatur /SVENSON et al., 1989/ bereits berichtet worden), doch darf man im wesentlichen davon ausgehen, daß es für mikrobielle Produkte auch mikrobielle Abbauwege geben muß /REHM, 1988/.

Bild 1.1 zeigt in stark vereinfachter Weise den eindrucksvollen natürlichen Kreislauf, in dem analog der menschlichen Wirtschaft Produzenten und Konsumenten miteinander verknüpft sind, wobei die Produzententätigkeit davon abhängt, ob und wieviele Ausgangsstoffe durch die abbauenden Mikroorganismen (Destruenten) wieder bereitgestellt werden und ob hinreichend Energie zur Verfügung steht. Insbesondere ist also die mikrobielle Aktivität dafür verantwortlich, daß dieser Stoffkreislauf bestehen bleibt. Bei den Mikroorganismen handelt es sich im wesentlichen um Bakterien, Pilze, Hefen, gegebenenfalls auch um Algen. Kernstück für die Funktion des natürlichen Kreislaufes ist die Input-Orientierung der Mikroorganismen, die im folgenden Abschnitt erläutert wird.

1.1 Umweltbioverfahrenstechnik - eine Definition

Die Biologische Technik basiert natürlich nicht nur auf dem Wirken von Mikroorganismen, sondern auch auf der Anwendung von pflanzlichen und tierischen Zellen, die - für den Bioverfahrenstechniker - ähnliche, nur komplizierter aufgebaute Stätten zum Auf-

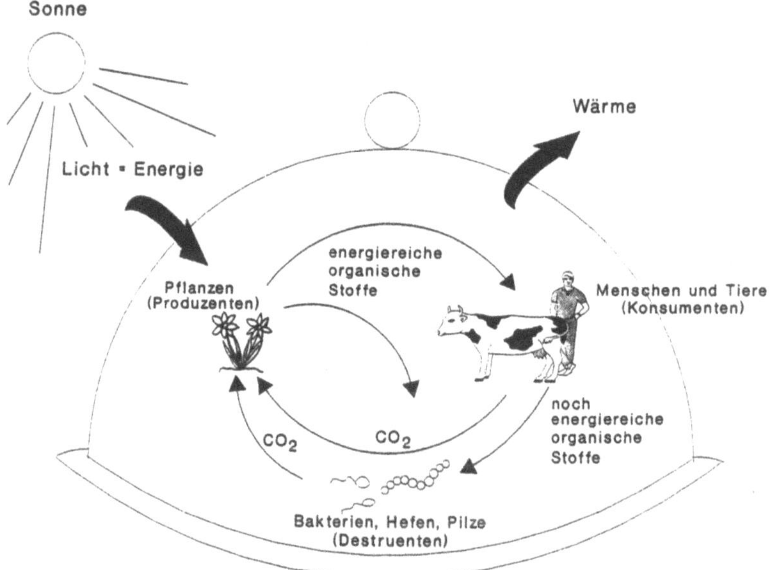

Bild 1.1 Der natürliche Kohlenstoff-Stoffkreislauf

und Abbau lebensnotwendiger Verbindungen sind. Die Biologische Technik darf deshalb generell verstanden werden als Anwendung biologischer Kenntnisse in technischen Einrichtungen zur Herstellung, Modifikation oder zum Abbau von Substanzen sowie zur Modifikation von Organismen. Bei der Umweltbioverfahrenstechnik handelt es sich um einen Wissens-, Forschungs- und Anwendungsbereich, der die klassischen mikrobiologischen und biochemischen Kenntnisse über Mikroorganismen nutzt und diese mit verfahrenstechnischem Wissen zum Schutz der Umwelt meistens in Mischkulturen unter unsterilen Bedingungen kombiniert.

Diese Unterscheidung zur Umweltbiotechnologie ist deshalb bewußt vorgenommen, weil man landläufig unter Umweltbiotechnologie die Anwendung biologischen Wissens bei der Behandlung von Luft, Wasser, Abfall und Boden versteht. Dieses ist aber nicht der gesamte Anwendungsbereich: Die "Biotechnologie zum Schutz der Umwelt" umfaßt auch produktive oder Dienstleistungsprozesse, die mit Emissionen verbunden sind und die es zu vermeiden, vermindern oder unschädlich zu machen gilt. So wie die Umweltschutztechniken ein klassisches Teilgebiet der Verfahrenstechnik darstellen, kann auch die Umweltbiotechnologie als ein Teilgebiet der Umweltbioverfahrenstechnik aufgefaßt werden.

Im Vordergrund der Umweltbioverfahrenstechnik steht somit die Produktion, basierend auf biologischen Erkenntnissen und mit Hilfe mikrobieller Systeme. In Tabelle 1.1 sind einige exemplarische Ansätze aufgelistet.

Tabelle 1.1 Umweltbioverfahrenstechnik: Produktion und Entsorgung

Produktion mit Hilfe von Mikroorganismen
• mikrobiell erzeugte Roh- und Hilfsstoffe (Alkohol, Biogas, Schwefelsäure, Proteine, Hefen). • integrierte Entsorgung von Rückständen durch mikrobielle Systeme (Fette, Öle, Rost, Lacke).
Entsorgung mit Hilfe von Mikroorganismen
• Biologische Abluft-, Abwasser- und Abfallbehandlung • Minimierung biologisch erzeugter Klärschlämme

Von einem Umweltbioverfahrenstechniker erwartet man deshalb Kenntnisse in Mikrobiologie (oder allgemein der Biologie), der Chemie, insbesondere der Analytik, aber auch der Physik, der Informatik, der Regelungstechnik und nicht zuletzt Kenntnisse über die gesamte Breite der produzierenden Ingenieurskunst, vorneweg der Verfahrenstechnik als der Technik der Stoffumwandlung, -konzentrierung und -abscheidung, die dort in Form von physikalischen, chemischen und biologischen Grundoperationen (unit operations) gelehrt werden. Diese Erwartungen wird wohl kaum jemand hundertprozentig erfüllen können; auch kann es keine Ausbildung zu dem Umweltbioverfahrenstechniker geben - sie dauert ein Leben lang.

1.2 Mikroorganismen im produktiven Bereich

Abgesehen von den klassischen Fermentationen darf man getrost behaupten, daß bislang Mikroorganismen im produktiven Bereich absolut ungern gesehen werden: Der weltweit zunehmende Einsatz antimikrobieller Substanzen (aufgrund der Hinwendung zu abbaubareren Ausgangsstoffen) zeigt, daß Mikroorganismen eher bekämpft werden, als daß man mit ihnen zusammenarbeitet. Es gibt aber auch schon Anwendungsfälle, bei denen Mikroorganismen in der Produktion gezielt eingesetzt werden; sie werden im vierten Kapitel diskutiert.

Das Auftreten von Mikroorganismen im produktiven Bereich ist ein deutlicher Hinweis darauf, daß unter den meist extremen Prozeßbedingungen immer noch Organismen leben können; meist sind es auch sehr spezialisierte. In verschiedenen Anwendungsfällen kann man sich dieses Spezialistentum unmittelbar zunutze machen: Dann verrichten die Mikroorganismen oder von ihnen erzeugte Produkte die Arbeit der Roh- und Hilfsstoffe (Tabelle 1.2).

Voraussetzung dafür ist, daß die mikrobielle Produktion nicht dem Zufall überlassen, sondern gezielt eingesetzt wird. Hilfsstoffe, wie z.B. Tenside oder Lösungsmittel, dienen dazu, Schmutz von Oberflächen abzulösen. Verschmutzte Hilfsstoffe werden verworfen, teilweise auch regeneriert, stellen aber irgendwann einen Rückstand dar, der zumeist teuer als Schlamm oder Sonderabfall entsorgt werden muß. Mikroorganismen können durchaus die Funktion der Tenside unterstützen oder übernehmen, man muß hierfür nur die entsprechenden Systeme schaffen.

Tabelle 1.2 Grundzüge des Einsatzes von Mikrorganismen im produktiven Bereich

Mikroorganismen (nicht nur autotrophe, auch heterotrophe Mikroorganismen; Abschnitt 1.1) produzieren diverse Stoffe:

- "Abfälle", die Wertstoffe sind (Alkohol, Biogas usw.).
- Enzyme, die Substanzen transformieren (Lipase).
- Wirkungsvermittler, die Substanzen erst verfügbar machen (Tenside, Schwefelsäure usw.).
- Speichersubstanzen (Ferritin, Lipide, usw.).
- Wirkungsverzögerer (Komplexierung, Sulfidfällung).

Mikroorganismen konditionieren ihre Umgebung:

- Oberflächenladungen (Biofilmbildung).
- Versäuerungsreaktionen.
- Antibiotika (Organismenabwehr, Symbiose)

Mikroorganismen akkumulieren:

- Schwermetalle und chlorierte Kohlenwasserstoffe.
- Fette, Phosphate etc.

1.3 Verminderung von Emissionen

Die konkrete Frage also lautet: Können Mikroorganismen bereits bei der Emissionsvermeidung helfen? Das heißt, kann durch den Einsatz von Mikroorganismen im produktiven oder im Dienstleistungsbereich auf Stoffe verzichtet werden, die sonst in die Umwelt gelangen würden? Zunächst zum Begriff Emissionen. Man kann hierunter alle Stoffkomponenten aus einem Anwendungsbereich verstehen, die dem "unerwünschten" Output einer Produktion (Stoffverlust) zuzurechnen sind. Es gibt mittelbare und unmittelbare Emissionen; mittelbar sind beispielsweise die CO_2-Emissionen aus Kraftwerksfeuerungen, die bei der Energieumwandlung für die Stromerzeugung entstehen.

Aus Tabelle 1.2 wird ersichtlich, daß mit Hilfe von Mikroorganismen durchaus Emissionen dadurch begrenzt werden können, daß anstelle synthetischer Hilfsmittel mikrobielle Produkte oder Mikroorganismen direkt eingesetzt werden können. Ein - im Augenblick vielleicht noch mehr einer Wunschvorstellung gleichkommendes - Produktionssystem zeigt Bild 1.2: Hilfsstoffe werden durch mikrobielle Systeme ersetzt, Wasser und mikrobiell produzierte Stoffe werden im Kreislauf geführt, Mikroorganismen sorgen für die Regeneration der Hilfsstoffe und wachsen auf den Ausgangsstoffen (wenn es sich z.B. um Fette handelt, die von den Oberflächen abgelöst werden sollen); teilweise muß die produzierte Biomasse ausgeschleust und weiterbehandelt werden.

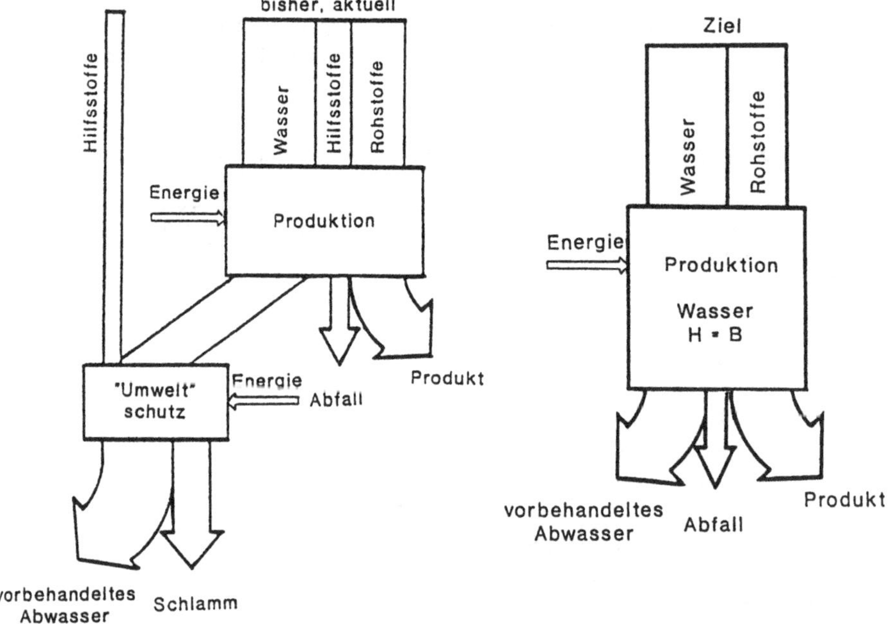

Bild 1.2 Gegenüberstellung eines konventionellen Produktionssystems (**links**) und eines Produktionssystems mit mikrobieller Hilfsstoffproduktion (**rechts**: Hilfsstoffe (H) werden von Bakterien (B) produziert und, soweit nicht benötigt, wieder abgebaut)

Wie eingangs bereits ausgeführt, haben Mikroorganismen darüberhinaus ihren angestammten Platz bei der Behandlung organischer Stoffe in der Abluft, im Abwasser, beim Abfall und inzwischen auch bei der Bodensanierung. Zur Abluftbehandlung werden Bio"filter" und Bio-Wäscher eingesetzt (Abschnitt 3.1); bei der Abwasserreinigung arbeitet man aerob (Abschnitt 3.2) und anaerob (Abschnitt 3.3.) in Hochleistungs- und Schwachlastsystemen ohne und mit Trägerbiologien; bei der Abfallbehandlung hat sich die aerobe Kompostierung (Abschnitt 3.5) gegenüber einer anaeroben Müllvergärung durchgesetzt, und bei der Bodensanierung wendet man die genannten Techniken in situ (direkt im Bodenkörper) und on site (an Ort und Stelle daneben) an (Abschnitt 3.6).

Neuere Aspekte sind (und hierbei schließt sich der Kreis zu obigen Betrachtungen), aus Abfallsubstraten Produkte zu machen: In diesem Zusammenhang ist beispielsweise die Alkoholproduktion aus organischen Konzentraten (z.B. Melasse) zu sehen. Im Augenblick wird an verschiedenen Stellen daran gearbeitet, organische Sonderabfälle zu dekontaminieren; zum Beispiel an der Umwandlung von Lackschlämmen in Biogas oder andere verwertbare Energieträger (Abschnitt 4.6).

1.4 Entsorgung der biologischen Schlämme

Allerdings ist fast jede mikrobielle Aktivität mit Wachstum und Schlammproduktion verbunden. Eine großtechnische Realisierung mikrobieller Systeme in der Produktion ist nur zu verwirklichen, wenn das Bio-Schlammproblem gelöst werden kann - weil das Chemie-Schlammproblem kaum zu lösen ist.

Man arbeitet heute mit aerob thermophilen und anaeroben Mikroorganismen. Die eingesetzten Verfahren haben jedoch alle zu nur mehr oder weniger gut entwässerbaren Schlämmen geführt, die anschließend noch getrocknet und ggf. verbrannt werden müssen.

Auch hier gibt es allerdings Neuentwicklungen aus dem Bereich der Biologischen Verfahrenstechnik: Durch mechanische Zerstörung der Zellhüllen der Mikroorganismen - das zeigen erste Untersuchungen - ist es möglich, die organische Masse aufzuschließen und einem Methanisierungsprozeß zu unterwerfen: Endprodukte sind erheblich verminderte Schlammengen und mehr Biogas. Man kann den Zellbrei aber auch in den ursprünglichen Reaktor zurückgeben und den dort aktiven Mikroorganismen zum "Fraß" vorwerfen, wenn organische Konzentrate benötigt werden.

2 GRUNDLAGEN UND ANWENDUNGEN BIOLOGISCHER SYSTEME

Dieses Kapitel beschäftigt sich mit einigen ausgewählten grundlegenden Merkmalen der biologischen Technik und lehnt sich an Darstellungen von SCHLEGEL /1985/ an. In Bild 2.1 ist schematisch das Zusammenspiel der wesentlichen Komponenten in der Umweltbioverfahrenstechnik gezeigt: Der Mikroorganismus bzw. die Zelle ganz allgemein stellt den kleinsten Reaktorraum dar. Von entscheidender Bedeutung für den Stoffwechsel (Abschnitt2.1) sind die Enzyme, die sogenannten Biokatalysatoren. Enzyme werden auf- und abgebaut, je nachdem in welchem Zustand sich die Zelle (Abschnitt 2.2) insgesamt befindet.

Außerhalb der fermentativen Produktionsverfahren in Labor und Technikum mit Hilfe von Reinkulturen kommen Mikroorganismen nur in mikrobiellen Lebensgemeinschaften (Biocoenosen, Abschnitt 2.5) vor, die sich aus unterschiedlichen Organismenarten (Abschnitt 2.3) zusammensetzen.

Die technische Nutzung mikrobieller Eigenschaften erfordert meist hohe Stoffwechselleistungen; deshalb muß dem Anwender die Reaktionstechnik (Abschnitt 2.4) bekannt sein, neben dem Wissen, welche Bioreaktoren (Abschnitt 2.6) existieren und durch welche wesentlichen Eigenschaften sich diese unterscheiden.

2.1 Mikrobieller Stoffwechsel

Wie in Bild 1.1 gezeigt wurde, gilt der natürliche Kreislauf als geschlossen. Dieser Zusammenhang gilt natürlich nur, solange man das System insgesamt betrachtet. Im Detail sieht es eher so aus, daß jeder einzelne Organismus immer mindestens zwei Produkte schafft (Bild 2.2):
- ein Erwünschtes,
- ein Unerwünschtes

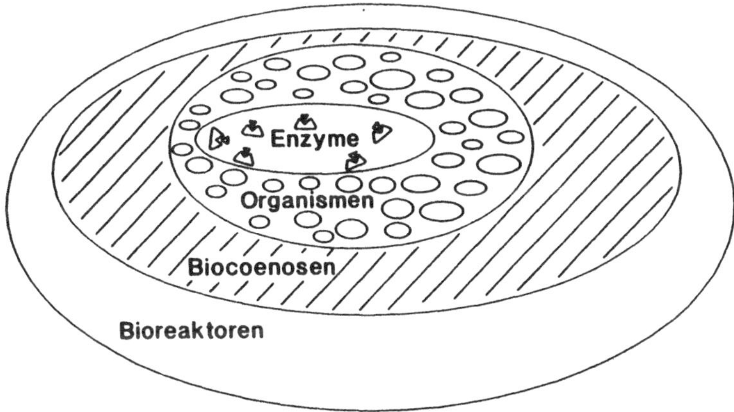

Bild 2.1 Übersichtsschema zur Hierarchie biologisch-technischer System-Bausteine

und ein anderer Organismus mit dem unerwünschten Produkt - eventuell allerdings erst unter veränderten Milieubedingungen - noch etwas anfangen kann. Die Stoffe müssen Nährstoff-Charakter haben, wenn ein Mikroorganismus sie verwerten soll. Die Nährstoffe (Substrate) werden also von ihrer höchsten Energieform (z.B. Glucose: $C_6H_{12}O_6$) zu ihrer niedrigsten, dem anorganischen Kohlendioxid (CO_2) umgewandelt, aus dem sie unter Einwirkung von Licht oder gebundener Energie wieder zur Glucose oder zuckerähnlichen Verbindungen aufgebaut werden. Der Kohlenstoff befindet sich also in der Natur in einem Fließgleichgewicht im Gegensatz zum chemischen Gleichgewicht, bei dem die Stoffe in einem stationären Zustand aus Hin- und Rückreaktionen verharren.

Ihren Baustoff- und Energiebedarf decken die Organismen durch Absorption von Lichtenergie, Kohlendioxid-Assimilation bei der Photosynthese sowie durch die Aufnahme und Verwertung von organischer Nahrung, wobei es sich um komplexe, meist gekoppelte Umwandlungsprozesse handelt. Diese erfolgen bei den verschiedenen zellulären Lebewesen überwiegend nach gleichen oder ähnlichen Prinzipien. Grundsätzliche Unterschiede bestehen jedoch bezüglich ihrer Stoff- und Energieversorgung, wie Tabelle 2.1 deutlich macht.

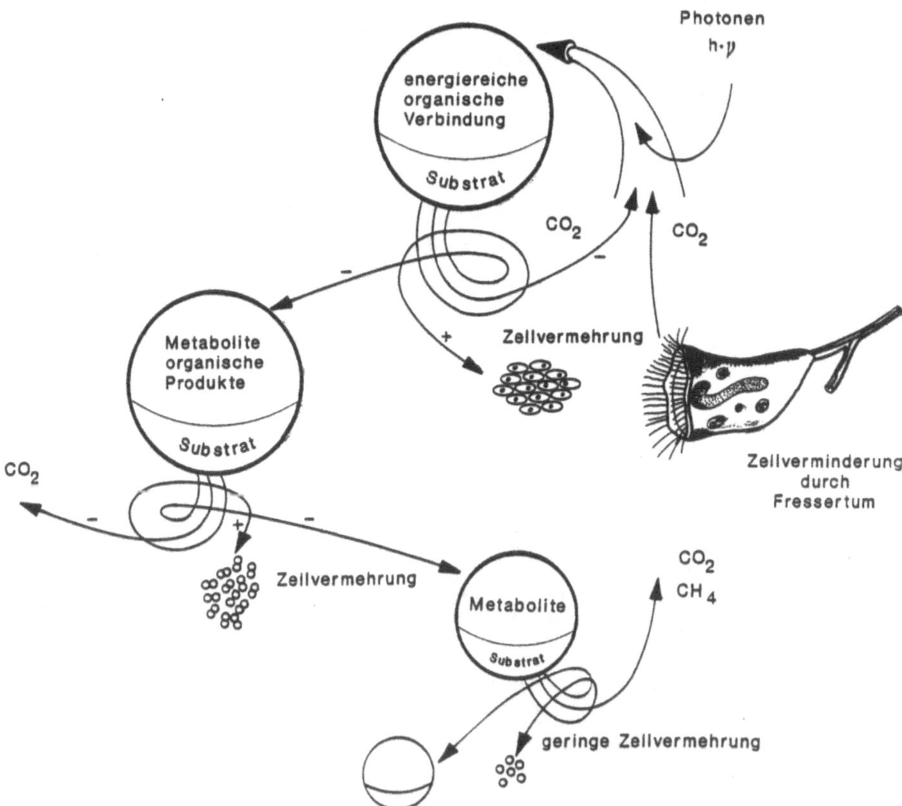

Bild 2.2 Stoffwechselsystem: Substrate/Nährstoffe - Produkte/Metabolite

Tabelle 2.1 Ernährungsweisen von Organismen

Ernährungsweise	Energiequelle	Wasserstoffquelle	Kohlenstoffquelle
chemo-organo-heterotroph	organische Substanz	organische Substanz	organische Substanz
photo-litho-autotroph	Licht	H_2O, H_2S	CO_2
chemo-litho-autotroph	anorganische Substanz	anorganische Substanz	CO_2
photo-organo-autotroph	Licht	organische Substanz	CO_2

Nicht zu vernachlässigen ist, daß es auch in der Natur keinen hundertprozentigen Stoffumsatz gibt. Auch wenn verschiedene Transportphänomene bekannt sind (Siderophore, substratspezifische Permeasen), die die Mikroorganismen in die Lage versetzen, bei geringen Konzentrationen von essentiellen Substanzen den Fluß zum Organismus über die Diffusion hinaus zu verstärken, ist die Wahrscheinlichkeit gering, daß alle Stoffe im Medium davon erfaßt werden.

Global betrachtet ist das erwünschte Produkt aus Sicht der Mikroorganismen Biomasse, da sie der Arterhaltung dient; unerwünscht sind die Stoffwechselendprodukte, die entstehen, weil der Organismus Energie zum Aufbau der Biomasse und zur Aufrechterhaltung des Stoffwechsels und der bestehenden Zellstrukturen bereitstellen muß. Unerwünscht sind auch Stoffwechselzwischenprodukte (Metabolite), die sich anhäufen, wenn für deren Umsetzung notwendige Verbindungen fehlen. Man hat also zumindest den Energie- und den Baustoffwechsel zu unterscheiden.

Aus Umweltgesichtspunkten heraus ist es optimal, wenn der mikrobielle Stoffwechsel stark auf Seiten des Energiestoffwechsels zu liegen kommt, weil das Endprodukt unter aeroben Bedingungen (d.h. molekularer Sauerstoff liegt gelöst vor) Kohlendioxid ist. Kohlendioxid ist leicht flüchtig; es wird einfach gestrippt. Die Entfenung eines Produktes aus einem Reaktionsgleichgewicht "zieht" die Reaktion in Richtung Produktbildung, was zu einer weitergehenden Umsetzung führt. Bei aeroben Prozessen ist der Energiegewinn aus einem Substrat erheblich größer als bei anaeroben, weshalb die Zelle unter aeroben Bedingungen mehr Biomasse bildet. Unter anaeroben - d.h. sauerstofffreien - Bedingungen entsteht neben Kohlendioxid Methan (Faulung) oder Ethanol (Gärung).

Logisch ist, daß der Umweltschutztechniker deshalb zuerst an anaerobe Umsetzungen denkt, wenn er Abwässer oder Abfälle behandeln soll, weil wenig Biomasse, also auch wenig Schlamm entsteht. Allerdings darf er dann nicht unterschätzen, daß der Mikroorganismus verhältnismäßig langsam wächst (würde er sonst energiereiche Verbindungen in die Umgebung ausscheiden?) und dadurch auf Veränderungen stark anspricht; insbesondere nach einer Störung dauert es wieder sehr lange, bis das System seine ursprüngliche Leistungsfähigkeit aufweist. Viel Biomasse bedeutet im Grunde deshalb auch ein hohes Akkumulations-, Adsorptions- oder Pufferpotential für störende Stoffe. In schnellwachsenden Biomasse-Systemen werden Störstoffe häufig nach außen hin gar nicht bemerkt, weil die Störung nur lokal und schnell kompensiert ist /KUNZ, FRIETSCH, 1986/.

Zur Zeit sollen nur etwa ein Zehntel aller in der Natur vorkommenden Arten von Mikroorganismen bekannt sein; ganz abgesehen davon, daß eine nahezu unübersehbare, noch weitgehend unbekannte Zahl von Reaktionen in den bekannten Mikroorganismen abläuft, die sich für die Praxis nutzen ließen. In der Fermentationstechnik beschränkt sich die Beschaffung eines Produktionsstammes infolge gentechnischer Möglichkeiten zwar heute nicht mehr nur auf Selektion und Adaptation bzw. Mutation, trotzdem reduziert sich biotechnisches Produktionsverständnis zunehmend auf die Suche nach einem einzigen Enzymsystem für eine ganz bestimmte Reaktion. Ganz anders dagegen sieht es in mikrobiellen Lebensgemeinschaften aus: Hier sind gerade viele Stoffwechselreaktionen erwünscht bzw. ein breites Spektrum an Stoffwechselleistungen.

Im Hinblick auf den Einsatz von Mikroorganismen im produktiven Bereich muß man sich deshalb durchaus die Frage stellen, wo es tolerierbar ist, daß die Ausgangsstoffe transformiert werden. Darüber hinaus muß man klären, welche Stoffumsätze erreicht werden und welche Metabolite noch im Medium (oder in der Luft) anzutreffen sein werden. Schließlich muß man sich auch um den Verbleib der produzierten Biomasse kümmern. Bei der biologischen Abwasserreinigung ist es beispielsweise erforderlich, daß auch die Biomasse weitestgehend zurückgehalten wird, da auch sie eine Restverschmutzung darstellt, sobald sie in ein Gewässer gelangt (die Organismen zehren Sauerstoff und sind oxidierbar).

2.1.1 Katabolismus

In der Regel werden alle Substrate zunächst enzymatisch in kleinere Bruchstücke (vgl. Abschnitt 2.2.2) zerlegt. Dieser Vorgang kann bereits außerhalb der Zelle beginnen, wenn Makromoleküle nicht durch die Zellwand hindurchtransportiert werden können. Diese Enzyme werden als Exoenzyme bezeichnet. Der Zerlegungsvorgang geht in der Zelle weiter bis zu organischen Säuren und Phosphatestern. Aus einer Vielzahl von auf diese Weise erzeugten niedermolekularen Verbindungen werden die benötigten Zellbau-

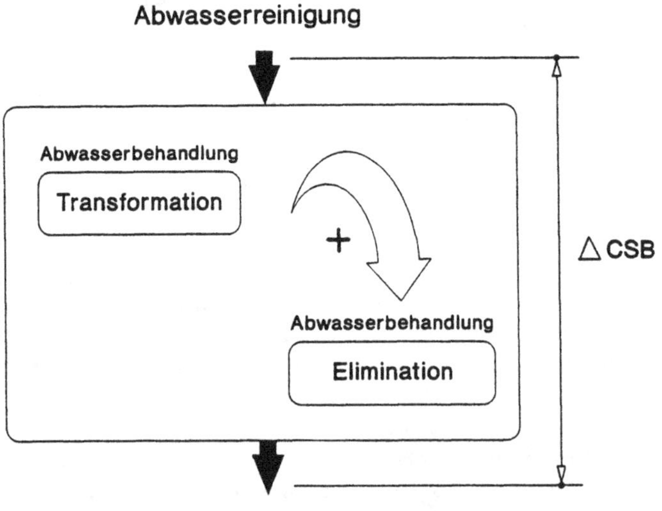

Bild 2.3 Definition der biologischen Abwasserreinigung

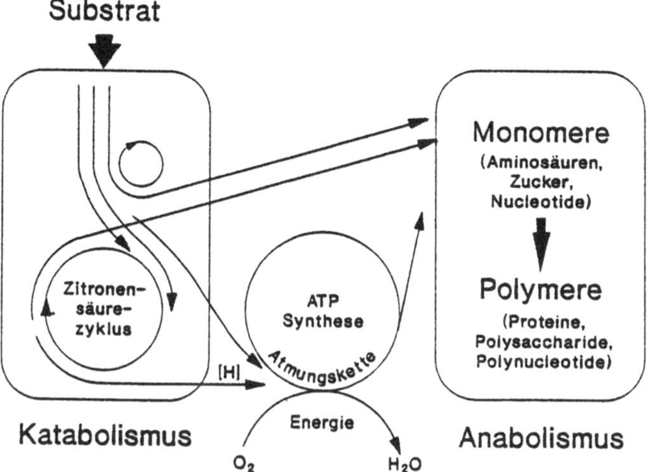

Bild 2.4 Grundzüge jedes mikrobiellen Stoffwechsels

steine unter Verwendung von Energie synthetisiert (Abschnitt 2.1.3 Anabolismus/ Baustoffwechsel). Bild 2.4 zeigt schematisch das Zusammenwirken von Katabolismus, Anabolismus und Energiestoffwechsel.

2.1.2 Energiestoffwechsel

Die in Bild 1.1 gezeigte Produktion von organischer Substanz durch pflanzliche Zellen, die auf der Fixierung von Kohlendioxid über den Weg der Photosynthese beruht, ist das Ergebnis der Potentialdifferenz zwischen Wasserstoff und Sauerstoff (1,2 V). Durch die Photosynthese wird nämlich die Strahlungsenergie der Sonne in chemische Energie umgewandelt, indem Wasser in Sauerstoff und Wasserstoff gespalten und der Wasserstoff auf den Kohlenstoff aus dem Kohlendioxid übertragen wird; Ergebnis daraus sind die Kohlenhydrate und molekularer gasförmiger Sauerstoff. Die aeroben organotrophen Organismen verbrennen nun ihrerseits die Kohlenhydrate mit dem freigesetzten Sauerstoff und nutzen dabei die freiwerdende Energie, die der Knallgasreaktion entspricht. Aus dem Sauerstoffgehalt der Erdatmosphäre kann man folgern, daß in der Erdkruste eine entsprechende Masse an Kohlenstoff gebunden vorliegen muß; solange diese dort bleibt, wird es auf der Erde noch Sauerstoff geben.

Die Zellen sind immer auf das Vorhandensein von Energie angewiesen. Diese beziehen sie analog Tabelle 2.1 entweder aus Licht oder aus chemischen Bindungen durch eine gesteuerte Umsetzung über verschiedene Stufen. Dabei erzielen sie die größtmögliche Ausbeute. Bei den chemotrophen Organismen sind die Energiequellen die Nahrung. Näherungsweise kann man sich merken, daß heterotrophe Bakterien etwa 50% des Nahrungskohlenstoffs im Energiestoffwechsel verbrauchen, 50% können für den Baustoffwechsel genutzt werden. Bild 2.4 zeigt, daß anabolisch (z.B. aus dem Citronensäurezyklus) bei verschiedenen Dehydrogenierungsschritten Wasserstoffatome bzw. Reduktionsäquivalente abgespalten und der Atmungskette zugeführt werden. Der Citronensäurezyklus stellt neben der terminalen Oxidation der Substrate (bei jedem Umlauf werden zwei Moleküle CO_2 und 8 [H] gebildet), auch Bausteine für die Biosynthese zur Verfügung.

Die Oxidation der Substrate führt also zu CO_2 und Wasser - unter Freisetzung der Energie, die bei einer Verbrennung entsteht. Der bereits angedeutete Stufenprozeß, der enzymkatalysiert abläuft, splittet sich in viele kleine Stoffumwandlungen, bei denen nur kleine Energiebeträge freiwerden (dadurch verschiebt sich das chemische Gleichgewicht in Richtung der Produkte), und in wenige, die mit einer größeren Energiemenge (40 bis 60 kJ/mol) verbunden sind, die dazu genutzt werden, Adenosin-Triphosphat (ATP, s. Abschnitt 2.2.2) zu bilden. ATP ist der chemische Energiespeicher bzw. -überträger der Zelle. Bei der Spaltung von ATP in ADP (-Diphosphat) bzw. AMP (-Monophosphat) werden einem anderen Prozeß unter Standardbedingungen 31 bzw. 31,8 kJ an Energie zur Verfügung gestellt; s. Abschnitt 2.4.1). Bei allen Stoffwechselvorgängen hat die Zelle das Bestreben, aus den verfügbaren Substraten ein Maximum an ATP zu gewinnen.

Während die meisten Anaerobier ATP nur über den katabolischen Substratabbau regenerieren können, besitzen Aerobier einen sehr viel effizienteren Mechanismus: die Atmungskettenphosphorylierung. Die von den Substraten abgespaltenen Protonen und Elektronen werden dabei so im Atmungszentrum (Mitochondrien) bzw. über die Cytoplasmamembran bei Bakterien verteilt, daß zwischen ihnen ein elektrochemischer Gradient entsteht, wobei das positive Potential außen und das negative innen aufgebaut wird. Durch das Ladungsungleichgewicht und das Konzentrationsgefälle werden die Protonen so transportiert, daß die ATP-Bildung ablaufen kann.

Unter anaeroben Bedingungen können einige Bakterien die beim Substratabbau auftretenden Elektronen z.B. auf Nitrat-, Sulfat-, Carbonat-Ionen oder auf Schwefel in einer Art verkürzten Elektronentransportkette übertragen (s. Denitrifikanten, Desulfurikanten, methanogene und acetogene Bakterien und Schwefelreduzenten in Abschnitt 2.3.1). Man bezeichnet diesen Vorgang auch als anaerobe Atmung.

Neben der Atmung und der Photosynthese ist die Gärung die dritte Form der ATP-Regenerierung. Der "Trick" bei Gärungen besteht im Prinzip darin, daß das Substratmolekül so gespalten wird, daß ein Teil als Wasserstoff-Donator, das andere als Acceptor dient. Die Energie, die beim Transfer der Reduktionsäquivalente frei wird, wird in ATP umgewandelt. Sowohl das oxidierte als auch das reduzierte Spaltprodukt sind für die Zelle unter anaeroben Bedingungen nicht mehr verwertbar; sie werden ausgeschleust.

2.1.3 Baustoffwechsel

Der Stoffwechsel von eingespeisten Substraten erfolgt über eine Vielzahl von Spaltprozessen (s. Abschnitt 2.1.1) und mündet in Synthesen niedermolekularer Bausteine, die anschließend zu höhermolekularen Einheiten, wie den Proteinen, umgesetzt werden. Mikroorganismen produzieren die zur Proteinsynthese (Proteine, Abschnitt 2.2.2) benötigten 20 Aminosäuren überwiegend selbst. Sie setzen dabei die aus dem intermediären Stoffwechsel stammenden Kohlenstoff-Fragmente mit Aminogruppen zusammen. Bild 2.5 zeigt die Entstehung der Aminosäuren aus dem Intermediärstoffwechsel.

Neben den Aminosäuren spielen die Kernsäuren und die Fette eine eminent wichtige Rolle beim Aufbau der Biomasse. Die Nucleotide (Abschnitt 2.2.2) werden u.a. aus Glucose- bzw. Fructose-6-Phosphatgebildet, die Fette über Addition und Reduktion von Acetatgruppen. Entsprechend der Bauanleitung im genetischen Code werden die einzelnen Bausteine miteinander verknüpft und zu Funktionsträgern (Zellwand, Chromosomen, Ribosomen usw.) zusammengebaut. Bemerkenswert ist, daß Mikroorganismen in der Lage sind, Zellbausteine und Intermediärstoffwechselprodukte

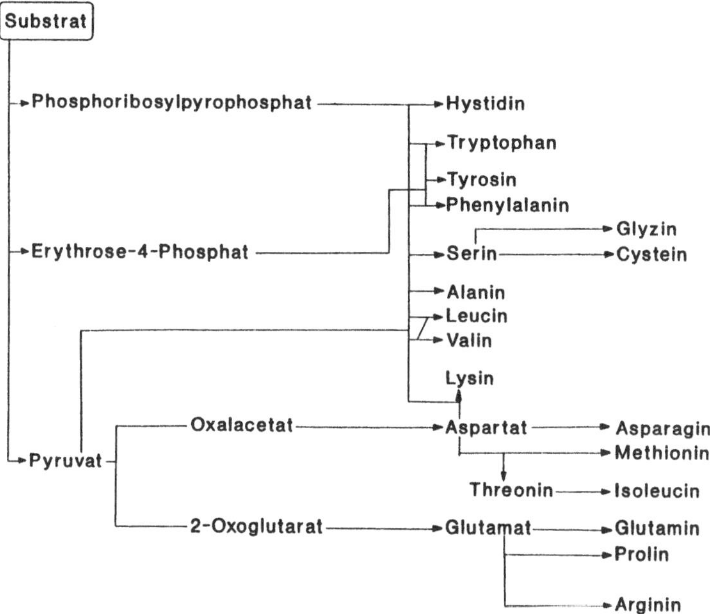

Bild 2.5 Biosynthese der Aminosäuren /nach SCHLEGEL, 1985/

anderer Organismen direkt in ihren Baustoffwechsel zu integrieren. Mit Hefeextrakt ist es möglich, die Größe des Energiestoffwechsels quantitativ zu bestimmen, da die aeroben Mikroorganismen ein parallel angebotenes Substrat dann fast nur noch für den Energiestoffwechsel benötigen. Das Wachstum der Mikroorganismenzelle endet in der Regel damit, daß sie sich teilt oder sproßt und der Baustoffwechsel aufs Neue einsetzt.

Werden Bakterien in eine Nährlösung eingeimpft, so wachsen sie in der Regel so lange, bis ein Wachstumsfaktor ins Minimum gerät oder sich ein hemmendes Stoffwechselprodukt anhäuft, das das Wachstum begrenzt. Werden während dieses Vorganges keine Nährstoffe zu- oder abgeführt, bezeichnet man das Wachstum in diesem vorgegebenem Lebensraum als statische Kultur (Batch-Kultur). Das Wachstum in einem derartigen geschlossenen System gehorcht Gesetzmäßigkeiten, denen nicht nur Einzeller, sondern auch vielzellige Organismen unterliegen. Eine statische Kultur verhält sich wie ein vielzelliger Organismus mit genetisch begrenztem Wachstum.

Das Wachstum einer Bakterienkultur wird in grafischer Darstellung anschaulich (Bild 2.6), wenn man die Logarithmen der Zellzahl gegen die Zeit aufträgt. Eine typische Wachstumskurve hat sigmoide Gestalt und läßt mehrere Wachstumsphasen unterscheiden, die regelmäßig - mehr oder weniger ausgeprägt - auftreten. Das Wachstum auf festen Nährböden verläuft grundsätzlich ähnlich, wenn auch erheblich höhere Zelldichten erreicht werden. Die verschiedenen Phasen des Wachstums lassen ich am besten an einer Batch Kultur studieren.

Man unterscheidet fünf verschiedene Wachstumsphasen:

1. Anlauf-Phase (lag-Phase): Zunächst erleiden Mikroorganismen einen Umweltschock (anderes Substrat, andere Zelldichte, andere Metabolitendichte, andere Scherbeanspruchungen), wenn sie von einem in ein anderes Milieu gelangen. Die Zellen benötigen Zeit, sich auf die neue Umgebung einzustellen. Die Länge dieser Phase hängt vom Alter, natürlich der Art und den primären und sekundären Umgebungsbedingungen ab und kann mehrere Stunden dauern. Zu beobachten ist, daß die Zellmassenkonzentration zunimmt und insbesondere die RNA (Ribonukleinsäure, Abschnitt 2.2.2).

2. Beschleunigungsphase: Ein Teil der Zellen hat sich bereits auf die neue Umgebung eingestellt und beginnt sich zu vermehren. Sobald alle Zellen diesen Zustand erreicht haben, beginnt das exponentielle Wachstum.

3. Exponentielle Wachstumsphase: Sowohl die Zellkonzentrations-Zeit-Kurve als auch die Zellmassen-Zeit-Kurve zeigen den Verlauf einer exponentiellen Funktion, wie man ihn für alle natürlichen Wachstumsprozesse erwartet, bei denen die Vermehrung durch Zweiteilung erfolgt. Die Vermehrung entspricht einer geometrischen Progression.

4. Phase des verlangsamten Wachstums: Da essentielle Substrate, die zu weiterem Wachstum notwendig sind, nicht in ausreichender Menge vorliegen oder sich Stoffwechselprodukte im Medium angereichert haben, die das Wachstum hemmen, verlangsamt sich das Wachstum, die spezifische Wachstumsrate verringert sich laufend. Obwohl die Geschwindigkeit der Zellteilung noch unverändert hoch ist, vermindert sich die Geschwindigkeitszunahme der Zellmassenkonzentration allmählich, da das Gewicht der Zellen geringer wird.

5. Stationäre Phase: Es pendelt sich ein Gleichgewicht zwischen Auf- und Abbau ein. Zellmassenkonzentration und Zellkonzentration erreichen ihren maximalen Wert.

2.1.4 Besondere Stoffwechselphänomene

Bisher war ausschließlich die Rede davon, daß die Mikroorganismen Nährstoffe für ihren Energie- oder Baustoffwechsel verwerten. Es gibt jedoch auch Formen des Metabolismus, die zumindest nach heutiger Kenntnis nicht direkt mit diesen Stoffwechseln zu tun haben: Manche Stoffumsetzungen erfolgen in Gegenwart anderer Verbindungen, während letztere vom Organismus genutzt werden: Man bezeichnet diesen Vorgang als Co-

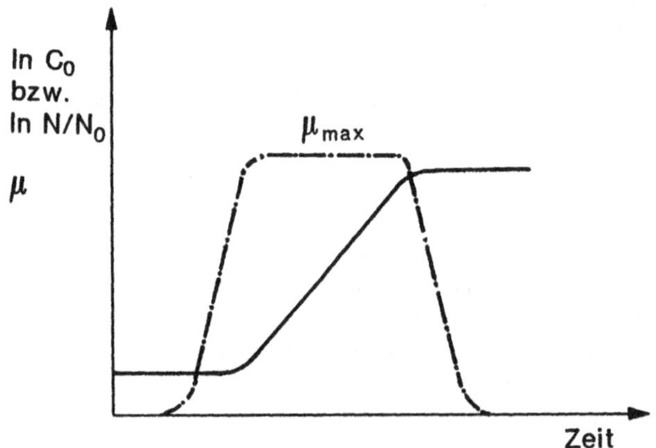

Bild 2.6 Entwicklung von Mikroorganismen in einer Batch-Kultur über die Zeit (C_X - Zellmassenkonzentration, μ - Wachstumsrate)

Metabolismus oder Co-Oxidation. Beobachtet wird er beispielsweise beim aeroben Abbau von Trichlorethylen, das sonst - nach heutiger Kenntnis - nur anaerob abgebaut wird.

Bemerkenswert ist auch, daß Mikroorganismen verschiedene Substrate nacheinander verwerten. Ein in der Fachliteratur häufig zitiertes Beispiel ist die Diauxie von Glucose und Sorbit (Bild 2.7). Für viele Abbauprozesse ist von Bedeutung, daß schwerer verwertbare Verbindungen erst verstoffwechselt werden, wenn die leichter abbaubaren Komponenten verstoffwechselt sind.

Schwerer und leichter abbaubar differenziert sich nach den obigen Ausführungen danach, in welcher Zeit ein Mikroorganismus Energie daraus gewinnen kann und ob er über die dazu notwendigen den Abbau herbeiführenden Katabolismen verfügt. Ganz abgesehen davon ist mikrobielles Wachstum immer an das Vorhandensein der Ionen und Atome gebunden, die für die Zellbestandteile benötigt werden. Im wesentlichen sind das die Komponenten, die auch am häufigsten in der Zelle vorkommen. Am chemischen Aufbau der Mikroorganismen sind nur etwa 20 Elemente des Periodensystems wesentlich beteiligt:

Kohlenstoff (etwa 50%), Sauerstoff (etwa 20%), Stickstoff (etwa 10-15%), Wasserstoff (etwa 10%) sind dabei die Hauptbestandteile der in den Organismen vorkommenden organischen Verbindungen. Daneben sind Phosphor (etwa 5%) und Schwefel mengenmäßig noch von Bedeutung. An nächster Stelle kommen Kalium, Magnesium, Calcium und Eisen in allen Mikroorganismen vor; ihr Anteil an der Zellsubstanz liegt im allgemeinen unter 1%.

2.1.5 Mikrobielle Produkte

Neben den strukturellen Zellbestandteilen und den Zwischenprodukten des Grundstoffwechsels (Primärmetabolite) produzieren Mikroorganismen weitere Stoffe (Sekundärmetabolite), die teils nicht essentiell sind und in den Bereich der Reservestoffbildung

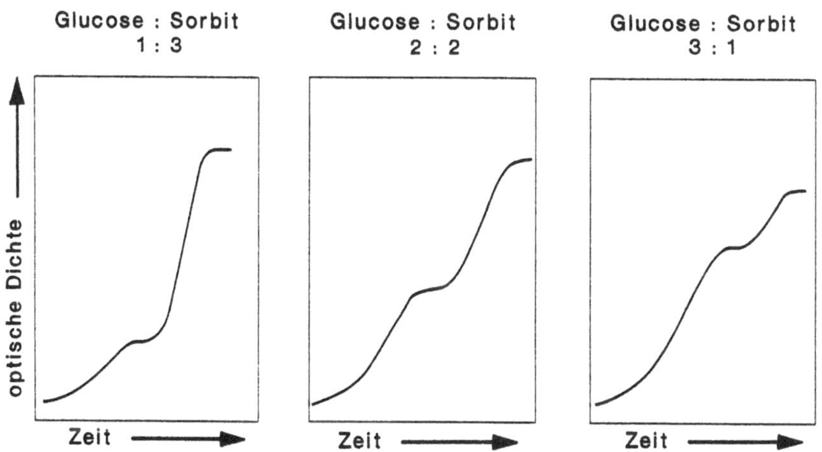

Bild 2.7 Nachweis der Diauxie beim Abbau von Glukose und Sorbit bei unterschiedlichen Substratkonzentrationsverhältnissen /MONOD, 1958/

(zum Beispiel PHB: Poly-ß-hydroxybuttersäuren) und der - häufig unterstellten - Abwehr von Konkurrenten (Antibiotika) fallen, teils aber auch zu den nicht mehr weiter verstoffwechselbaren Metaboliten gehören, die in Ermangelung essentieller Verbindungen in das Medium ausgeschleust werden (Biotinmangel bei der Glutaminsäureproduktion).

2.2 Zelle und Zellbestandteile

Grundlegende Einheit des Lebens ist die vegetative Zelle: Sie weist Eigenschaften der Vermehrung und Vererbung, der Reizbarkeit (!) und teilweise auch Bewegung auf. Und in gewissem Sinne auch Individualität, insbesondere bei Zellen, die nicht Baustein vielzelliger Lebewesen sind, sondern selbst eigenständige Individuen (= einzellige Pflanzen und Tiere). Mit den Einzellern, insbesondere den Mikroorganismen, beschäftigt sich dieses Buch im wesentlichen.

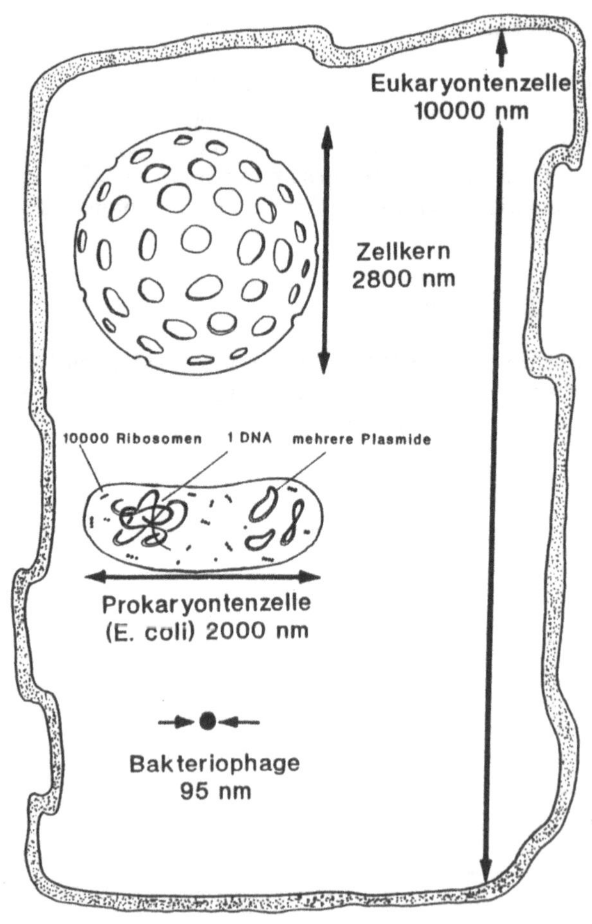

Bild 2.8 Prokaryont *Escherichia Coli* - Daten und Größenvergleich

Tabelle 2.2 Zusammensetzung einer Prokaryonten-Zelle (*Escherichia Coli)*

Moleküle Art	Anzahl	Anteil an der Gesamtmasse
Wasser	10^{10}	80 %
Proteine	10^{6} - 10^{7}	10 %
Zucker	10^{7}	2 %
Fette	10^{8}	2 %
Amino-/ organische Säuren	10^{6} - 10^{7}	1,3 %
DNA	1	0,4 %
RNA	10^{5} - 10^{6}	3 %
anorganische Stoffe	10^{8}	1,3 %
Masse		$5 * 10^{-13}$ g

Das in ihrem Namen bereits ausgedrückte Kennzeichen der Mikroorganismen ist ihre geringe Größe. Bild 2.8 zeigt einen deutlichen Vergleich, Tabelle 2.2 gibt auch die wesentlichen Elemente wider. Die geringen Abmessungen gaben aber nicht nur die Nomenklatur, sondern geben auch wesentliche Eigenschaften wieder: So ist zum Beispiel eine hohe Stoffwechselflexibilität erforderlich, da auf so kleinem Raum einfach nicht alle Strukturbausteine vorrätig gehalten werden können; auch können sie ihre Funktion nur erfüllen, wenn eine Verbreitung mit jedem Lufthauch möglich ist.

2.2.1 Zellbiologie

Der Durchmesser der meisten Bakterien ist nicht größer als ein tausendstel Millimeter. Entsprechend extrem ist das Verhältnis von Oberfläche zu Volumen: In einen Würfel von einem Zentimeter Kantenlänge passen rund 10^{12} Bakterien hinein, deren Volumen man mit 1 μm^3 annehmen kann; die Oberfläche dieses Würfels wird dadurch 10.000mal so groß. Das hohe Oberflächen-Volumenverhältnis begründet den hohen Stoffumsatz vieler Mikroorganismen.

Prokaryonten weisen sehr kleine Zellen auf; überwiegend handelt es sich um Stäbchen, die nicht mehr als 1 mm breit und 5 mm lang sind. Viele Pseudomonaden haben nur einen Durchmesser von 0,4 bis 0,7 µm und eine Länge von 2 bis 3 µm. Der Durchmesser von Mikrokokken beträgt nur 0,5 µm. Es gibt nur wenige Riesen unter den Bakterien (*Chromatium, Thiospirillum, Achromatium* usw.), die durchweg relativ langsam wachsen.

Der Gestalt nach lassen sich bis auf wenige Ausnahmen alle Bakterien von der Kugel, dem Zylinder und dem gekrümmten Zylinder ableiten. Als Grundformen sind daher Kokken, gerade und gekrümmte Stäbchen zu unterscheiden.

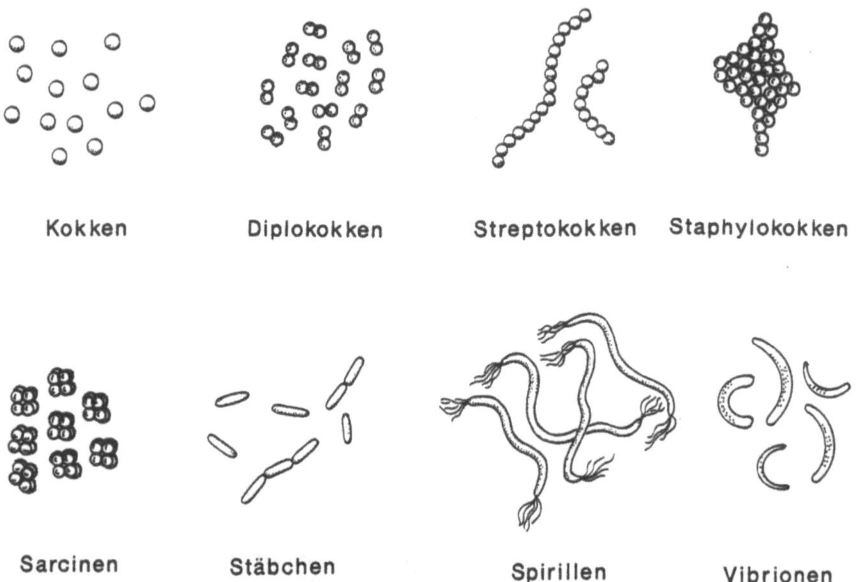

Bild 2.9 Morphologische Strukturen verschiedener Mikroorganismen

Während höhere Pflanzen und Tiere bezüglich ihrer enzymatischen Ausrüstung relativ starr festgelegt sind (der Bestand an Enzymen verändert sich zwar im Zuge der individuellen Entwicklung, aber bei einem Milieuwechsel nur wenig) ist die stoffwechselphysiologische Flexibilität bei Mikroorganismen wesentlich höher. Für die Bakterien ist ein hohes Adaptationsvermögen (Anpassungsfähigkeit) eine Notwendigkeit, um zu überleben und sich in einer Lebensgemeinschaft zu behaupten. Eine Bakterienzelle bietet nur für einige 100.000 Proteine Raum. Nicht benötigte Enzyme können daher nicht lange vorrätig gehalten werden. Gewisse der Nährstoffverwertung dienende Enzyme werden deshalb nur bei Bedarf produziert. Die induzierten Enzyme können bis zu 10% des Proteingehaltes ausmachen. Zelluläre Regulationsmechanismen spielen also bei Mikroorganismen eine erheblich größere Rolle und geben sich deutlicher zu erkennen als bei anderen Lebewesen.

Die geringen Abmessungen sind auch von ökologischer Bedeutung. Bevor der Mensch viele Pflanzen- und Tierarten verbreitete, waren diese auf einzelne Kontinente beschränkt. Bakterien und Cyanobakterien sind jedoch allgegenwärtig. Man findet sie in arktischen Gebieten, im Wasser und in hohen Luftschichten. Die Artenverteilung ist an allen diesen Standorten in weiten Grenzen ähnlich der im Boden. Aufgrund ihres geringen Gewichtes werden sie durch Luftströmungen leicht verbreitet. Unter natürlichen Bedingungen bedarf daher kein Standort und kein Substrat der Beimpfung. Diesen Umstand macht man sich bei der Anreicherungskultur zunutze. Im allgemeinen genügt 1 g eines Gartenbodens, um ein Bakterium zu finden, das einen beliebigen Naturstoff verwerten kann.

Aerobie und Anaerobie

Die Mikroorganismen werden nach ihrem Verhalten gegenüber molekularem Sauerstoff in die Gruppen der aeroben, anaeroben und der fakultativ anaeroben Lebewesen eingeteilt.

Obligat aerobe Mikroorganismen (z.B. Mycobakterien und die meisten Arten der Corynebakterien) wachsen nur bei Anwesenheit von Sauerstoff. Sie benutzen beim Abbau molekularen Sauerstoff als terminalen Wasserstoffakzeptor.

Streng anaerobe Mikroorganismen (*Clostridien, Methanbakterien*) bauen die Substrate nur zu energieärmeren organischen Verbindungen ab, welche meist ausgeschieden werden (Gärungen). Für die streng anaeroben Mikroorganismen ist Sauerstoff ein Gift, so daß sie absolut anaerob geführt werden müssen (die Empfindlichkeit gegenüber O_2 beruht offenbar auf dem Fehlen der Enzyme Peroxid-Dismutase und/oder Katalase.

Aerotolerante Mikroorganismen sind beispielsweise Milchsäure- und Propionsäure-Bakterien. Fakultativ anaerobe Mikroorganismen, wie z.B. Hefen, *Escherichia Coli, Aerobacter aerogenes*, sind Lebewesen, die mit und ohne O_2 wachsen können.

Autotrophe und heterotrophe Zellen (vgl. Tabelle 2.1)

Zellen, die ihre organischen Verbindungen aus Kohlendioxid aufbauen, nennt man autotroph, wobei gelegentlich auch die Bezeichnungen N-autotroph und S-autotroph verwendet werden, wenn der Stickstoff- bzw. Schwefelbedarf aus anorganischen Verbindungen gedeckt wird. Die betreffenden biosynthetischen Prozesse verursachen einen entsprechend hohen Energiebedarf. Diesen decken autotrophe Zellen entweder aus der Strahlungsenergie der Sonne oder aus der freien Energie der Oxidation anorganischer Stoffe: Entsprechend unterscheidet man zwischen photo- und chemosynthetisch autotrophen Zellen.

Chemosynthetisch autotrophe Organismen (Tabelle 2.3) decken ihren Energiebedarf aus der freien Energie bestimmter Redoxprozesse mit einfachen anorganischen Stoffen als Elektronendonatoren. Die chemoautotrophen Lebewesen bezeichnet man daher auch als chemolithotroph (lithos = Stein). Die chemolithotrophen Zellen weisen eine relativ geringe Artenvielfalt auf und sind auch zahlenmäßig in Mischkulturen unterlegen, besitzen jedoch umwelttechnisch erhebliche Bedeutung, wie z.B. die nitrifizierenden Mikroorganismen in Boden und Abwasser.

Bei den heterotrophen Zellen erfüllen organische Verbindungen, wie z.B. Kohlenhydrate, Fette und Aminosäuren, die Doppelfunktion des Rohstoffes und Energieträgers. Ihre organischen Nährstoffe beziehen die heterotrophen Lebewesen entweder direkt (Pflanzenverwerter) oder indirekt (Fleischverwerter) von den autotrophen Organismen.

Tabelle 2.3 Beispiele für chemolithotrophe Mikroorganismen mit Angaben zu den Komponenten des energieliefernden Prozesses

Mikrooganismus	Elektronendonator	Oxidationsmittel	Oxidationsprodukt
Nitrosomonas	NH_4^+	O_2	NO_2^-
Nitrobacter	NO_2^-	O_2	NO_3^-
Hydrogemonas	H_2	O_2	H_2O
Thiobacillus ferro-	Fe^{2+}	O_2	Fe^{3+}
oxidans	H_2S, S, $S_2O_3^{2-}$	O_2	SO_4^{2-}
Thiobacillus thio-	S, $S_2O_3^{2-}$	NO_3^-*	SO_4^{2-}
oxidans			

* je nach Art kann die Nitratreduktion zu NO, N_2O oder N_2 führen.

Zelldifferenzierungen

Höhere Organismen enthalten Zellen, die bezüglich ihres Stoffwechsels verschiedenen Typen angehören. Sie sind sowohl morphologisch als auch vom Stoffwechsel her stark differenziert (Leberzelle versus Nervenzelle zum Beispiel). Viele Zellen von Tieren sind sehr flexibel und sowohl zu anaerobem als auch zu aerobem Abbau organischer Stoffe, wie z.B. Glucose, fähig. Aber auch Algen können im Licht Kohlendioxid assimilieren und bei Dunkelheit photosynthetisch gebildete Verbindungen wieder abbauen.

Die in Bild 1.1 als Destruenten bezeichneten Organismen weisen gegenüber Tieren und Pflanzen weniger morphologische Differenzierung auf; die meisten sind auch einzellig. Zwei gut voneinander abgrenzbare Gruppen lassen sich unterscheiden:

- **Eukaryonten** ähneln bzgl. des Zellaufbaus den Tieren und Pflanzen. Zu ihnen gehören die Algen, Pilze und Protozoen. Sie besitzen einen echten Zellkern.
- **Prokaryonten** sind Bakterien und Cyanobakterien (Blaualgen); sie haben z.B. keinen Zellkern.

Eine Sonderstellung nehmen die Archaeobakterien ein, die als eine eigenständige Organismengruppe angesehen werden, da ihr Ursprung weit vor dem der übrigen Organismen vermutet wird. Die Vertreter dieser Gruppe (methanogene, halophile, thermoacidophile Bakterien) bewohnen extreme Biotope (heiße Quellen, Faulschlamm).

2.2.2 Bestandteile der Zelle

Stellvertretend wird im folgenden nur die Prokaryonten-Zelle vorgestellt: Sie enthält im wesentlichen alle Elemente, die auch in höheren Zellformen enthalten sind; allerdings in einfacherer und damit übersichtlicherer Form (Bild 2.10). Die Zelle wurde eingangs bereits als der kleinste Bioreaktor vorgestellt; man kann sie auch als Fabrik auffassen:

- Die genetische Information (chromosomale Desoxyribonukleinsäure, DNA) ist das Rechenzentrum, in dem alle wesentlichen Bauanleitungen abgespeichert sind, inklusive Energieversorgung usw.
- Die Plasmide geben die Bibliothek für zusätzliche Informationen ab.
- Die transfer-Ribonukleinsäure (t-RNA) ist der Kopierer.

- Die Boten-Ribonukleinsäure (m-RNA) transportiert Informationen und Vorprodukte.
- Die Ribosomen sind die Fertigungsstätten.
- Die Vesikel und Zisternen stellen die Vorratskammern für Phosphat, Schwefel, usw. dar. Gespeichert werden auch Poly-b-hydroxybuttersäure, Lipide, Glycogengranula.
- Die Enzyme sind die Bearbeitungsmaschinen.
- Die intracytoplasmatische Membran, die Chromatophoren oder die Cytoplasma-Membran beherbergen das Energieversorgungszentrum.
- Die Zellwand stellt den Werkszaun dar, die Cytoplasma-Membran eine Art Werkschutz, weil sie einen kontrollierten Stoffein- und -austritt sicherstellt..

Die Zellen der Prokaryonten sind - von wenigen Ausnahmen abgesehen (Mycoplasma) - von einer Zellwand aus Peptidoglycan oder Murein umgeben. Es handelt sich um ein für die Prokaryonten charakteristisches Heteropolymer, das bei Eukaryonten nicht vorkommt.

Die Cytoplasma-Membran besteht aus einer Lipid-Doppelschicht (s. Bild 2.11), deren hydrophobe Enden (Phospholipide und Triglyceride) nach innen zeigen, während die hydrophilen nach außen stehen (etwa 30 bis 40% der Membrantrockenmasse besteht aus Lipiden und 10 bis 20% aus Zuckern).

Unter dem Begriff der Lipide faßt man zahlreiche, in chemischer Hinsicht zum Teil sehr verschiedene Substanzen zusammen, deren gemeinsames Merkmal ihre gute Löslichkeit in unpolaren Lösungsmitteln, wie Benzol, Perchlorethylen und Ether ist. Die wichtigsten Gruppen der Lipide sind die Neutralfette und Lipoide, wobei man bei den letzteren Phospho- und Glycolipide, Wachse und Isoprenoidlipide unterscheidet. Fette sind Fettsäureester des Glycerins (Triglyceride). Die in

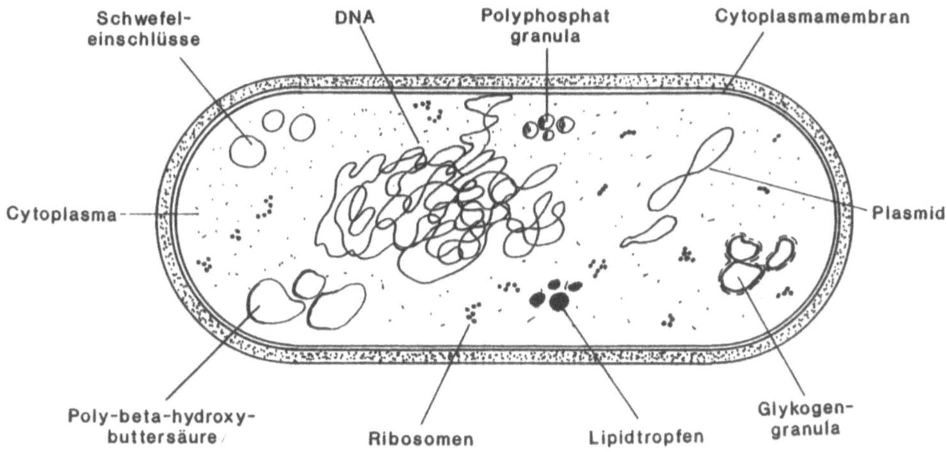

Bild 2.10 Grundstrukturen und Speicherstoffe einer prokaryotischen Zelle /nach SCHLEGEL, 1985/

der Natur vorkommenden Fette sind Gemische von Triglyceriden, wobei Glycerin entweder mit drei gleichen oder verschiedenen Fettsäuremolekülen verestert sein kann (sehr komplexe Gemische). Fette werden enzymchemisch durch die sogenannten Lipasen hydrolytisch gespalten in Glycerin und Alkalisalze derFettsäuren (Seifen). Biologische Funktion der Fette ist die langfristige Reservestoffbildung. Bei ungenügender Nahrungsaufnahme wird das Depotfett mobilisiert und dem Stoffwechsel zugeführt (s. Abschnitt 4.4).

In die Doppelschicht sind weiterhin Proteine eingelagert oder angeheftet (ca 50% der Membrantrockenmasse), manche Membranen sind auch von einem Netzwerk langgestreckter Proteinmoleküle überzogen.

Die Proteine (BERZELIUS) bilden den Hauptbestandteil der organischen Zellsubstanz, die zu über 50 % aus Vertretern dieser Stoffklasse besteht. Sie erfüllen vielfältige Funktionen und determinieren die Eigenschaften der Zellen weitgehend.

Die folgende Aufstellung einiger Gruppen von Proteinen nach ihrer biologischen Funktion gibt einen Begriff von der zentralen Bedeutung:

- Enzym-Proteine bestimmen als Katalysatoren der biochemischen Prozesse weitgehend das gesamte Stoffwechselgeschehen. Eine Bakterienzelle enthält mehrere tausend Enzymarten, der Organismus eines Menschen wahrscheinlich einige Millionen.
- Transport-Proteine erleichtern den Durchgang durch die Membranen oder binden schlecht in wäßrigen Phasen lösliche Stoffe,
- Gerüst- und Schutzproteine höherer Organismen sind ein wesentlicher Bestandteil der Bindegewebe.
- Antikörper in höheren Organismen gehören zur Stoffklasse der Proteine und sind Träger einer i.a. länger anhaltenden Unempfindlichkeit (Immunität) gegen die betreffenden körperfremden Stoffe.

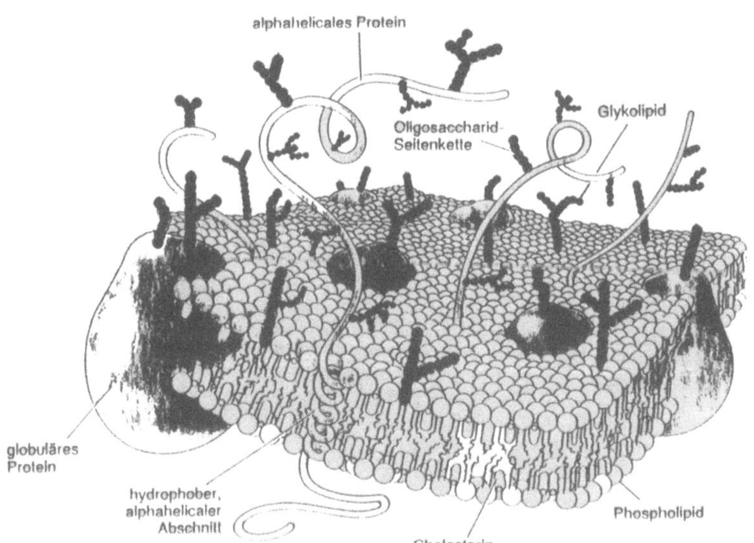

Bild 2.11 Schematische Darstellung einer Cytoplasma-Membran (modifiziert nach /BRETSCHER, 1986/)

Die Grundbausteine der Proteine (Polypeptide) sind die Aminosäuren. Es gibt 20 Aminosäure-Bausteine. Bis auf Prolin und Hydroxyprolin gehorchen sie der allgemeinen Formel:

Aminogruppe (NH_2):

$$H_2N—\underset{\displaystyle R}{\underset{|}{CH}}—COOH$$

(R = Säurerest)

Die Proteine enthalten ausschließlich Aminosäure-Bausteine mit L-Konfiguration. Die Funktion eines Proteins wird durch die Reihenfolge der Aminosäuren-Bausteine bestimmt. Die Information über die Anordnung liegt in denChromosomen.

Aminosäuren sind über eine Peptid-Bindung untereinander oder mit anderen Peptiden verknüpft. Entsprechend der Anzahl ihrerAminosäure-Bausteine werden die Peptide in verschiedene Gruppen eingeteilt: Oligopeptide (Di-, Tri-,...) enthalten 2 bis 10 Bausteine, Polypeptide etwa 10 bis 100 und Makropeptide (Proteine) mehr als 100.

Mit den Proteinen sind vielfach weitere nicht-peptidische Komponenten verknüpft. Diese hinzutretenden oder prosthetischen Gruppen sind meistens sehr klein und können mehr oder weniger fest an das Protein gebunden sein. Entsprechend der Natur dieses nicht-peptidischen Bestandteils werden die Proteine eingeteilt:

- Metallproteine - enthalten bestimmte Metalle (eisenhaltige Proteide sind Eisentransferin, Ferritin und Hämosiderin).
- Phosphoproteine - enthalten Phosphorsäure, z.B. bei Pepsin.
- Chromoproteine - wie z.B. Hämoglobine und andere Atmungspigmente enthalten eine chromophore Komponente.
- Nucleoproteine - bestehen aus Protein und Nucleinsäure, die zu großen Einheiten verbunden sind.
- Glycoproteine - wie z.B. Fibrinogen, γ-Globulin, enthalten Kohlenhydrate.
- Mucoproteine/ Mucoide - enthalten mehr als 4% Kohlenhydratanteil. Alle enthalten Hexosamin.
- Lipoproteine - enthalten verschiedene Lipideinheiten, die an Polypeptidketten gebunden sind (Membransysteme der Zellen).

Die Cytoplasma-Membran hat entscheidende Stoffwechselfunktionen. Sie kontrolliert den Stoffein- und -austritt und hält den osmotischen Druck. Die Cytoplasma-Membran ist weiterhin der Ort der Energiegewinnung durch Atmung oder Photosynthese, also von Funktionen, die bei den eukaryotischen Zellen in den Membranen der Mitochondrien und Chloroplasten lokalisiert sind.

Die intracytoplasmatische Membran (auch als Mesosomen bezeichnet) geht aus Einstülpungen der Cytoplasmamembran hervor. Kompliziertere Strukturen findet man bei Stickstoff-oxidierenden (*Nitrosomonas*), Stickstoff-fixierenden (*Azotobacter*) Bakterien, Methan- (*Methylococcus*) und n-Alkane (*Acinetobacter calcoaceticus*) verwertenden Bakterien. die intracytoplasmatischen Membranen vergrößern die Oberflächen der Zellen, die für Arten, die gasförmige und in Wasser schlecht lösliche Substrate (z.B. Ammoniak, Methan oder n-Alkane) verwerten, von besonderer Bedeutung sind.

Phototrophe Bakterien besitzen unterschiedlich angeordnete Membransysteme (z.B. Vesikel, tubuläre oder lamelläre Systeme), die Träger der lichtabsorbierenden Pigmente

(Bakteriochlorophylle, Carotinoide) sowie der Komponenten des photosynthetischen Elektronentransport- (Cytochrome, Ubichinone) und Phosphorylierungssystems sind.

Die Stoffumsetzungen werden in der Zelle von Enzymen besorgt. Für die Umwandlung jedes Metaboliten in einen anderen ist ein spezielles Enzym verantwortlich. Die wesentlichen Eigenschaften eines Enzymproteins bestehen in der Erkennung des betreffenden Metaboliten, der Katalyse und der Regulierbarkeit der katalytischen Aktivität.

Die enzymkatalysierte Umwandlung wird durch die Bindung des Metaboliten, also des Enzymsubstrates, an das Enzymprotein eingeleitet. Das Enzym handhabt i.a. nur einen Metaboliten, sein Substrat, und katalysiert dessen Umwandlung in einen zweiten Metaboliten bis zur Einstellung des Gleichgewichtes. Jedes Enzym ist also durch eine bestimmte Substratspezifität und eine bestimmte Wirkungsspezifität (nur einer unter vielen möglichen Umwandlungsprozessen wird katalysiert) ausgezeichnet.

Das Enzym erkennt das Substrat bei der Bindungsbildung. Die Substratbindung erfolgt an einer ganz bestimmten Stelle des Enzymproteins, seinem katalytischen Zentrum. Sterische und ladungsmäßige Eigenschaften des Substrates sind die Merkmale, an denen es vom Enzym erkannt wird (Schlüssel und Schloß).

Eine ganz wesentliche, erst im letzten Jahrzehnt voll erkannte Eigenschaft der Enzyme ist die steuerbare Veränderlichkeit ihrer katalytischen Aktivität. Sie ermöglicht eine Erklärung für die Harmonie des Stoffwechselgeschehens in der Zelle. Die Aktivität zumindest einiger Enzyme, jeweils in einem spezifischen Syntheseweg, ist regulierbar. Diese Enzyme erkennen (am katalytischen Zentrum) nicht nur den Substratmetaboliten,sondern an einem anderen Zentrum auch das entsprechende Endprodukt der Synthesekette oder andere niedermolekulare Verbindungen, deren Einflußnahme auf die Enzymaktivität sinnvoll ist. Diese Bindungsstelle nennt man regulatorisches oder allosterisches (weil ihre Struktur nichts mit dem Substrat gemeinsam hat) Zentrum. Endprodukte wirken so als negative Effektoren. Positive Effektoren führen zu einer Steigerung, negative zu einer Drosselung der Aktivität des allosterischen Enzyms.

Die biochemischen Reaktionen in der Zelle werden durch bestimmte Proteine, die sogenannten Enzyme, katalysiert. An vielen Umsetzungen sind zusätzliche Moleküle, sogenannte Cosubstrate, oder mit dem Enzymprotein fest verbundene Reste, sogenannte "hinzu"tretendeGruppen beteiligt. Die biochemischen Katalyse-Systeme lassen sich wie folgt einteilen:

- Enzymproteine: Bei vielen Reaktionen, z.B. hydrolytischen Spaltungen von Estern und Glycosiden, erfolgt die Katalyse ausschließlich durch ein Protein. Häufig haben Enzyme nicht-proteinartige Gruppen gebunden.
- Systeme (Holoenzym) aus Enzymprotein (Apoenzym) und Coenzym. Die meisten Coenzyme besitzen spezielle katalytische Funktionen im Rahmen der Einzelreaktionen. Einige Coenzyme sind im Stoffwechsel Bindeglieder verschiedener Umsetzungen, indem sie als Überträger wirken. Deren katalytische Funktion ist aus den betreffenden Einzelreaktionen nicht erkennbar, da sie bei diesen nur als Substrate in Erscheinung treten.

Zahlreiche Enzymsysteme enthalten zusätzlich Ionen, meist Metallionen.

Enzymproteine fungieren als Biokatalysatoren und erniedrigen dieAktivierungsenergie. Die chemische Umwandlung der Metaboliten vollzieht sich am Enzym bei normalen Temperaturen. Das Enzym macht dadurch Stoffwandlungen möglich, die sonst nur bei starker Erhitzung oder unphysiologischen, der Zelle nicht zuträglichen Bedingungen ablaufen würden. Die Geschwindigkeit einer enzymkatalysierten Reaktion ist etwa um 10 Größenordnungen höher als die einer nicht-enzymatischen Reaktion (die Steigerung derGeschwindigkeit um den Faktor 10^{10} verkürzt die Halbwertszeit von 300 Jahren auf eine Sekunde).

Zur Aufnahme und zum Weiterreichen von Bruchstücken der Substrate, bspw. von H2, Methylgruppen, Aminogruppen usw. stehen den Enzymproteinen niedermolekulare Verbindungen zur Seite. Sie sind mit den Enzymen mehr oder weniger fest verbunden. Handelt es sich dabei um Substanzen, die am Protein mit einem Substratbruchstück beladen werden und dann wieder abdissoziieren, um das Bruchstück an einem anderen Enzymprotein auf eine zweite Verbindung zu übertragen, so spricht man von einem Coenzym, Cosubstrat oder Transmetaboliten. Sind die niedermolekularen Verbindungen fest mit dem Enzymprotein verbunden und übernehmen und übergeben ein Bruchstück, ohne sich vom Protein zu lösen, spricht man von prosthetischen Gruppen dieser Enzymproteine.

Die Coenzyme sind von spezieller Bedeutung insofern, als sie von vielen Organismen nicht synthetisiert werden können und mit der Nahrung als Vitamine aufgenommen werden müssen.

Die genetische Information der Protocyte ist auf einem einzigen DNA-Faden, dem Bakterienchromosom, enthalten. Dieses DNA-Molekül ist 0,25 bis 3 mm lang. In vielen Bakterien ist extrachromosomale DNA nachgewiesen worden; sie besteht aus kleinen, ebenfalls ringförmig geschlossenen DNA-Molekülen, die Plasmide genannt werden. Die in den Plasmiden lokalisierte Information gilt als entbehrlich.

1. Die Übertragung der Erbanlagen auf die Nachkommen (bei der Zellteilung geschieht dies durch Verdopplung der DNA).
2. Anweisung zur Biosynthese bestimmter Proteine.

Die Basensequenz der DNA beinhaltet die Informationen für die Leistungen der Zelle, welche über die Biosynthese der Enzyme und anderer Proteine verwirklicht werden. Einzelne Abschnitte auf den Riesenmolekülen der DNA enthalten die genetischen Informationen für die Ausbildung bestimmter Eigenschaften und Merkmale eines Organismus. Diese Elementareinheiten werden Erbfaktoren oder Gene genannt.

Bei den Chromosomen drängt sich der Vergleich mit einem Tonband auf (mit Natronlauge kann man die Doppelhelix auflösen). 1 mg Chromosomenfaden ist 300.000 km lang, in jeder Zelle sind rund 2 m aufgewickelt. Darauf befinden sich 3,5 Milliarden. genetische Buchstaben. Der Informationsgehalt der chromosomalen DNA ist bei höher entwickelten Lebewesen größer als bei Mikroorganismen. Dementsprechend steigt die Molekülgröße der DNA: Die Anzahl derNucleotidbausteine schwankt zwischen $2 \cdot 10^6$ bei Bakterien und $5 \cdot 10^9$ bei Säugetieren. Wie werden daraus nun die 50.000 verschiedenen Proteine programmiert?

Die genetische Sprache besteht aus vier Buchstaben: Adenin und Thymin, Cytosin und Guanin. Die Zahl "4" ist bemerkenswert, da es doch auch mit "2" geht, wie die Computersprache zeigt. Es muß mit einer Art Redundanz zusammenhängen. Wenn man je zwei der vier Buchstaben zusammenfaßt, kann man 16 Möglichkeiten definieren; 20 Aminosäuren sind es aber! Deshalb müssen mindestens drei Buchstaben zusammengefaßt werden, wodurch man allerdings 64 verschiedene Kombinationen ermöglichen kann; d.h aber wiederum, daß es für jede Aminosäure mehr als ein Programmwort geben muß. Die

Dreierkombination wird Codon genannt. Die Reihung der Codons ist das genetische Programm, das wie die Perlen einer Kette das Bauprogramm für ein Protein zusammenfügt. Eine solche Informationsstrecke aus Codons für ein bestimmtes Protein nennt man Gen; die Summe aus allen Genen heißt Genom.

Jedes Lebewesen enthält eine nach molarer Masse, Basenzusammensetzung und Basensequenz spezifische chromosomale DNA. Aufgrund der Natur ihrer Kohlenhydratkomponente unterscheidet man zwei Nucleinsäurearten: Ribonucleinsäuren mit D-Ribofuranose-Bausteinen und die Desoxyribonucleinsäuren mit D-2-Desoxyribofuranose-Bausteinen. Die Nucleinsäuren sind unverzweigte Makromoleküle. Sie können als Polyester aufgefaßt werden, da sie aus Nucleosid-Bausteinen (Base + Zucker) bestehen, die durch 3',5'-Phosphorsäurediester-Bindungen zu einer langen Kette verknüpft sind. Man kann sich die Moleküle auch aus Nucleotid-Einheiten (Base + Zucker + Phosphorsäure) aufgebaut denken; dementsprechend werden die Nucleinsäuren auch als Polynucleotide bezeichnet. DNA enthalten hauptsächlich die Basen Adenin, Guanin, Cytosin, Thymin. In manchen DNA konnten auch geringe Mengen anderer Basen (z.B. Methylcytosin) nachgewiesen werden.

Bei der DNA sind jeweils zwei gegenläufige (entgegengesetzte Richtungen der 3',5'-Phosphorsäurediester-Bindungen) im Uhrzeigersinn schraubenartig umeinander geschlungene Moleküle über Wasserstoffbrückenbindungen der Basen zu einer Doppelspirale verknüpft. Die Ausbildung der Wasserstoffbrückenbindungen ist möglich, da die Purin- und Pyrimidin-Derivate der beiden DNA-Stränge der Doppelhelix-Achse zugewandt sind. Die Basen werden durch die hydrophilen Polyesterstrukturen, welche die gute Löslichkeit in Wasser bedingen, gegen das Lösungsmittel abgeschirmt.

Die Basenpaarbildung erfolgt spezifisch jeweils nur zwischen Adenin und Thymin sowie Guanin und Cytosin. Wesentlich für die Stabilität der Doppelhelix sind außerdem hydrophobe Anziehungskräfte zwischen den paarbildenden Basen sowie der Ladungszustand des Moleküls.

RNA (Ribonucleinsäuren) unterscheiden sich von den DNA durch ihren Gehalt an Ribose (anstelle von Desoxyribose) und Uracil (anstelle von Thymin). Die hauptsächlichen Basenkomponenten sind somit: Adenin, Guanin, Cytosin, Uracil (Transfer-RNA enthalten meist noch Methylguanin). Man unterscheidet: mRNA, tRNA und rRNA für messenger-, transfer- und ribosomaler RNA. Die RNA liegt als einzelner Strang vor, der aber vermutlich mehrfach in sich gefaltet und durch abschnittsweise Basenpaarbildung über Wasserstoffbrücken stabilisiert ist.

- Die m- oder Matrizen-RNA (s. Bild 2.13) übermittelt den genetischen Informationsgehalt zur Bildung bestimmter Aminosäurensequenzen von der DNA an das proteinbildende System. Die Basensequenz ist entsprechend der spezifischen Basenpaarbildung komplementär zu einem bestimmten DNA-Abschnitt.

- Die tRNA wirkt bei der Proteinbiosynthese als Träger und Überträger der Aminosäuren. Jede tRNA ist dabei spezifisch für eine bestimmte Aminosäure. Typisch ist die im Vergleich zu den anderen RNA-Arten niedrige molare Masse von ca. 30.000.

- Die rRNA ist zu etwa 65% am Aufbau der sogenannten Ribosomen (funktionelle und strukturelle Einheiten der Zelle, an denen die Proteinbiosynthese abläuft) beteiligt.

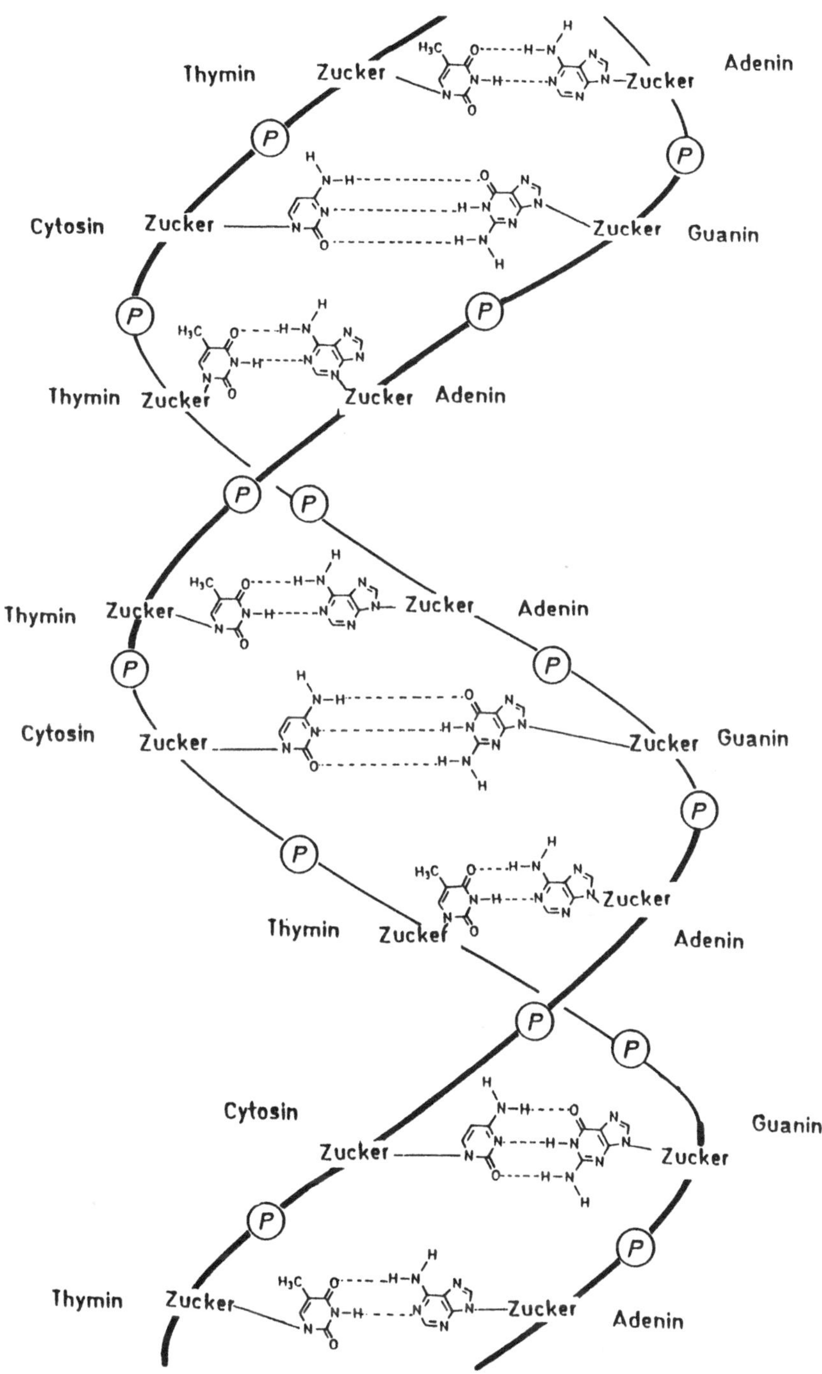

Bild 2.12 Watson-Crick-Modell eines Abschnittes der DNA

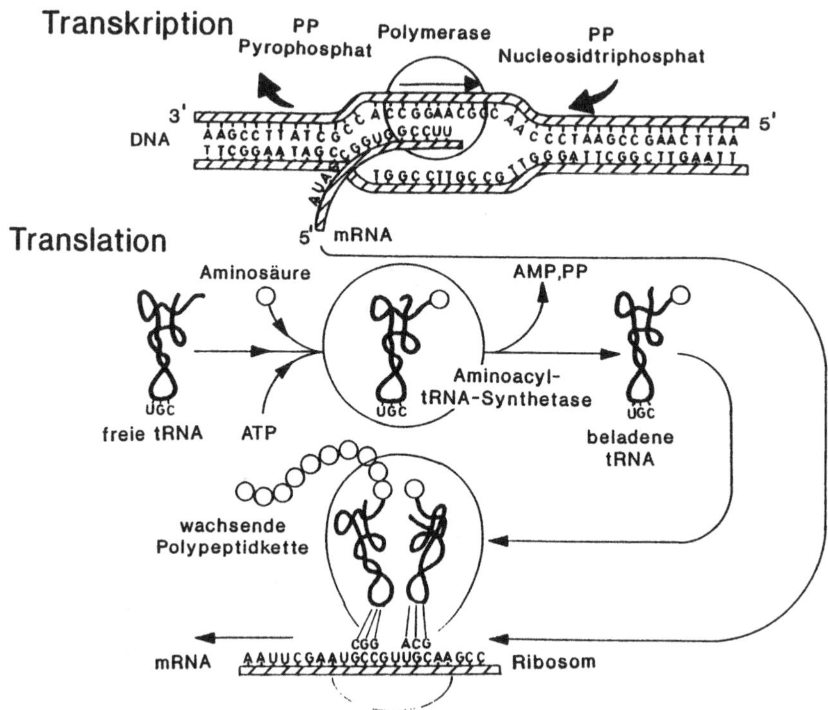

Bild 2.13 Transkription - Translation in Prokaryonten

2.3 Mikroorganismen

In diesem Abschnitt werden im Überblick wichtige Merkmale und einige Vertreter von umwelttechnisch interessanten Mikroorganismen vorgestellt.

Zur Beschreibung der Organismen gehört zunächst immer die Angabe zu ihrer Morphologie (Stäbchen; Kapseln; Anordnung; Begeißelung; Färbbarkeit usw.). Sie wird ergänzt durch physiologische Angaben, wie das Verhältnis zum Sauerstoff, die Art der Energiegewinnung, Temperatur- und pH-Abhängigkeit usw.

Auch für sie gilt die binäre Nomenklatur - bestehend aus einem Gattungs- und einem Artennamen, wobei man aufgrund der Fülle an Merkmalen mittlerweile dazu übergegangen ist, im Gattungsnamen bereits nach physiologischen oder biochemischen Besonderheiten zu unterscheiden: *Nitrosomonas* als Ammoniakoxidierer oder *Chromobacterium* nach der Pigmentierung.

Die Klassifikation folgt praktischen Gesichtspunkten: Die Grundeinheit (Reinkultur) ist der Stamm; Stämme werden zu Arten (Spezies) geordnet; die Arten werden zu Gattungen (genus/ genera), die Gattungen zu Familien (-aceae) und die Familien zu Ordnungen (-ales), soweit möglich werden die Ordnungen zu Klassen (-mycetes) zusammengefaßt.

2.3.1 Bakterien

Unter dem Begriff Bakterien wird eine nach Form, Physiologie und Umweltansprüchen äußerst vielgestaltige Gruppe von kleinen Lebewesen zusammengefaßt, die umgangssprachlich vielfach fälschlicherweise als pathogene Keime bezeichnet werden. Ihr eigentlicher Lebensraum sind das Wasser bzw. feuchte Räume, wie z.B. auch der Boden. Dort leben sie in der Mehrzahl in Zusammenarbeit mit Pilzen (s. Abschnitt 2.3.3), mineralisieren tote organische Substanz und schließen den Stoffkreislauf (Bild 1.1).

Morphologie

Viele Bakterien besitzen Kugel- (Kokken), Stäbchen- oder Spiralform. Sonderformen sind gestielt, weisen Scheiden auf oder sind strahlenförmig (Strahlenpilze; *Actinomyces bovis*), manche gleiten und sind morphologisch nicht exakt von Pilzen zutrennen.

Allen Bakterien fehlt die Kernmembran, was sie nur mit den Blaualgen gemeinsam haben. Im übrigen sind die Zellen aber hochspezialisiert und strukturiert. Bakterien vermehren sich durch Teilung. Die Teilungsgeschwindigkeit ist von der Größe des Nährstoffangebotes, dessen Verwertbarkeit und anderen Umweltfaktoren, vor allem Temperatur und pH-Wert, abhängig. Sexualität ist bei Bakterien erst in jüngster Zeit beobachtet worden; Plasmidkonjugation, aber auch noch andere Möglichkeiten der Informationsübertragung: (Kannibalismus: Aufnahme von DNS toter Bakterien) oder durch Übertragung mit Hilfe von Viren.

Die Bakterien vermehren sich i.d.R. durch Zweiteilung, durch binäre Spaltung. Nach Verlängerung der Zelle bilden sich von außen nach innen fortschreitend Querwände aus; die Tochterzellen trennen sich. Bei vielen Bakterien bleiben die Zellen jedoch nach der Teilung unter bestimmten Milieubedingungen noch eine Zeit lang in charakteristischen Gruppen miteinander verbunden. Je nach der Teilungsebene und der Anzahl der Zellteilungen lassen sich beispielsweise unter den kugelförmigen Bakterien Paare (Diplokokken), Ketten (Streptokokken), Platten oder Pakete (Sarcina) unterscheiden. Auch Stäbchen treten als Paare oder Ketten auf. Eine Vermehrung durch Sprossung oder Knospenbildung gehört unter den Prokaryonten zu den Ausnahmen.

Physiologie

Die Mehrzahl der Bakterien ist aerob und heterotroph. Neben den Bakterien, die organische Substanzen als Nährstoffe benötigen, gibt es auch photolithoautotrophe und chemolitoautotrophe (s. Abschnitt 2.1.2).

Beispiele

Die wohl immer noch beste Übersicht über Bakterien bietet BERGEY's Manual of Determinative Bacteriology; aber auch der Katalog der Deutschen Sammlung von Mikroorganismen (DSM) in

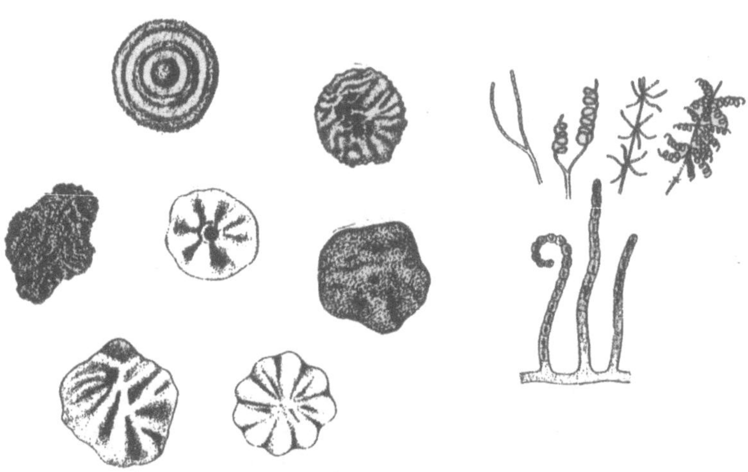

Bild 2.14 Diverse Vorkommensformen von Bakterien am Beispiel von Mycobakterien, Nocardien und Actinomyceten /nach SCHLEGEL, 1985/

Braunschweig liefert alles, was der Umweltbiotechnologe benötigt: Abgesehen von der Beschaffung spezieller Kulturen finden sich im Katalog alle notwendigen Hinweise zur Kultivierung der Organismen. Ein wenig von der Schönheit und Diversität vieler Bakterien kann Bild 2.14 vermitteln.

Als gerade Stäbchen sind im Mikroskop die Angehörigen der Gattung Pseudomonas und Bacillus anzusprechen. Spirillen haben die Form einer Schraubenlinie oder eines Wendels. Als Vibrio bezeichnet man ein gekrümmtes Stäbchen. Für einige Bakterien sind Abweichungen von diesen Grundformen charakteristisch: Ansätze zu Verzweigungen der Zelle finden sich bei vielen Arten der Gattung Mycobacterium. Die Streptomyceten bilden sogar ein Myzel, das dem der Pilze ähnlich ist, sich aber davon durch den geringeren Zelldurchmesser unterscheidet (kleiner 1 µm gegenüber größer 5 µm).

2.3.2 Niedere Pflanzen

Sie unterscheiden sich optisch von den tierischen Einzellern durch den Besitz von farbstoffhaltigen Strukturen (Chromatophoren) in der Zelle. Die Farbstoffe (hauptsächlich Pflanzen-Chlorophyll, aber auch Phycocyanin, -erythrin (Algen) sowie Carotinoide) geben die Fähigkeit zum Einfangen von Lichtenergie und deren Umwandlung in chemische Bindungsenergie.

Morphologie

Es gibt eine erstaunliche Vielzahl von verschiedenen niederen Pflanzen, die jede für sich nur bestimmte Umweltbedingungen ertragen können. Blaualgen gehören wie die Bakterien zu den Prokaryonten. Ihre Farbstoffe sind an Membranen gebunden wie bei höheren Algen. Die "Zellen" können je nach Art in Schleimkapseln oder zu Ketten aufgereiht sein. Manche Zellfäden besitzen eine Haftscheibe, mit der sie sich festhalten können, um nicht mit der Strömung abgetrieben zu werden.

Physiologie

Im Gegensatz zu den Mikroorganismen mit heterotropher Ernährungsweise ist das Nährmaterial weniger differenziert. Kohlendioxid kann gasförmig oder als Bicarbonat aufgenommen werden. Die Auswahl der verwertbaren Stickstoff-, Schwefel- und Phosphorverbindungen ist ebenfalls gering. Die Selektion der Formen für verschiedene Lebensräume wird wahrscheinlich durch Parameter, wie z.B. Lichtintensität, dessen spektrale Zusammensetzung oder die An- bzw. Abwesenheit von chemischen Verbindungen (Ammoniak, Schefelwasserstoff, organische Substanzen) bestimmt.

Beispiele

Phytoflagellaten stehen den Geißeltierchen systematisch nahe, unterscheiden sich aber durch die grünen Farbkörper in der Zelle. Die Formen sind beweglich, wie ihre tierischen Verwandten. Eine Gruppe, die *Dinoflagellaten*, zeichnet sich durch eine feste Außenhülle aus Cellulose aus. *Diato*

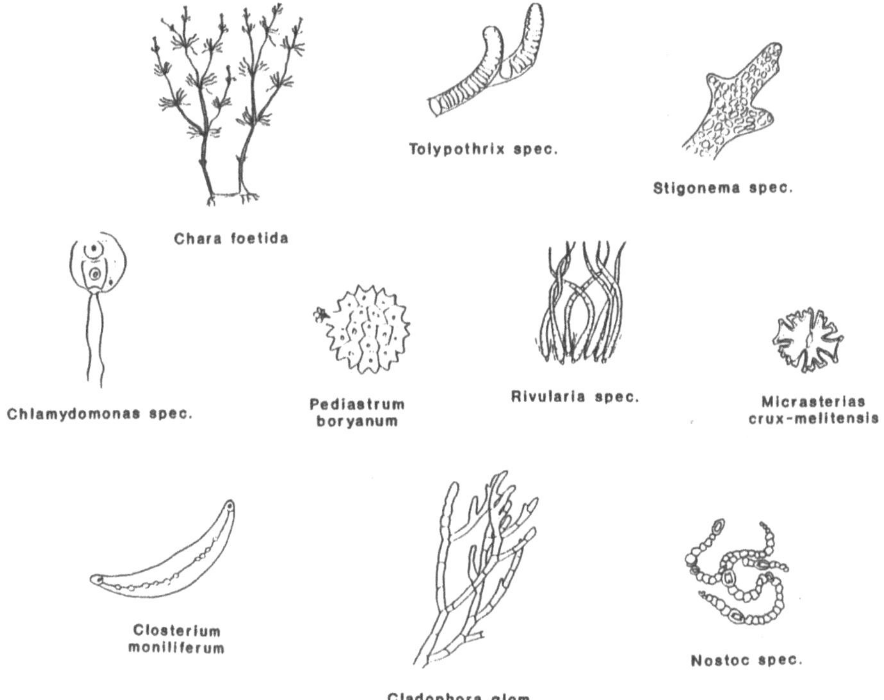

Bild 2.15 Auswahl einiger Blau-, Joch-, Zier- und Grünalgen /aus HARTMANN, 1984/

meen (Kieselalgen) sind ebenfalls eine äußerst vielgestaltige und durch eine besondere Außenhülle gekennzeichnete Gruppe. Die Einzelzelle ist schiffchen- oder nadelförmig, auch gekrümmte Formen und Diskusformen treten auf. Die äußere Hülle besteht aus einer Kieselsäureschale. Die Farbstoffe sind Carotinoide, deshalb überwiegt die Braunfärbung. Viele *Diatomeen* kommen auch mit nur Spuren von Licht aus und kommen deshalb in verschmutzten Wässern vor. Jochalgen und Zieralgen zeichnen sich durch eine äußerst grazile Form aus und sind meist an helle, saubere nährstoffarme Gewässer gebunden.

Grünalgen stellen die größte und formenreichste Gruppe der Algen dar. Ein geringer Teil tritt als Einzelzelle auf; die Mehrzahl jedoch bildet lange Zellketten, die auch mit dem Auge als dichte Algenwatte erkennbar ist. Die Artunterschiede zeigen sich an der Gestalt und Lage des Chromatophors in der Zelle.

2.3.3 Pilze und Hefen

Am biologischen Geschehen sind alle pflanzlichen und tierischen Formen beteiligt. Hefen und niedere Pilze spielen eine große Rolle bei der Verwertung organischer Substanz in terrestrischen Systemen, also z.B. bei der Kompostierung und Humusbildung.

Pilze

Die Bezeichnung "Pilz" leitet sich von den auffälligsten Vertretern dieser Gattung, den Hutpilzen (gr. mykos, lat. fungus) ab. Sie sind Eukaryonten und haben mit den Pflanzen den Besitz einer Zellwand, zellsaftgefüllte Vakuolen und eine mikroskopisch gut sichtbare Plasmaströmung sowie weitgehende Bewegungsunfähigkeit gemeinsam. Sie enthalten jedoch keine photosynthetischen Pigmente und sind heterotroph. Sie wachsen aerob. Im Gegensatz zu Pflanzen weisen die Pilze nur geringe morphologische Differenzierungen auf.

Der Vegetationskörper ist ein Thallus aus Fäden von ca 5 µm Durchmesser, die sich vielfach verzweigen und sich in und auf dem Nährsubstrat verbreiten. Die Hyphen bestehen aus der Zellwand und dem Cytoplasma. Bei niederen Pilzen sind sie querwandlos, bei höheren durch Septen zellig gegliedert. Auch in septierten Fäden kommuniziert das Cytoplasma durch eine zentrale Pore. Die Hyphenmasse wird insgesamt als Myzel (Mycelium) bezeichnet. In bestimmten Stadien bildet das Myzel Plektenchyme (gewebeartige Verbände; das "Fleisch" des Hutpilzes). Die Pilzhyphen wachsen jeweils an ihrer Spitze; jeder Teil ist im übrigen potentiell wachstumsfähig: Zur Überimpfung genügt ein kleines Myzelstück, um einen neuen Pilzthallus entstehen zu lassen. Asexuell vermehren sich die Pilze im allgemeinen. durch Sporenbildung, Knospung oder Fragmentierung.

Bei der Sporenbildung schnüren sich am Ende der Hyphen Konidiosporen ab, bei der Knospung bildet sich an der Mutterzelle ein Auswuchs, der abgeschnürt wird, bei der Fragmentierung brechen einzelne Hyphen in Einzelzellen auseinander. Sind diese Zellen von einer dicken Wand umgeben, spricht man von Chlamydosporen. Einige Formen vermehren sich auch wie Bakterien durch Zweiteilung oder Spaltung.

Hefen

Die Bier- oder Bäckerhefe (*Saccharomyces cerevisiae*) gehört zu den bekanntesten Hefen überhaupt. Sie vermehrt sich durch Knospung. Hierbei bildet die Zellwand an einer, manchmal auch mehreren Stellen, eine Ausstülpung, die sich mit Cytoplasma füllt. Nach vollzogener Kernteilung wandert einer der Tochterkerne in die Knospe ein, die sich schließlich zu einer eigenen Zelle abschnürt.

Hefen gehören zu den Pilzen, und zwar zu den Ascomyceten, was viele Nicht-Biologen verwundert. Die oben beschriebene Knospung ist eine Art der vegetativen, also nicht sexuellen Vermehrung. Unter ungünstigen Bedingungen findet auch über die Ascusbildung, die ein typisches Merkmal der Ascomyceten ist, eine sexuelle Vermehrung statt. Ein Ascus ist ein schlauchförmiges Gebilde mit verdickten Zellwänden, in denen sich vier bzw. acht Ascosporen (bei Hefen bzw. anderen Ascomyceten) befinden.

Saccharomyces cerevisiae sproßt lediglich, bildet aber kein Mycel. Bei anderen Hefen werden nebeneinander Sprossung und Wachstum mit septierten Hyphen beobachtet. Andere Ascomyceten besitzen ein septiertes Mycel, bilden bei der sexuellen Vermehrung Ascosporen aus und können sich auch asexuell über Konidiosporen vermehren.

2.3.4 Protozoen

Unter dem Begriff Protozoen sind alle tierischen Einzeller zusammengefaßt. Im Gegensatz zu den Bakterien besitzen sie einen echten Zellkern. Im Zellaufbau gibt es relativ einfache Gebilde, wie z.B. die Amöben, aber auch hochdifferenzierte Formen, die über Fortbewegungsorgane, Ausscheidungsorgane, und auch über Organe zur Reizerkennung und -leitung verfügen.

Morphologie

Die meisten aquatischen Protozoen sind unter einem zehntel Millimeter groß; bodenbewohnende Formen können jedoch sehr viel größer sogar als vielzellige Organismen werden. Abgesehen von parasitischen Formen und den Geißeltierchen leben die Protozoen von partikulärer organischer Substanz. Amöben nehmen organische Partikel durch Umfließen auf; Wimperntierchen haben eine Technik der Beutegewinnung, die ganz analog der von höheren Tieren abläuft: Manche Arten sitzen auf einem festen Untergrund und erzeugen mit ihren Wimpern einen Wasserstrudel, der ihnen Bakterien an ihre Mundöffnung bringt. Andere schwimmen wie ein offenes Sieb durch die bakterienreiche Flüssigkeit und nehmen alles wahllos auf; wieder andere weiden Bakterienfilme ab; schließlich gibt es Protozoen, die ihrer Beute mit klebrigen Fangapparaten auflauern.

Nach Erscheinungsformen unterteilt man in folgende Systematik: Wurzelfüßler, Wimpertierchen, Geißeltierchen, Sauginfusorien. Da die Protozoen in einfachen Lichtmikroskopen bereits unterschieden werden können, verwendet man sie als Leitorganismen zur Beurteilung der Gewässergüte, aber auch der Funktionstüchtigkeit von Abwasserbehandlungsanlagen.

2.4 Reaktionstechnik

Im Gegensatz zu chemischen Systemen, bei denen thermodynamische und kinetische Daten für die Korrelation experimenteller Daten ausreichen, um das Verhalten der untersuchten Systeme vorauszusagen, benötigt man bei biologischen Systemen zusätzliche Informationen, beispielsweise über Art und Zahl der Mikroorganismen selbst, ihre morpho- und physiologischen Strukturen, die aber von ihrer Vorgeschichte und den primären und sekundären Umgebungsbedingungen determiniert werden. Biologisch-technische Prozesse haben entweder die Produktion von Biomasse insgesamt oder von Zellbestandteilen oder Transformationen, in der Umwelt-Biotechnik auch die Substratabnahme zum Ziel. Aufgabe des Bio-Ingenieurs ist es, ein Verfahren mit den entsprechenden Reaktionsbedingungen zu finden, das zum gewünschten Ergebnis führt. Heute sind wir jedoch noch weit davon entfernt, mikrobiologische Prozesse in Lebensgemeinschaften vollständig zu erfassen und damit gar beschreiben zu können.

Einige Reaktionen der Mikroorganismen auf Änderungen der Umgebungsbedingungen zum Teil sind dies. beeinflußbare Prozeßvariable, wie Nährstoff- oder Gelöstsauerstoff-Konzentration im Medium sowie Wasserstoff-Ionen-Konzentration und Temperatur - lassen sich u.U. noch recht gut quantitativ beschreiben, solange es sich um Zellwachstum in Reinkultur in einem Fermenter handelt. Mischkulturen hingegen entziehen sich aber noch fast vollständig einer mathematischen Beschreibung: So sind beispielsweise Änderungen der Stoffwechselwege, der Morphologie, Auftreten von Schaum, Zellflokkulation oder die Bildung von Sekundärmetaboliten nur in Ansätzen beschrieben.

Ein weiterer Faktor, der modellmäßig kaum zu erfassen ist, sind die genetischen Modifikationen (Mutation, Plasmidübertragung). Mutation nutzt man zwar im Labor an speziellen Stammkulturen aus, um durch Anwendung bestimmter Kultivierungsstrategien die Eigenschaften dieser Kulturen in die gewünschte Richtung zu ändern, so daß man Ursache und Wirkung quantitativ beschreiben kann; aber das Ergebnis ist heute noch i.d.R. zufällig. Auch steigt unser Wissen über automatisierte Fermentationen ständig. Allerdings werden auch in Fermentationen nur isolierte Kulturen einzelner Mikroorganismen eingesetzt. Systeme mikrobieller Lebensgemeinschaften werden immer noch als "black-boxes" dargestellt. Die Umweltbioverfahrenstechnik wird von daher noch sehr lange mit empirischen Erfahrungen leben müssen. Allerdings ergeben sich mit der rapide steigenden Zahl von systematischen Untersuchungen gute Ansätze für eine verfeinerte Abbildung der Prozesse. Dazu ist es notwendig, entsprechende Modelle zu entwickeln, die wesentlichen Merkmale zu simulieren und großtechnisch zu überprüfen.

Die Grundlagen der chemischen Reaktionstechnik bilden die

- Stöchiometrie,
- Thermodynamik,
- Kinetik der chemischen Reaktion,
- Stoff- und Energietransport,
- Misch- und Austauschvorgänge,

die in der biologischen Reaktionstechnik erweitert werden durch

- Katabolismus und Anabolismus von Stoffen,
- Enzym- und Wachstumskinetik sowie
- Co-Metabolisierung, Diauxie- und andere Stoffwechseleffekte.

Die Stöchiometrie hilft, das Reaktionsgleichgewicht anzugeben. Während sich die Thermodynamik mit zeitlich unveränderlichen Zuständen von Stoffsystemen befaßt und die Gleichgewichtsbedingungen rein energetisch bestimmt, beschäftigt sich die Reaktionstechnik mit den Geschwindigkeiten, mit denen sich die verschiedenen Systeme über mögliche Reaktionszwischenprodukte dem Gleichgewicht nähern. Die zeitliche Veränderung eines Systems hängt aber nicht nur von den Anfangs- und Endzuständen ab, sondern auch vom Reaktionsmechanismus der chemischen Umsetzung. Die experimentelle Grundlage für die Untersuchung von Reaktionsmechanismen ist die Messung der Reaktionsgeschwindigkeiten in Abhängigkeit von den Konzentrationen und Milieufaktoren.

2.4.1 Thermodynamik

Die Thermodynamik ist ein Grundpfeiler der Naturwissenschaften. Sie beschreibt die Gleichgewichtszustände eines Systems. Die Frage, in welcher Richtung sich ein System entwickeln kann, läßt sich mit Hilfe thermodynamischer Kenntnisse beantworten. Die Hauptsätze der Thermodynamik liefern somit die Basis für die Beurteilung von Umweltschutzmaßnahmen. Denn bei jeder Maßnahme muß man bedenken, daß auch sie Energie erfordert und die Energieerzeugung/ -umwandlung wieder mit Umweltbelastungen verbunden ist.

Der erste Hauptsatz der Thermodynamik besagt nun, daß Energie weder erzeugt noch vernichtet werden kann (Energieerhaltungssatz). In einem abgeschlossenen System ist also der Gesamtenergieinhalt konstant.

Die Energie tritt jedoch in verschiedenen Formen auf: mechanische Energie in Form von potentieller oder kinetischer Energie, elektrische Energie, chemisch gespeicherte Energie, Arbeit, Wärme und Licht. Allerdings - lehrt die Erfahrung - kann nicht jede Energieform von selbst in eine andere umgewandelt werden: Die Wärmeenergie kann beispielsweise nicht zu 100 Prozent in andere Energieformen umgewandelt werden.

Den Energieumwandlungen physikalischer und chemischer Prozesse sind nämlich Grenzen gesetzt, die im zweiten Hauptsatz formuliert sind: Bei jeder Energieumwandlung wird ein Teil der Energie in eine nicht mehr verwendbare Energieform umgewandelt. Aus Bild 1.1 wird wieder deutlich, daß Stoffe im Kreis geführt werden können; dafür aber wird Energie benötigt, die anschließend als Wärme abgeführt wird. Ein Energierecycling ist nach dem zweiten Hauptsatz unmöglich.

Als Maß für die bei Energieumwandlungen nicht mehr nutzbare Energie wird in der Thermodynamik die Entropie verwendet. Der dritte Hauptsatz besagt, daß bei Energieumwandlungen die Entropie zunimmt. Interessant wird es, wenn man neben Energieumwandlungen auch stoffliche Veränderungen und Durchmischungseffekte in die Betrachtung der Entropie hineinnimmt: Die Gesamtentropie setzt sich aus einem thermischen und einem konfigurationellen Anteil zusammen (BOLTZMANN formulierte: Die Entropie eines Systems ist ein Maß für die fehlende Information). Der thermische Entropieanteil wird größer, wenn die Temperatur des Systems zunimmt, der konfigurationelle nimmt mit der Durchmischung zu (je weniger exakt der Aufenthaltsort der einzelnen Teilchen beschrieben werden kann, wie z.B. bei größerer Partikelgeschwindigkeit, größerem Volumen, Teilchenzuwachs bei chemischen Reaktionen, Veränderung der Molekülstruktur oder Änderungen im Aggregatzustand von fest über flüssig zu gasförmig).

Man kann sich daraus folgenden Merksatz ableiten: Bei Erwärmung und oder Durchmischung bzw. Verdünnung einer Substanz vergrößert sich die Entropie des Systems. Weiterhin leitet sich aus dem zweiten Hauptsatz ab, daß bei selbständig ablaufenden Vorgängen in einem abgeschlossenen System die Entropie immer zunimmt. Das heißt, daß ein Prozeß nur dann spontan ablaufen kann, wenn die Entropie des Systems und der Umgebung insgesamt zunimmt.

Der thermische Endzustand eines Systems, der chemische oder thermodynamische Gleichgewichtszustand also, ist danach der Zustand mit der größtmöglichen Gesamtentropie. Der thermodynamische Gleichgewichtszustand ist ohne Leben. Leben setzt voraus, daß ständig Energie (Licht oder chemisch gespeicherte Energie) umgewandelt wird, wodurch die Entropie der Umgebung zunimmt. Bei dem in Bild 1.1 gezeigten Fließgleichgewicht nun bleibt die Entropie gleich groß, da ständig Wärme abgegeben wird. Allerdings beruht diese Annahme darauf, daß die Entropieproduktion minimal ist. Ist sie nämlich groß oder - anders ausgedrückt - ist das System weit vom Gleichgewichtszustand entfernt, können Instabilitäten auftreten. Diese Instabilitäten sind heute vielfach in der Umwelt zu beobachten; sie haben ihre Ursache darin, daß neben der eingestrahlten Lichtenergie in erheblichem Umfang chemisch gebundene Energie (in Form des Mineralöls) zusätzlich umgewandelt wird.

Faßt man das Problem der Umweltnutzung zusammen, muß man erkennen, daß Abwässer und Abfälle - thermodynamisch gesehen - einen Zustand höherer Entropie aufweisen und daß für ihre Umwandlung zu wieder nutzbarem Wasser oder als Rohstoff Energie aufzuwenden ist, wodurch die Entropie des Systems insgesamt noch weiter erhöht wird. Dadurch entfernt sich das System noch stärker aus dem Gleichgewicht. Logische Konsequenz daraus ist, daß man beim wirklichen Umweltschutz nicht das Machbare im Auge behält, sondern das, was die Umwelt insgesamt schützt.

Über diese globale Betrachtung hinaus sollte nun interessieren, wie die Thermodynamik des Stoffwechsels in mikrobiellen Systemen beschrieben ist. Schließlich ist zu klären, ob ein umweltbelastender Stoff mikrobiell in endlicher Zeit verwertet werden kann oder nicht. Die meisten der im Stoffwechsel der Organismen ablaufenden Reaktionen sind nämlich bei Standard-Umgebungsbedingungen ohne die Wirkung von Katalysatoren kinetisch gehemmt, obwohl sie exergonisch, also thermodynamisch möglich sind, weil in ihnen noch ein Arbeitsvermögen steckt. Man quantifiziert die in den Verbindungen enthaltene Energie in Form der sogenannten GIBBS-Energie, die als Differenzgröße angegeben wird (negativer ΔG-Wert). Beispielsweise weist die Glucose einen Wert von -2872 kJ/mol auf.

Die meisten für den Stoffwechsel der Organismen wichtigenVerbindungen müssen allerdings auch in Gegenwart von Sauerstoff metastabil sein, damit die Oxidation nicht schon bei Umgebungstemperaturen spontan abläuft. Dies würde die Zellstrukturen durch die freiwerdende Wärme schädigen. Darüberhinaus wäre die Transformation in gespeicherte Energie (ATP-Bildung; Glycogen, PHB, Fette usw.) nicht möglich. Unter Umgebungsbedingungen wird also der Gleichgewichtszustand nur sehr langsam erreicht, so daß Mikroorganismen einen Katalysator benötigen. Dieser Katalysator sind die in Abschnitt 2.2.2 beschriebenen Enzyme, die die Aktivierungsenergie herabsetzen.

Die meisten Stoffwechselprozesse in mikrobiellen Systemen wären ohne die Wirkung von Enzymen bei den herrschenden Temperaturen kinetisch gehemmt; sie wären für das Leben bedeutungslos, weil sie den Gleichgewichtszustand nur sehr langsam erreichen.

Nach dem 2. Hauptsatz der Thermodynamik ist bei allen realen, irreversiblen Vorgängen die Entropie

$$\Delta S = \Delta S_{Sys} + \Delta S_{Raum} > 0.$$

Erreicht ein Vorgang seinen Gleichgewichtszustand, wird obige Beziehung gleich Null, die thermodynamische Triebkraft ist verloren. Von daher muß untersucht werden, ob sich die gesamte Entropie in positiver Richtung ändern kann.

Unter isobaren und isothermen Bedingungen läßt sich mit Hilfe einer von GIBBS in die Thermodynamik eingeführten Funktion beurteilen, ob eine Reaktion möglich ist und welche Energiemenge freigesetzt wird, bis der Gleichgewichtszustand eintritt. Die Definitionsgleichung der GIBBS-Energie (auch als freie Enthalpie bezeichnet, H steht für die Enthalpie) lautet

$$G = H - T \cdot S$$

Temperatur T und Druck p sind konstant.

G ist eine Zustandsfunktion, weil H, T und S ebenfalls Zustandsfunktionen sind. Gemessen werden können im übrigen nur Änderungen von G

$$\Delta G = \Delta H - T \cdot \Delta S$$

T, p sind konstant.

bzw. unter Standardbedingungen

$$\Delta G^0 = \Delta H^0 - T \cdot \Delta S^0 .$$

Bei einem isothermen Vorgang ist die vom System an den Raum abgegebene Wärme gleich

$$q_{Raum} = -q_{Sys}$$

und

$$q_{Sys} = \Delta H_{Sys}.$$

Für isobare und isotherme Vorgänge gilt für die Entropieänderung

$$\Delta S_{Raum} = q_{Raum}/T = -q_{Sys}/T = -\Delta H_{Sys}/T$$

und damit (s.o)

$$\Delta S_{Sys} - \Delta H_{Sys}/T \geq 0.$$

Umgeformt ergibt sich

$$\Delta H - T \cdot \Delta S = \Delta G \leq 0 \text{ (T, p sind konstant).}$$

Diese thermodynamische Grundgleichung besagt, daß sich bei jedem realen System (irreversibel) die GIBBS-Energie in negativer Richtung ändert (Ist $\Delta G < 0$ heißt der Vorgang exergonisch). Im Grenzfall ändert sie sich nicht mehr (= 0). Vorgänge, bei denen die GIBBS-Energie zunimmt, sind unmöglich.

Die GIBBS-Energie einer Reaktion stellt die Differenz der GIBBS-Energien der Bildung einer Verbindung aus ihren Elementen dar

$$\Delta G_r = \Sigma n \cdot \Delta G_{f,Produkte} - \Sigma n \cdot \Delta G_{f,Edukte},$$

wobei auch die Standardbedingungen angesetzt werden können und man die Standard-GIBBS-Energie der Bildung den Elementen in ihrer stabilsten Modifikation $\Delta G^0{}_f = 0$ kJ/mol zuordnet. Um GIBBS-Energien der Bildung für einzelne Ionen angeben zu können, definiert man das H^+-Ion unter Standardbedingungen (T = 298,15 K, p = 1013,25 mbar, a = 1 mol/l) mit dem Wert $\Delta G^0{}_{f,H+,aq} = 0$ kJ/mol.

Beispiel

Die GIBBS-Energie der Oxidation von Glucose unter Standardbedingungen ergibt sich aus:

$$C_6H_{12}O_6\ (s) + 6\ O_2\ (g) \rightarrow 6\ CO_2\ (g) + 6\ H_2O\ (l)$$

$$\Delta G^0{}_r = [6(-394) + 6(-237)] - [-911 + 6 \cdot 0] = \quad -2875\ \text{kJ/mol}$$

Man kann sie aber auch über die Standard-Reaktionsenthalpie

$$\Delta H^0{}_r = [6(-393) + 6(-285)] - [-1274 + 6 \cdot 0] = \quad -2794\ \text{kJ/mol}$$

und die Standard-Reaktionsentropie

$$\Delta S^0{}_r = [1284 + 420] - [2127 + 1230] = 262\ \text{J/mol.K}$$

ermitteln:

$$\Delta G^0{}_r = -2794\ \text{KJ/mol} - 298{,}15\ \text{K} \cdot 0{,}262\ \text{kJ/mol} \cdot \text{K} = \quad -2872\ \text{kJ/mol}$$

Die Umkehrung repräsentiert im übrigen den Photosyntheseprozeß!

2.4.2 Mikro-, Makro- und Formalkinetik

In der biologischen Reaktionstechnik differenziert man die reaktionstechnischen Betrachtungen über drei Ebenen:

- Die Mikrokinetik befaßt sich allein mit dem zeitlichen Ablauf biochemischer Reaktionen (Enzymkinetik).
- Die Makrokinetik betrachtet den Einfluß überlagerter physikalischer Stoff- und Wärmetransportvorgänge (z.B. Diffusion).
- Die Formalkinetik beschreibt global die Reaktionsgeschwindigkeit als Summe aller Vorgänge (black box).

Mikrokinetik

Ein wichtiges Ziel der Reaktionstechnik ist die Aufklärung von Reaktionsmechanismen. Anhand der Molekularität läßt sich darstellen, welche Reaktionspartner in welcher zeitlichen Abfolge an den Einzelschritten einer Reaktion beteiligt sind: Zum Beispiel handelt es sich um eine monomolekulare Reaktion, wenn ein Substrat A in ein Produkt B umgewandelt wird, aber auch, wenn A → B → C vorliegt. Damit Moleküle miteinander reagieren, müssen sie in der dafür notwendigen Orientierung miteinander zusammenkommen, so daß es die Ausnahme ist, wenn mehr als zwei Substrate mit einem dritten reagieren (trimolekular). Häufiger ist natürlich der Fall, daß zwei Substrate miteinander reagieren (A + B → C). Man bezeichnet diese Reaktion als bimolekular.

Einer experimentellen Bestimmung eher zugänglich ist die Ermittlung der Reaktionsordnung. Die Geschwindigkeit einfacher Reaktionen ist im allgemeinen den Konzentrationen der reagierenden Stoffe proportional. Sie ist definiert als Abnahme der Konzentration eines Substrates oder als Zunahme der Konzentration eines Produktes in einem bestimmten Zeitintervall. Die Geschwindigkeit monomolekularer Reaktionen (bekannt: Zerfall radioaktiver Stoffe) ist häufig der Konzentration nur dieser einen Teilchenart proportional, weshalb man dann von einer Reaktion erster Ordnung spricht. Wenn die Reaktionsgeschwindigkeit den Konzentrationen beider Teilchenarten bzw. dem Quadrat der Konzentration einer Teilchenart entspricht, handelt es sich um eine Reaktion zweiter Ordnung.

Häufig läuft eine Teilreaktion sehr langsam ab; sie stellt dann den geschwindigkeitsbestimmenden Schritt dar. Von daher kann man aus der stöchiometrischen Gleichung einer Reaktion weder auf die Reaktionsordnung noch -molekularität und ebensowenig von der experimentell ermittelten Reaktionsordnung auf die Reaktionsmolekularität schließen. In der Regel muß man die Reaktionsordnung experimentell bestimmen. Es werden auch gebrochene und negative Reaktionsordnungen beobachtet.

In der biologischen Technik haben wir es aber überwiegend nur mit Reaktionen bis zur 1. Ordnung zu tun, wobei es aber dann durchaus Reaktionen gebrochener Ordnung geben kann.

Beispiel

Bei der alkalischen Esterspaltung

$$\begin{array}{llll} CH_3\text{-}CO\text{-}O\text{-}C_2H_5 & + OH^- & \rightarrow CH_3\text{-}COO^- & + C_2H_5\text{-}OH \\ A & + B & = C & + D \end{array}$$

ist - wie sich aus Messungen ergibt - die Reaktionsgeschwindigkeit r den Konzentrationen der beiden Edukte proportional:

$$r = k \cdot C(A) \cdot C(B) = k \cdot C(C) \cdot C(D)$$

Aufgrund der stöchiometrischen Beziehung muß man in diesem Fall nur jeweils einen Reaktanden bestimmen, um die Geschwindigkeitsgleichung zu formulieren:

$$r = -dC(A)/dt = -dC(B)/dt = +dC(C)/dt = +dC(D)/dt$$

$$r = k \cdot C(A) \cdot C(B)$$

Die Geschwindigkeitskonstante k ist der Proportionalitätsfaktor, der die Reaktionsgeschwindigkeit mit den Konzentrationen der Reaktanden, von denen r abhängt, in Beziehung setzt. Die Messung der Reaktionsgeschwindigkeit muß sich nicht nur auf Konzentrationen beziehen; es können auch indirekte Verfahren zur Anwendung kommen (Trübung etc.).

Ist die Reaktionsgeschwindigkeit unabhängig von der Konzentration sämtlicher Reaktionskomponenten, liegt eine Reaktion nullter Ordnung vor (enzymatisch katalysierte Reaktion bei Substratsättigung des Enzyms).

$$r = \text{konst.}$$

Trägt man r über C(A) grafisch auf, erhält man eine zur Abszisse parallele Gerade, in der der Ordinatenwert k entspricht:

$$r = -dC(A)/dt = k.$$

Integriert man diese Beziehung zwischen der Ausgangskonzentration und der Konzentration zum Zeitpunkt t bei den zugehörigen Zeiten, erhält man:

$$\int_{C_0}^{C_t} dC(A) = k \cdot \int_0^t dt$$

Man erhält somit

$$C_t(A) - C_0(A) = -k \cdot t$$

$$C_t(A) = C_0(A) - k \cdot t$$

Trägt man also bei einer Reaktion 0. Ordnung die umgesetzte Stoffkonzentration über t auf, ergibt sich eine Gerade mit der Steigung k, wobei k die Dimension [mol/l·s] hat.

Bei Reaktionen 1. Ordnung ist die Reaktionsgeschwindigkeit proportional der Konzentration von nur einem reagierenden Stoff. Klassisches Beispiel sind die Zerfallsreaktionen

$$A \rightarrow \text{Produkte.}$$

$$r = -dCA/dt = k \cdot (C_{A,t})$$

$C_{A,t}$ Konzentration zur Zeit t
k Geschwindigkeitskonstante [s^{-1}]

Die Lösung dieser Differentialgleichung führt in den o.g. Grenzen zu:

$$\ln \frac{C_0(A)}{C_t(A)} = \ln C_0(A) - \ln C_t(A) = k \cdot t$$

oder unter Benutzung der Stoffumsatzbeziehung zu:

$$\ln \frac{C_0(A)}{C_0(A) - \Delta C} = k \cdot t$$

Stellt man den linken Teil der Gleichung über t dar, erhält man k als Steigung der Geraden. Interessant sind in vielen Fällen die Zeitpunkte, bei denen die Hälfte der Ausgangskonzentrationen vorliegen (= Halbwertszeiten). Schreibt man für t die Halbwertszeit $t_{1/2}$ erhält man für $C_t = C_0/2$:

$$\ln 2 = k \cdot t_{1/2} \text{ und daraus } t_{1/2} = 0{,}693/k$$

D.h., bei Reaktionen 1. Ordnung sind die Halbwertszeiten nicht von C_0, sondern von der Reaktionsgeschwindigkeitskonstanten abhängig.

Die Änderung der Reaktionsgeschwindigkeit mit der Temperatur kommt in der Temperaturabhängigkeit (Faustformel: 10 °C führt zur Verdopplung bis Verdreifachung) der Geschwindigkeitskonstanten k zum Ausdruck, für die nach ARRHENIUS gilt:

$$k = A_0 \exp(-E_{act}/R \cdot T)$$

oder

$$\ln k = \ln A_0 - E_{act}/R \cdot 1/T$$

A_0 scheinbarer sterischer Frequenzfaktor (Häufigkeitsfaktor, Stoßfaktor, Häufigkeitszahl oder Aktionskonstante). A_0 ist die Geschwindigkeitskonstante, die sich ergeben würde, wenn alle

Kollisionen zur Reaktion führen würden. Die Einheit von A0 entspricht der von k der jeweiligen Reaktion.

E Arrheniussche oder scheinbare Aktivierungsenergie
R Gaskonstante 8,314 J/mol·K
T Absolute Temperatur in K

Man erkennt, daß die Auftragung von ln k über 1/T eine Gerade mit der Steigung tan α = - E_{act}/R und dem Ordinatenabschnitt ln A_0 ergibt.

Chemische oder biochemische Reaktionen verlaufen unter Freisetzung oder Verbrauch von Energie, was zu einer Erwärmung oder Abkühlung der Reaktionsmischung führt. Treten in obiger-Gleichung auch Reaktionsprodukte in einer Ordnung größer Null auf, spricht man von einer autokatalytischen Reaktion.

Da sich die Konzentration der reagierenden Stoffe während der Reaktion dauernd ändert, verändert sich auch die Reaktionsgeschwindigkeit: sie wird daher durch den Differentialquotienten dC/dt definiert, wobei dC die Änderung der Konzentration eines der Reaktionsprodukte bzw. eines Ausgangsstoffes in der Zeit dt ist. Dem Reaktionstechniker soll die Kinetik in erster Linie Daten liefern, mit deren Hilfe er die Reaktoren der Praxis entwerfen, betreiben, regeln und optimieren kann. Das Ziel ist es, die Umsatz- bzw. Bildungsgeschwindigkeiten aller wesentlichen Komponenten eines Verfahrens als Funktion von Konzentrationen, Temperatur und eventuell weiteren Größen im interessierenden Wertebereich quantitativ mit angemessener Genauigkeit angeben zu können.

Makrokinetik

In biologischen Prozessen spielt die Versorgung, aber auch der Abtransport verwertbarer bzw. nicht mehr verwertbarer Stoffe eine herausragende Rolle. Stellvertretend wird im folgenden die Sauerstoff-Versorgung aerober Mikroorganismen diskutiert.

Im belüfteten System muß der Sauerstoff aus den Gasbläschen in die Flüssigkeit übergehen. Dabei geht man von der Hypothese aus, daß auf beiden Seiten der Grenzflächen zwischen Gas und Flüssigkeit verhältnismäßig stabile Grenzschichten existieren, in denen laminare Strömungsverhältnisse herrschen, die den Stofftransport bestimmen (Zweifilm-Theorie). Die Transportgeschwindigkeit ist eine Funktion der Konzentrationsdifferenz im Kern der Gasphase und in der flüssigen Phase sowie des Widerstandes R zwischen den Filmen gas-flüssig und flüssig-gasförmig. Der Sauerstofftransport durch den Gas- und Flüssigkeitsfilm erfolgt durch Diffusion, durch die Flüssig- bzw. Feststoffphase durch Konvektion. Die Diffusion ist der geschwindigkeitsbestimmende Schritt.

Die Stofftransport-Geschwindigkeit ist also proportional dem Quotienten aus dem treibenden Konzentrationsgefälle und dem Transportwiderstand. Der Widerstand umfaßt sämtliche Einzelwiderstände in der Gas- und Flüssigphase, wobei bei normalen Sauerstoffkonzentrationen in der Luft die Diffusion im Gasfilm gegenüber dem Flüssigkeitsfilm vernachlässigt werdenkann, weil O_2 etwa 10.000 mal schneller in Luft als in der flüssigen Phase diffundiert. Deshalb schreibt man den Widerstand R als Kehrwert eines Flüssigfilm-Koeffizienten k_L [m/h] und der Grenzfläche A. k_L hängt neben der molekularen Diffusionsgeschwindigkeit auch von der Filmdicke ab, weiterhin von der Viskosität und dem Durchmischungsgrad. Da es quasi unmöglich ist, die exakte Grenzflächengröße A zu messen, ersetzt man sie durch die gesamte Grenzschichtfläche a, die pro Flüssigkeits-Einheitsvolumen angegeben wird [$m^2/m^3 = 1/m$].

Die Zufuhr von Sauerstoff pro Zeiteinheit und dieGeschwindigkeit der Gasblasen im Reaktor beeinflussen die Größe der spezifischen Phasengrenzfläche unmittelbar, mittelbar auchd ie Sauerstoffkonzentration in der Flüssigkeit.

$$a = A/V \quad 6(1 - \varepsilon_G)/d_S$$

ε_G Volumenanteil der Gasphase im Reaktor (gas-hold-up) $= V_G/V_R = V_G/(V_L + V_G)$
d_S mittlerer Duchmesser der Gasblasen (Sauter-Durchmesser)
n Anzahl an Blasen

Häufig bestimmt man über Parallelversuche zur O_2-Transportgeschwindigkeit (OTR) den K_L.a-Wert. Dazu muß man jedoch die Parameter und Einflußfaktoren der O_2-Löslichkeit kennen: Die O_2-Sättigungskonzentration steht - ohne Berücksichtigung der Salzgehalte - im Gleichgewicht mit dem Partialdruck von O_2 in der Gasphase (p_G): Es gelten folgende Beziehungen:

$$C_{O_2\infty} = p_G/(He \cdot R \cdot T)$$

$C_{O_2\infty}$ Sättigungskonzentration [mg/l]
He Henry-Verteilungskoeffizient [-].

$$OTR = dC_{O_2}/dt = k_l \cdot a \; (C_{O_2\infty} - C_{O_2,t})$$

$$\ln [(C_{O_2\infty} - C_{O_2,t})/C_{O_2\infty}] = - k_l \, . \, a$$

Daraus kann nun k_l.a durch halblogarithmische Auftragung, wie in Bild 2.16 gezeigt, als Geradensteigung ermittelt werden. Um deutlich zu machen, daß der so gefundene Wert die Summe aus mehreren Grenzflächenphänomenen widerspiegelt, schreibt man K_L.

Zur experimentellen Ermittlung der O_2-Transportgeschwindigkeit sind mehrere Methoden in Gebrauch, von denen im folgenden die Feldmethode beschrieben werden soll, die auch im laufenden Prozeß angewendet werden kann /TAGUCHI, HUMPHREY; 1966/: Dabei wird die Belüftung für eine bestimmte Zeit abgestellt und die Reaktion des Systems über eine Sauerstoffmessung (Sprungantwort) aufgenommen. Die einzelnen Zustände lassen sich, wie folgt, beschreiben (OUR · C_X stellt die Sauerstoff-Absorptionsgeschwindigkeit der Mikroorganismen dar):

1. **Phase I:** Zwischen OTR und OUR herrscht Gleichgewicht, woraus sich ein konstanter Konzentrationswert $C_{O_2\alpha}$ einstellt:

$$dC_{O_2}/dt = K_L \cdot a(C_{O_2\infty} - C_{O_2\alpha}) - OUR \cdot C_X = OTR - OUR \cdot C_X$$

Im stationären Fall (steady state) ist $dC_{O2}/dt = 0$, so daß gilt:

$$K_L \cdot a = [OUR \cdot C_X/(C_{O2\infty} - C_{O2\alpha})]$$

2. In **Phase II** ist OTR = 0, wodurch sich obige Gleichung auf die Atmungs- bzw- Absorptionsgeschwindigkeit der Mikroorganismen reduziert:

$$dC_{O2}/dt = - OUR \cdot C_X$$

Aus der Geradensteigung können die kinetischen Parameter ermittelt werden (OUR_{max} aus der maximalen Steigung und K_0 aus der halbmaximalen).

3. In der **Phase III** sollte man umschreiben:

$$C_{O2,t} = - [1/K_L \ a] (dC_{O2}/dt + OUR \cdot C_X) + C_{O2\infty}$$

Bei bekanntem $OUR \cdot C_X$ kann daraus der volumetrische Stofftransportkoeffizient $K_L \cdot a$ grafisch ermittelt werden: Man trägt $C_{O2,t}$ über dem Klammerausdruck. auf

Bei diesen ganzen Betrachtungen vernachlässigt man jedoch einige wesentliche Komponenten:

- Die Zeitabhängigkeit der Gas-Phasen-Dynamik,
- Die Coaleszenz der ausgezehrten Gasblasen aus der Lösung und die Ent- und Vermischung alter und neuer Gasblasen.
- Das Elektrodenansprechverhalten.

In Tabelle 2.4 sind wesentliche Größen für Belüftungssysteme zusammengestellt.

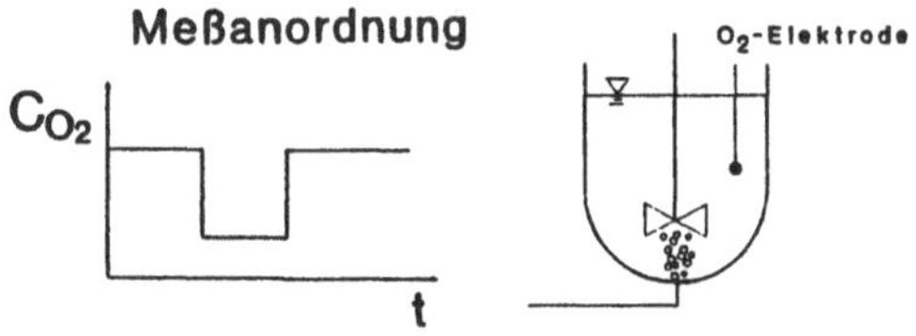

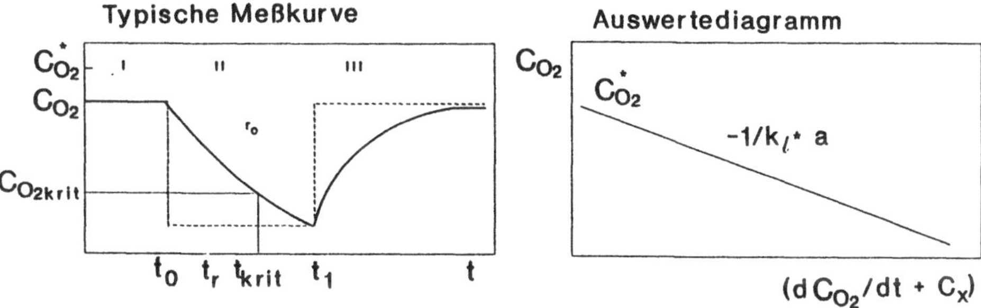

Bild 2.16 Meßanordnung und Auswertung der OTR-Charakteristik nach der Feldmethode

Tabelle 2.4 Prozeßtechnische Daten zur Kennzeichnung der Belüftung von Bioreaktoren

Bezeichnung	Symbol	Dimension	Größenordnungen
O2-Transportgeschwindigkeit.	OTR	kg O_2/m^3h	0.3 bis 12
O2-Ausnutzungsgrad	O_2	%	5 bis 90
O2-Ertrag		kg O_2/kWh	0.2 bis 3.5
Leistung	P/V	kW/m^3	0.5 bis 20
Mischzeit	tm	s	1 bis 100
volumetr. Stoffübergangsrate	k_La	1/h	100 bis 1500
Flüssigfilm-Koeffizient	k_L	m/h	0.3 bis 2
spezische Oberfläche	a	m^2/m^3	10^2 bis 10^6

Die Löslichkeit eines Stoffes im Medium (s. Tabelle 2.5) und seine Aufnahme in den Organismus sind entscheidend für den Stoffwechsel. Problematisch sind die Stoffe, die in Wasser schlecht löslich, aber für Mikroorganismen essentiell sind: Sauerstoff, Kohlendioxid, Methan usw. Der Eintrag an O_2 muß von daher bei aeroben Prozessen mindestens so groß sein, wie der Verbrauch, wobei man wissen muß, daß Mikroorganismen je Masseneinheit einen wesentlich größeren O_2-Bedarf haben (Hefen 60 ml/g·h; *Azotobacter* bis zu 3000 ml/g·h) als pflanzliche, tierische oder menschliche Zellen. Im übrigen zeigt sich, daß mit kürzerer Generationszeit auch der Sauerstoffbedarf steigt.

Formalkinetik

Unter der Formalkinetik werden die beobachtbaren Phänomene in einem biologischen Reaktionssystem mathematisch beschrieben, weil man heute noch kaum in der Lage ist, alle mikro- und makrokinetischen Faktoren dieser Prozesse so zu bilanzieren und aufzu-

Tabelle 2.5 Löslichkeit von O_2 in reinem Wasser /ATKINSON, MAVITUNA, 1983/

Temperatur °C	1 bar O_2-Druck mmol/l	1 bar O_2-Druck mg/l	1 bar Luft-Druck mmol/l	1 bar Luft-Druck mg/l
0	2,18	69,8	0,455	14,6
10	1,70	54,4	0,355	11,4
20	1,38	44,2	0,288	9,2
30	1,16	37,1	0,242	7,7
40	1,03	33,0	0,215	6,9

Luftdruck: P_{O_2} = 0,209 bar

addieren, daß die Summe aller Einzelmechanismen zu einem wirklichkeitsnahen Resultat führen würde. MONOD /1949/ war der erste, der ein Black-box-Modell für mikrobielles Wachstum beschrieben hat, das noch heute breite Anwendung findet. Bild 2.17 zeigt, daß MONOD im Grunde die oben angesprochene Addition bereits summarisch vollzogen hat, da er erkannt hatte, daß die MICHAELIS-MENTEN-Enzymkinetik, die Adsorptionsisotherme nach LANGMUIR und eine Reihe weiterer makrokinetischer Faktoren Ähnlichkeit aufweisen: Mit zunehmender Konzentration nimmt die Wachstumsgeschwindigkeit der Mikroorganismen zu, um danach einen Maximalwert zu erreichen.

MONOD hat sich dabei an die MICHAELIS-MENTEN-Schreibweise angelehnt (Bild 2.17):

$$\mu = \mu_{max} \cdot [C_S/(K_S + C_S)]$$

Dem entsprechend gilt für die Wachstumsgeschwindigkeit:

$$r_X = dC_X/dt = \mu \cdot C_X = \mu_{max} \cdot [C_S/(K_S + C_S)] \cdot C_X$$

Solange die Substratkonzentration C_S wesentlich größer als K_S ist, ist r_X unabhängig von C_S; das Wachstum ist demnach formal eine Reaktion 0. Ordnung hinsichtlich C_S. Bei sehr geringen Substratkonzentrationen ($C_S \ll K_S$) gilt

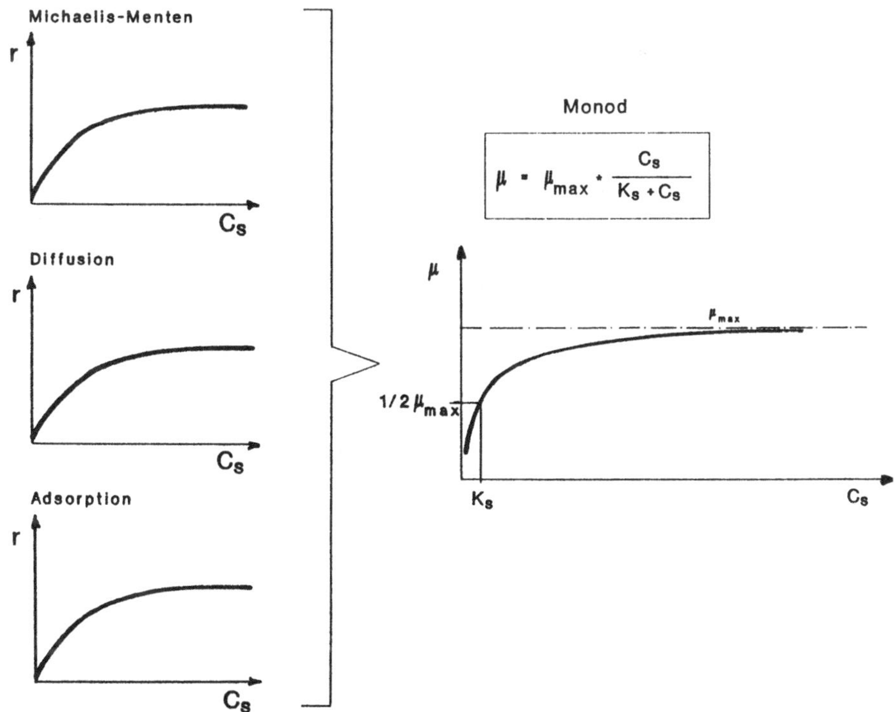

Bild 2.17 Hintergrund der Formalkinetik nach MONOD

$$\mu \approx \mu max \cdot C_S/K_S$$
$$r_X = dC_X/dt = \mu \cdot C_X \approx \mu_{max} \cdot C_S \cdot (C_X/K_S)$$

Also ist r_X hier formal eine Reaktion 1. Ordnung hinsichtlich C_S und C_X.

Die Monod-Beziehung ist auch anwendbar auf limitierende essentielle Stoffe, wie anorganische Salze (Nitrat, Phosphat, Sulfate oder Spurenelemente), und essentielle Aminosäuren oder Vitamine. Die Monod-Beziehung trifft nicht immer zu. So kann beispielsweise die hohe Ionenstärke bei hoher Substratkonzentration den Erhaltungsanteil der Zellen erheblich beeinflussen; hohe Zellmassenkonzentrationen können zu Transportlimitierungen führen. Man schreibt dann:

$$\mu = \mu_{max} \cdot [C_S/(K_S + K_{S0} \cdot C_{S0} + C_S)],$$

wobei C_{S0} die Anfangskonzentration des wachstumslimitierenden Substrates ist. Auch die Zellmassenkonzentration kann einen hemmenden Einfluß auf die Wachstumsgeschwindigkeit bei hohen C_X ausüben:

$$\mu = \mu_{max} \cdot [C_S/(K_S \cdot C_X + C_S)]$$

Bei hohen Zellmassenkonzentrationen nimmt also μ mit steigendem C_X ab. Die Wachstumsgeschwindigkeit kann auch durch die Anwesenheit eines Inhibitors oder durch hohe Konzentration des Substrates oder Produktes (Substrat- oder Produktinhibierung) gehemmt werden.

2.4.3 Idealisierte Reaktoren

Die meisten in der Praxis verwendeten Bioreaktoren können durch mathematische Modelle beschrieben werden, die sich aus der Kombination oder Erweiterung der beiden idealisierten Grundreaktortypen darstellen lassen (Bild 2.18).

1. idealer Mischungsreaktor (an jeder Stelle im Reaktor herrscht die gleiche Konzentration); englische Bezeichnung: continuous stirred tank reactor (CSTR) und
2. idealer Rohrreaktor (längs des Fließweges ist jeder Querschnitt ideal durchmischt, aber jeder Querschnitt wird ohne Vermischung mit dem davor oder dahinterliegenden Querschnitt durch das Rohr vorwärts transportiert); englisch: plugflow-reactor.

Im weiteren muß noch die Betriebsweise definiert werden: Man unterscheidet (a) absatzweisen Betrieb (auch diskontinuierlicher oder Batch-Betrieb genannt) und (b) kontinuierlichen Betrieb. Daraus ergeben sich reaktionstechnisch folgende Formen:

- idealer Rührkessel-Satzreaktor (batch-CSTR),
- idealer Rührkessel-Fließreaktor (CSTR),
- ideales Strömungsrohr (PFR).

Während beim idealen Rührkessel-Fließreaktor über einen konstanten Zu- und Abfluß die Konzentration an Mikroorganismen und Substrat über die Zeit im Reaktor näherungsweise konstant bleibt (es wird ständig Substrat abgebaut, ständig wächst Biomasse nach, aber auch ständig wird Biomasse und ein Teil des Substrates aus dem Reaktor ausgetragen), nimmt beim Batch-Betrieb die Substrat-Konzentration über die Zeit ab, die Mikroorganismen-Konzentration nimmt zu. Was beim batch-CSTR über die Zeit abläuft,

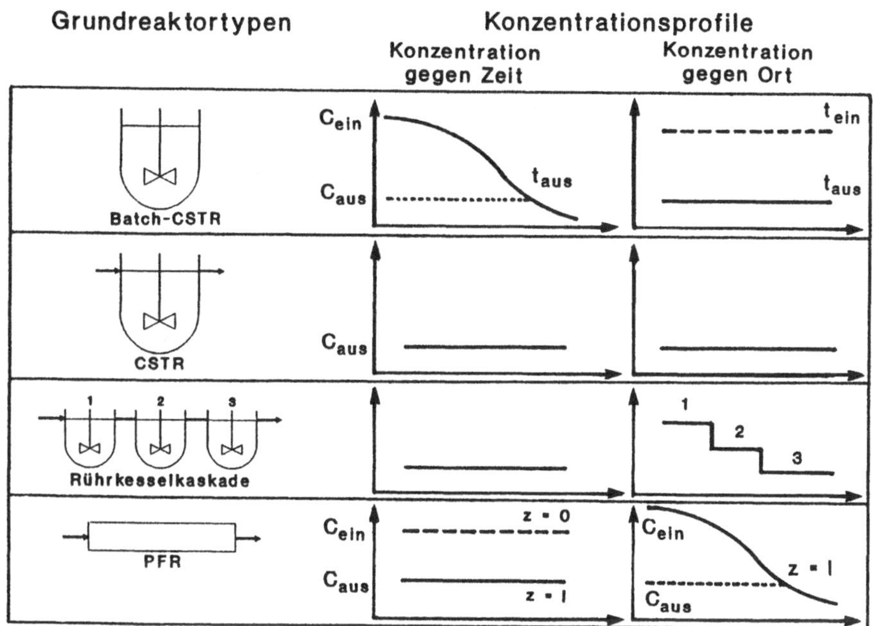

Bild 2.18 Prinzipschaubilder der idealisierten Reaktoren in Verbindung mit den Konzentrations-Weg- und -Zeit-Beziehungen

läuft beim PFR über den Weg ab (vgl. die Konzentrations-Weg- und Konzentrations-Zeit-Beziehungen in Bild 2.18). Bei der Weg-Beziehung muß man sich vorstellen, daß man auf einemWassertropfen sitzt, der im Zulauf mitschwimmt und ständig die Verhältnisse um sich herum beobachtet.

batch-CSTR

Unter den obigen Voraussetzungen kann man für den batch-CSTR die Reaktionsgeschwindigkeit beschreiben:

$$dC_i/dt = r_i,$$

wobei r_i die Bildungs- oder Verbrauchsgeschwindigkeit der Komponente i, C_i die Konzentration der Komponente i im Medium, C_X die Zellmassenkonzentration und C_S die Substrat(massen)konzentration ist.

CSTR

Zunächst hat man beim CSTR Vorstellungsprobleme, die davon herrühren, daß Ideal- und Realzustand auseinanderklaffen: Bei der erstmaligen Betrachtung wundert man sich nämlich, daß die Substrat-Zulaufkonzentration im Einlaufbereich sofort auf die Ablaufkonzentration absinkt, obwohl so schnell überhaupt kein Stoffumsatz erfolgt sein kann.

Analytisch betrachtet ergibt sich aber aus der idealen Mischungsvoraussetzung, daß die Ablaufkonzentration, die man als Ergebnis messen kann, an allen Stellen im Reaktor herrschen muß, also auch unmittelbar im Zulaufbereich. Um dies zu verstehen, muß man sich jedoch zunächst klar werden, daß dieser Zustand erst nach einer Einfahrphase gilt, in der die Konzentrationen auf die Werte gebracht werden, die man unter stationären Bedingungen betrachtet und daß weiterhin in biologischen Systemen der Mikroorganismus eine "Senke" darstellt. D.h., um den Mikroorganismus herum herrscht die Substratkonzentration von nahe Null, wenn das Substrat abbaubar ist. Demzufolge fließen die Substratmoleküle von der "Quelle Zulauf" zur "Senke Mikroorganismus" und im Durchschnitt stellt sich bei idealer Durchmischung überall die gleiche mittlere Substratkonzentration in der Lösung ein. Diese entspricht dann auch der Ablaufkonzentration.

Wenn V° der Volumenstrom (dV/dt), $C_{i,ein}$ und $C_{i,aus}$ die Konzentrationen der Komponente i im Zulauf bzw. im Reaktor und Ablauf sind, gilt fürdie Massenbilanz der Komponente i bei einer volumenbeständigen Reaktion (V_R = konst):

$$dC_i/dt \cdot V_R = V° \cdot (C_{i,ein} - C_{i,aus}) + r_i \cdot V_R$$

V_R - Reaktionsvolumen

Wenn i verbraucht wird (z.B. Substrat), sind dC_i/dt und r_i negativ und $C_{i,ein} \geq C_{i,aus}$. Im stationären Zustand gilt:

$$dC_i/dt = 0$$

Führt man die mittlere Verweilzeit t aus dem Quotienten $V_R/V°$ ein, so gilt für einen idealen Rührkesselreaktor mit volumenbeständiger Reaktion:

$$1/t\,(C_{i,ein} - C_{i,aus}) + r_i = 0$$

PFR

Einen PFR muß man biologisch mit einem zellhaltigen Zulauf betreiben, weil ja im Gegensatz zum CSTR im Eintrittsquerschnitt keine Mikroorganismen vorhanden sind; diese sind bereits im nächsten Querschnittselement nach Definition. Weiterhin haben alle Flüssigkeitselemente dieselbe Verweilzeit im Reaktor.

Da sich die Prozeßvariablen (Konzentrationen) entlang dem Reaktor ändern, kann die Stoffbilanz nur für ein differentielles Volumen $dV_R = A \cdot dz$ aufgestellt werden, wobei A der konstante Reaktorquerschnitt ist. So gilt an einer axialen Stelle z für volumenbeständige Reaktionen die Stoffbilanz für die Komponente i:

$$dC_i/dt \cdot dV_R = -V° \cdot dC_i + r_i \cdot dV_R$$

Im stationären Zustand gilt $dC_i/dt = 0$ und somit

$$0 = -V° \cdot dC_i + ri \cdot dV_R$$

Die Konzentrations-Ortsfunktion läßt sich einfach durch die Beziehung

$$dt = dV_R/V°$$

in eine Konzentrations-Zeitfunktion transformieren:

$$0 = -dC_i + r_i \cdot dt$$

Daraus ist leicht zu erkennen, daß bei Fehlen von Dispersionseffekten (Diffusion) und bei volumenbeständiger Reaktion der Konzentrations-Weg-Verlauf dem Konzentrations-Zeit-Verlauf im batch-CSTR entspricht.

2.4.4 Chemostaten

Aus den zuvor angesprochenen Merkmalen ergibt sich der Wunsch nach Systemen mit gleichbleibenden Milieubedingungen, was im wesentlichen heißt, daß Substratkonzentrationen und Organismendichte gleichbleiben sollen, wobei zusätzlich noch die Organismen möglichst die gleichen Wachstumsphasen aufweisen sollen (Organismenkonzentration ist ja nicht gleichzusetzen mit einer Aktivität).

Bei einer kontinuierlichen Kultur mit gesteuerter Substratzufuhr und korrespondierendem Ablauf sind theoretisch gleiche Bedingungen einzustellen. Der Chemostat (Bild 2.19) besteht aus einem Kulturgefäß, in das aus einem Vorratsgefäß mit konstanter Zuflußrate Nährlösung fließt. Das Kulturgefäß wird belüftet; zur Durchmischung werden mechanische Rührer eingesetzt. Man spricht von einem Chemostaten, wenn alle stofflichen (chemischen) Parameter konstante Werte annehmen. Dies ist bei einem offenen (oder kontinuierlichen) System, dann der Fall, wenn sich nach einer Anlaufphase ein Fließgleichgewicht eingestellt hat.

In der kontinuierlichen Kultur wird eine Substratlösung mit konstanter Zuflußrate V° [l/h] zugeführt; sie ist gleich der Abflußrate. Damit ergibt sich der Volumenwechsel oder die Durchflußrate zu:

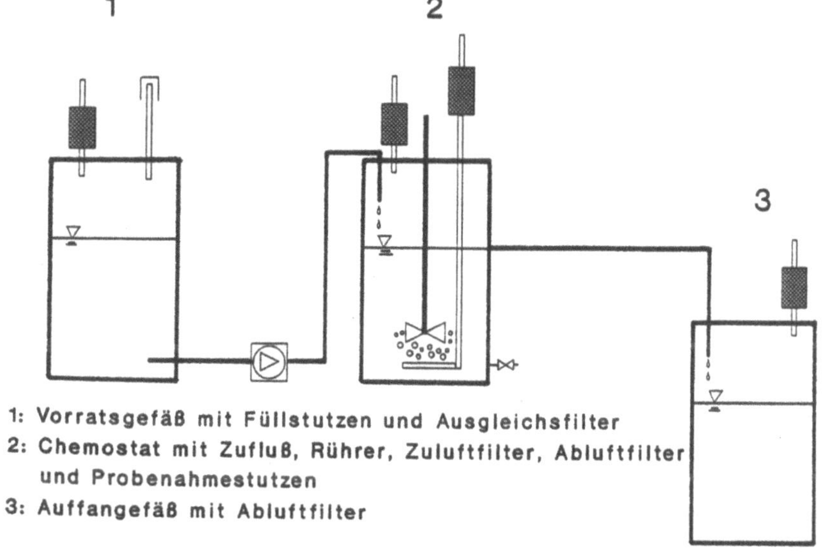

Bild 2.19 Verfahrensfließbild eines Chemostaten

$$D = V°/V_R \quad [l/h]/[l]$$

mit der Einheit [1/h]. "D" nennt man auch Verdünnungs- oder Auswaschrate. Würden die bei Inbetriebsetzung des Chemostaten im Reaktor befindlichen Mikroorganismen nicht wachsen, würden sie mit der Rate D ausgewaschen:

$$D \cdot C_X = -(dC_X/dt)$$

Die Organismenmassenkonzentration würde in diesem Fall also exponentiell abnehmen:

$$C_X = C_{X0} \cdot e^{-D \cdot t}$$

Das Wachstum der Organismen im Kulturgefäß erfolgt unter günstigen Voraussetzungen aber ebenfalls exponentiell:

$$\mu \cdot C_X = dC_X/dt$$

Die Organismendichte nimmt mit

$$C_X = C_{X0} \cdot e^{\mu \cdot t}$$

zu. Die Veränderung der Zellmassen-Konzentration ist dann durch die Zunahme infolge Wachstum und durch die Abnahme über den Abfluß gegeben:

$$dC_X/dt = \mu \cdot C_X - D \cdot C_X \quad [g/l \cdot h]$$

Im Gleichgewichtszustand wird $dC_X/dt = 0$, und daraus folgt, daß die Verdünnungsrate gleich der Wachstumsrate sein muß, wenn stationäre Verhältnisse herrschen sollen:

$$D = \mu \quad [1/h]$$

Dies war ja auch gefordert: Die Organismenkonzentration im Reaktor soll konstant sein. Das heißt aber nichts anderes, als daß die Wachstumsrate sich auf die Verdünnungsrate einstellt (Fließgleichgewicht). Voraussetzung dafür ist allerdings, daß die Substratzuführungsrate kleiner ist als μmax (Substrataufnahmerate der Zellen); ansonsten werden die Organismen aus dem System ausgewaschen.

Die Kultur im Chemostaten ($C_{X\varnothing}$) ist also substratkontrolliert. Auf dieser Begrenzung beruht die Stabilität des Systems. Auch die Substratkonzentration im Reaktor ($C_{S\varnothing}$) nimmt einen konstanten Wert ein. Sie wird bestimmt durch die Zulaufkonzentration, den Substratverbrauch durch die Organismen und die Ablaufkonzentration (Substrat kann auch H-Donator, N-, S- oder P-Quelle sein!):

$$dC_S/dt = D \cdot C_{S0} - D \cdot C_{S\varnothing} - (1/Y_{X/S}) \cdot \mu \cdot C_{X\varnothing}$$

C_{S0} ist die Substratkonzentration im zugeführten Medium, $Y_{X/S}$ ist der Ausbeutekoeffizient in [g Zelltrockenmasse je g verbrauchten Substrates]. Im Gleichgewichtszustand wird $dC_S/dt = 0$:

$$C_{X\varnothing} = Y_{X/S} \cdot (C_{S0} - C_{S\varnothing}).$$

Die Zellkonzentration im Fließgleichgewicht ist nur noch abhängig von der Substratkonzentration im Vorratsgefäß und dem Ertragskoeffizienten $Y_{X/S}$.

Aus der Monod-Beziehung ergibt sich in diesem Fall:

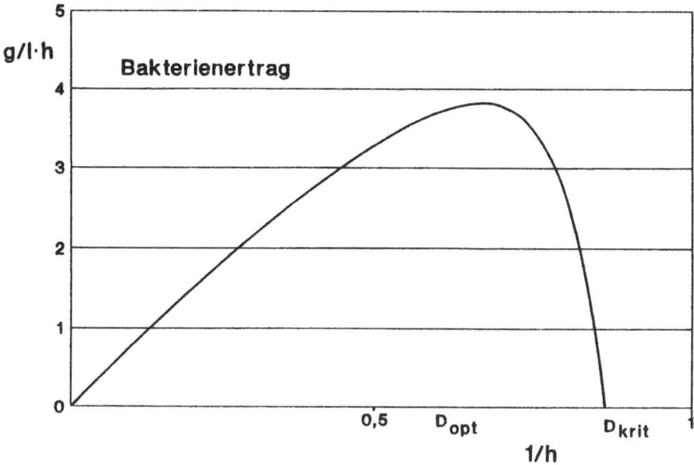

Bild 2.20 Beispiel für die Bestimmung einer optimalen Zuflußrate für ein Chemostatensystem /nach HERBERT et al., 1956/

$$D = \mu_{max} \frac{C_{S\varnothing}}{K_S + C_{S\varnothing}}$$

und daraus

$$C_{S\varnothing} = \frac{K_S \cdot D}{\mu_{max} - D}$$

Für $D \ll \mu_{max}$ wird $C_{S\varnothing}$ sehr klein (geht gegen 0) und $C_{X\varnothing}$ erreicht seinen maximalen Wert. Wenn D dagegen die Größe von μmax annimmt, geht $C_{X\varnothing}$ gegen 0 und der Reaktor wäscht sich aus. Man bezeichnet diese Verdünnungsrate als kritische (D_{crit}) oder maximale (D_{max}).

Beim Chemostaten handelt es sich also um einen CSTR, der so betrieben wird, daß er nahezu konstante Ablaufwerte zeigt. Dabei macht man sich die Eigenschaft zunutze, daß Mikroorganismen im Bereich einer Reaktion 1. Ordnung ihre Wachstumsrate respektive ihre Stoffwechselgeschwindigkeit den Zuflußbedingungen anpassen.

2.5 Mikrobielle Systeme

Bild 2.1 hatte gezeigt, daß Mikroorganismen nicht alleine zu betrachten sind, sondern untereinander und mit dem begrenzenden Bioreaktionsraum in Wechselwirkung stehen. Mit derartigen Wechselwirkungen beschäftigt sich dieser Abschnitt.

In der Natur ist zu beobachten, daß jeder Lebensraum eine ihn kennzeichnende Vergesellschaftung von Organismen besitzt. Diese ist lebender Ausdruck dessen, was existiert und gleichzeitig Verursacher des Geschehens. Eine einseitige, artenarme Zusammensetzung ist immer ein Zeichen extremer Bedingungen. Sind die wenigen Arten noch durch eine hohe Individuenzahl gekennzeichnet, ist dies oft ein Ausdruck, daß hier ein System durch Einflüsse von außen determiniert ist. Ist die Gemeinschaft reich an niederen Formen mit heterotropher Ernährungsweise, vor allem an Bakterien, deutet dies auf ein Überangebot von organischen Nährstoffen hin; eine Massenentwicklung von Algen weist auf ein Überangebot von anorganischen Stoffen hin. Die Vergesellschaftung läßt also den Zustand des Lebensraumes erkennen.

Am Beispiel biologischer Testsysteme soll gezeigt werden, welche ökologischen Faktoren in Wechselwirkung mit dem Organismus treten und wie daraus ein technisch nutzbares Ergebnis produziert werden kann, aber auch welche Grenzen diese Systeme haben. Der Abschnitt Ökosysteme beschäftigt sich mit Limitationen des Lebensraumes und der Konkurrenz bzw. der Symbiose von Organismen - auch höheren. Darauf aufbauend wird diskutiert, wie ein System aussehen muß, um spezielle Mikroorganismen etablieren zu können. Schließlich soll über Immobilisierung von Mikroorganismen berichtet werden, durch die Mikroorganismen im System festgehalten werden. Allerdings sind auch hier die Limitierungen zu sehen, die sich als Vorteil bei Einleitung von Störsubstanzen aber auch als Nachteil beim erwünschten Abbau von Substanzen zeigen.

2.5.1 Biologische Testsysteme

Das Thema Umweltverträglichkeit beherrscht mittlerweile sehr die öffentliche Diskussion. Dabei geht es vor allem um die Persistenz anthropogen erzeugter Stoffe (aufgrund fehlender Abbaubarkeit) und um die mögliche Ökotoxizität derartiger Substanzen. Mit Hilfe von Biotests versucht man, diese Probleme analytisch im Vorfeld zu erfassen, um biologisch-technische Systeme vor dem Umkippen zu bewahren bzw. die natürliche Umgebung zu erhalten. Im Grunde geht heute keine Chemikalie mehr in die Produktion, wenn ihre Umweltverträglichkeit nicht nachgewiesen ist (Forderung ausd em Chemikaliengesetz).

Vorneweg muß aber zuerst auf das Problem "Schadstoff" und auf die Problematik der toxikologischen Wertung bzw. Persistenz abgehoben werden. Im Grunde nennt die Literatur eine Vielzahl von Bewertungskriterien, weil nahezu jeder Fall anders gelagert ist. Dies wird in den einzelnen Verordnungen - z.B.Wasserhaushaltsgesetz /WHG, 1986/, Trinkwasserverordnung /TWVO,1986/ oder EG-Gewässerschutzrichtlinie /EG, 1976/ - bereits in den unterschiedlichen Zielsetzungen und Schadstoffeinschätzungen deutlich.

Ganz allgemein werden Stoffe, die die Gesundheit von Organismen gefährden, (wie Pestizide, toxische Konzentrationen selbst von essentiellen Spurenelementen, kanzerogene oder radioaktive Substanzen) zu den wichtigsten Schadstoffgruppen gezählt. Darüberhinaus gibt es aber auch Stoffe, die nur auf bestimmte Organismen (in Abhängigkeit der Konzentration) schädlich wirken, allgemein aber nur "unerwünscht" sind, wenn es sich beispielsweise um die Trinkwasseraufbereitung (z.B. Ligninsulfonsäuren) oder um die Eutrophierung von Seen durch Phosphate handelt. Man muß also festhalten, daß ein Schadstoff vom System, auf das er wirkt, her definiert werden muß. Deshalb wird im folgenden der Begriff auch nicht weiter benutzt, sondern nur allgemein von Stoffen gesprochen.

Unter Persistenz versteht man die Stabilität von Stoffen in der Umwelt bzw. die Geschwindigkeit ihrer Mineralisierung. Sie spiegelt die Abbaubarkeit wieder und erstreckt sich nicht nur auf die Ausgangssubstanz, sondern auch auf Abbauprodukte. Die Toxizität eines Schadstoffs ist primär abhängig von seiner Konzentration und der Sensitivität der betroffenen Organismen. Die Toxizität eines Stoffes wird über seine Einwirkungsdauer unterschieden in

- akute (bis 96 Stunden) und
- chronische (mindestens 6 Monate)

und festgemacht an der Atmung oder Vermehrung bei Bakterien, Pilzen, Algen, Protozoen oder der Abtötung bei höheren Organismen. Man differenziert zwischen einem Level, bei dem noch keine Effekte beobachtet werden können (no observed effect level), und verschiedenen letalen Dosen (LD20 bis LD100) bzw. effektive Konzentrationen (EC20 bis EC80), bei denen entsprechende Prozentzahlen Abweichung von einem nicht belasteten Kontrollsystem festgestellt werden.

Unter Biotests versteht man ein Testverfahren, in denen die Verwertbarkeit von einzelnen Stoffen oder Stoffgemischen durch Mikroorganismen, vielmehr aber noch die Wirkung von Stoffen auf - auch höhere Organismen - nachgewiesen werden. Im Bereich der Verwertbarkeit sind die

- Abbaubarkeits- und
- Zehrungstests,
  wie Test auf DOC-Abnahme (dissolved organic carbon), BSB-Tests (Biochemischer Sauerstoffbedarf),

im Bereich Wirkung die

- Hemmtests,
  wie Daphnientest, Leuchtbakterientest,
- Toxizitäts- und -frühwarntests,
  wie Kurzzeit-Atmungstest, Toximeter,
- Wiederfindungstests
  wie Enzymtests, DNA-Sonden

angesiedelt. Die Palette an Biotests ist inzwischen so groß geworden, daß allein die Vorstellung der DIN-Methoden buchfüllend ist. Deshalb werden im folgenden nur methodische Ansätze diskutiert und Möglichkeiten, aber vor allem auch die Grenzen ausgewählter Biotests aufgezeigt, die sich auf mikrobielle Systeme beziehen. Testergebnisse, die anhand höherer Organismen gewonnen werden, lassen sich wegen der grundsätzlichen morphologischen und physiologischen Unterschiede nicht auf Mikroorganismen übertragen.

Standardisierung

Zunächst müssen alle Testverfahren standardisiert sein: Während man allerdings noch recht gut die Apparaturen und Handgriffe vereinheitlichen kann, ist es ein Vielfaches schwerer, Organismen in einem definierten Zustand zu halten. Wenn man mit Bakterien arbeitet, besteht zwar die große Wahrscheinlichkeit, daß sich ein gemittelter Zustand über die große Zellzahl einstellen wird. Je länger aber die Organismen unter standardisierten Bedingungen gehalten werden oder je weniger Organismen in der Probe sich befinden, desto einseitiger wird dieses System sein. Abgesehen von der Kohlenstoffquelle müssen selbstverständlich alle essentiellen Verbindungen (N, P, Vitamine) im Nährmedium analog vorhanden sein, da es sonst zu Fehlinterpretationen kommt. Hierzu gehört natürlich auch die geeignete pH-Einstellung und die Bebrütungstemperatur.

Prinzipiell wird bei einem biologischen Testverfahren die Wechselwirkung eines Stoffes mit dem Test-Organismus beobachtet: Bei den Abbautests über die

- Abnahme einer Stoffkonzentration, meist in Form eines Summenparameters, wie dem DOC oder dem CSB (Chemischer Sauerstoffbedarf), es kann aber auch eine Färbung sein oder eine chromatografische Detektion, oder
- mikrobielle Aktivität über die Sauerstoffzehrung bzw.
- Produkte in Form von CO_2 oder CH_4 bei aeroben respektive anaeroben Abbauwegen

und bei den Toxizitätstests überwiegend über die Atmung.

Eine ganz wesentliche Bedeutung für die Wirkung eines Stoffes haben die sogenannten sekundären Umweltbedingungen: Temperatur, Sauerstoffgehalt, Carbonathärte, pH-Wert und die Anwesenheit organischer und anorganischer Begleitstoffe, die selbst für das gleiche System unterschiedliche Auswirkungen hervorrufen können. Manche Stoffe wirken sich in einem durch verwandte Stoffe vorbelasteten und dadurch adaptierten Milieu trotz akut-toxischer Konzentrationen kaum aus, manche Stoffe, die in den "normalerweise" anzutreffenden Konzentrationen als kaum schädigend gelten, können eben bei Anwesenheit anderer Stoffe, die ihre Aufnahme in den Organismus erst ermöglichen - beispielsweise durch Tenside - ihre Wirkung entfalten und zum potentiellen Hemmstoff werden. Insofern ist es durchaus möglich, daß das eine biologische System nicht oder nicht merkbar gestört wird, ein anderes aber sehr wohl.

Die Wirkung von Stoffen im System hängt nicht nur von deren Abbaubarkeit, Toxizität und Akkumulierbarkeit ab, sondern auch von der aktuellen Zusammensetzung der Biocoenose, ihrer Anpassungsfähigkeit und den ökologischen Randbedingungen. Die Kenntnisse über Wirkungen von Stoffbelastungen auf die komplexen mikrobiellen Lebensgemeinschaften resultieren meist aus der Untersuchung über die Wirkung von stark überhöhten Konzentrationen. Bislang liegen nur wenige stoffspezifische Untersuchungen zur Veränderung von Mischbiocoenosen durch Stoffeinleitungen vor /s. beispielsweise BLAIM, 1984/:

- Die bakterielle Artenzusammensetzung in einem Belebtschlamm bleibt langfristig relativ konstant, eine adaptierte Flora besteht nur aus wenigen Spezies.
- Coryneforme Bakterien (z.B. *Corynebacterium*, *Arthrobacter*, *Mycobacterium*, *Nocardia*) sind sehr stoffempfindlich, so daß ein vermehrtes Vorkommen auf keine oder geringe Hemmstoffkonzentrationen schließen läßt.
- Nach Belastungsstößen können Populationsverschiebungen innerhalb der Lebensgemeinschaft beobachtet werden. Dabei traten verschiedene Zoogloea-Arten kurz nach den Belastungsstößen vermehrt auf: Ihr hohes Verwertungsspektrum, ihre hohe Hemmstoffresistenz (z.T. wegen der ausgeprägten Schleimkapsel) und ihre kurze Generationszeit sowie ihr Adaptationsvermögen verschafft dieser Gruppe einen eindeutigen Selektionsvorteil.
- Ähnlich der bakteriellen Lebensgemeinschaft ändert sich auch die Zusammensetzung der Protozoen- und Metazoenbesiedlung unter Hemmstoffeinfluß. Freischwimmende Tiere entfernen sich vom Ort der Schadstoffeinwirkung, Glockentierchen lösen sich von ihren festsit-

zenden Kolonien als Schwärmer ab oder encystieren sich durch Ausbildung von Schutzhüllen aus Tektin /STILLER, 1962/. Der hochdifferenzierte Bau der Protozoenzellen läßt unter Schadstoffeinwirkungen Degenerationserscheinungen erkennen.

Durch Verdünnung und Hydrolyse, Fällungsreaktionen, Adsorption und Chemisorption, Chelatisierung und Komplexbildung können toxische Wirkungen zunächst aufgehoben bzw. gemindert werden, aber zu einem späteren Zeitpunkt im Verlauf des Abbauprozesses durch den Abbau oder Umbau von Komplexen oder Reaktion mit anderen Inhaltsstoffen wieder auftreten. Es ist bekannt, daß durch Metabolisierung auch toxischer wirkende Substanzen entstehen können.

Eine Vielzahl möglicher synergistischer und antagonistischer Effekte wirkt sich somit auf die aktuelle Beschaffenheit und Zusammensetzung der jeweiligen Biocoenose aus und determiniert das Stoffumsatzvermögen. Die Reaktionen der Mikroorganismen auf die verschiedenen Stoffe sind artspezifisch: der Zellbau und die genetisch fixierte Enzymausrüstung geben den Rahmen physiologischer Reaktionsmöglichkeiten (Adaptation, Speicherung, Abbaubarkeit) vor, der unter Umständen noch durch mutagene Vorgänge erweitert werden kann. Die Akkumulation (Anreicherung) eines Stoffes im Organismus ist oft ein passiver Vorgang und hängt von seiner Konzentration und seinem Verteilungskoeffizienten ab. Daneben existieren sekundäre Faktoren, die die Wirkung beeinflussen. Dies können spezifische Begleitstoffe sein, die die Toxizität des Stoffes erhöhen oder vermindern (synergistisch bzw. antagonistisch wirkende Substanzen), indem sie seine Reaktivität oder Mobilität verändern. Die unter "Milieufaktoren" zusammengefaßten Parameter sind zum einen durch die Zusammensetzung und die darin ablaufenden biologischen Reaktionen vorgegebene Faktoren wie z.B. pH-Wert, Temperatur, DOC und O_2-Gehalt und zum anderen technisch gesteuerte Faktoren (Betriebsparameter) wie z.B. Nährstoffbelastung, Mikroorganismenkonzentration und Verweildauer.

In Bild 2.21 sind die Einflußgrößen der Wirkung schematisch zusammengestellt. Die Gegenwart eines Stoffes führt zu relativ schnellen Reaktionen innerhalb der Bakterienzelle (enzymatische Adaption), die langfristig die Konkurrenzfähigkeit des Organismus innerhalb der Biocoenose bestimmen (biocoenotische Adaptation). Die Vielzahl der beeinflussenden Faktoren und die Komplexität der Reaktionsmöglichkeiten des biologischen Systems auf der Ebene der Organismen bzw. der Biocoenosen ermöglichen jedoch keine verbindliche Bestimmung toxischer Grenzkonzentrationen für biologische Systeme.

Ein grundsätzliches Problem liegt dabei in den Toxizitätstests, die durch den Einsatz von Reinkulturen und die Wahl der Versuchsbedingungen lediglich ein statisches, "unnatürliches" System simulieren, in dem überwiegend die in der Praxis vorherrschenden Einflußgrößen nicht berücksichtigt sind. Praxisnahe Biocoenosetests bestimmen allerdings auch nur Grenzwerte für das jeweils getestete System. Bei der Bestimmung der minimalen Hemmkonzentration eines Stoffes wird innerhalb eines relativ kurzen Zeitraumes - gemessen an biocoenotischen Adaptationsvorgängen - die unmittelbare Reaktion der Mikroorganismen gemessen. Es zeigt sich jedoch auch, daß eine kontinuierliche Belastung von Mischpopulationen unterhalb dieser Schwelle zu Populationsverschiebungen führen kann.

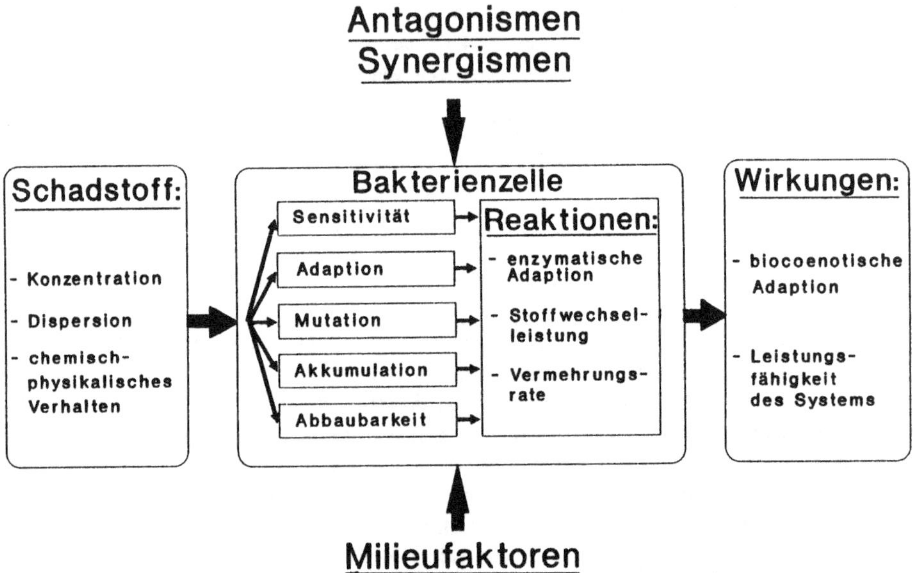

Bild 2.21 Wechselwirkungen in biologischen Systemen /KUNZ, FRIETSCH, 1986/

Ein weiteres Problem bei der Bestimmung von Toxizitätsschwellen ist die Quantifizierung adaptiver und akkumulativer Vorgänge. Voraussetzung für die Erhaltung einer einmal erworbenen Adaptation an eine bestimmte Substanz ist ein regelmäßiger Kontakt mit dieser Substanz, so daß verschiedentlich schon vorgeschlagen wurde, den Adaptationszustand technischer Systeme durch kontinuierliche Hemmstoffzugabe aufrechtzuerhalten /STEIN, KÜSTER, 1982/. Durch akkumulative Prozesse können sich Stoffe, die in subtoxischen Konzentrationen eingeleitet werden, anreichern, bis nach einer gewissen Zeit die toxische Schwellenkonzentration erreicht bzw. überschritten wird.

Grundsätzlicher ist die Frage bei den Abbaubarkeitstests nach der Eliminierbarkeit; also danach, ob der betrachtete Stoff wirklich biologisch umgesetzt und dadurch eliminiert wird oder ob er auf andere Weise aus der wäßrigen Phase verschwindet bzw. nach einiger Zeit vielleicht sogar wieder auftaucht. Bei den Eliminationsmechanismen muß man sich mit der Sorption an den Belebtschlamm oder an vorhandene Feststoffe, mit dem Ausgasen flüchtiger Verbindungen, mit dem abiotischen Umsatz (Hydrolyse oder Photolyse) und eben dem biologischen Abbau zumindest gedanklich auseinandersetzen und die erzielten Ergebnisse daraufhin prüfen.

Wird der Stoff tatsächlich mikrobiell verwertet, kann es sein, daß er vollständig abgebaut, d.h. mineralisiert wird; man spricht dann von Totalabbau. Es kann aber auch nur ein Primärabbau stattfinden, der zum Verlust der Stoffidentität oder negativer Stoffeigenschaften führen. Zum Beispiel muß nach dem Wasch- und Reinigungsmittelgesetz bei Tensiden die methylblauaktive Substanz (MBAS) bestimmt werden; nimmt diese ab, ist die Wirkung des Tensids durch den Abbau einer Seitenkette o.ä: abgeschwächt, das Molekül als solches muß aber noch überhaupt nicht abgebaut und mineralisiert sein.

Abbautests

Bei den Abbaubarkeitstests (DOC-DIE AWAY Test, modifizierter OECD-Screening Test /OECD, 1981/, ZAHN-WELLENS-Test /1980/, usw.; siehe OECD 301A, E und 302B, sowie DIN-ISO 7827 und 9888) wird als alleinige Kohlenstoffquelle das Testgut in ein anorganisches Nährmedium eingesetzt und ein nicht adaptiertes Inokolum (Impfmasse an Bakterien) zugegeben. Bei neutralem pH-Wert, bei ausreichender Durchmischung und Temperaturen um 20° Celsius werden die Proben in der Regel 28 Tage inkubiert und der Stoffumsatz gemessen, meist als Abnahme der Kohlenstoffkonzentration in Form des DOC. Neben dem Testansatz werden Blind- und Kontrolltests mitgeführt.

Ergebnis einer derartigen Beprobung ist die Eliminierbarkeit an DOC. Wenn die Probenaufbereitung - wie z.B. beim ZAHN-WELLENS-Test (s. Bild 2.22) - eine Filtration vorsieht, können nur gut wasserlösliche Verbindungen getestet werden. Bei Reinsubstanzen rechnet man mit einem guten Abbau bei DOC-Abnahme um 70 bis 80%, bei Gemischen zwischen 80 und 90%. Unter 20% gilt die Substanz als schwer abbaubar. Über den Kurvenverlauf der DOC-Abnahme lassen sich indirekt Aussagen zum biologischen Abbau machen, die Kinetik kann nicht definitiv bestimmt, aber Hemmwirkungen und abiotische Elimination können erfaßt werden.

Bei den Zehrungstests muß selbstverständlich das Testgut zusätzlich zu den oben genannten Merkmalen in geschlossenen Gefäßen gehalten werden (geschlossenener Flaschentest nach OECD301D, Respirometer nach OECD 301E bzw. DIN-ISO 9408 oder BSB_5-Test nach DIN 38409, Teil 1). Beim Sapromat-Verfahren wird bspw. Sauerstoff elektrolytisch erzeugt, wenn der Druck im Gefäß unter einen Level infolge Sauerstoff-

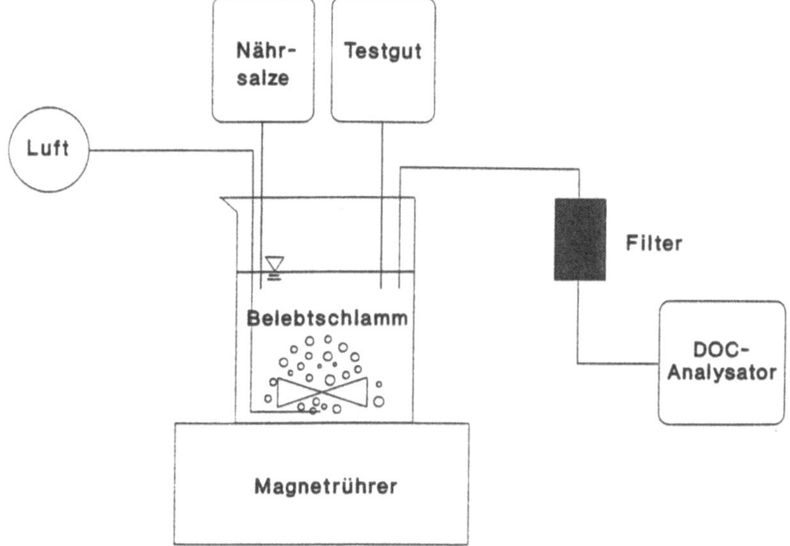

Bild 2.22 Versuchsaufbau eines statischen Tests nach ZAHN-WELLENS

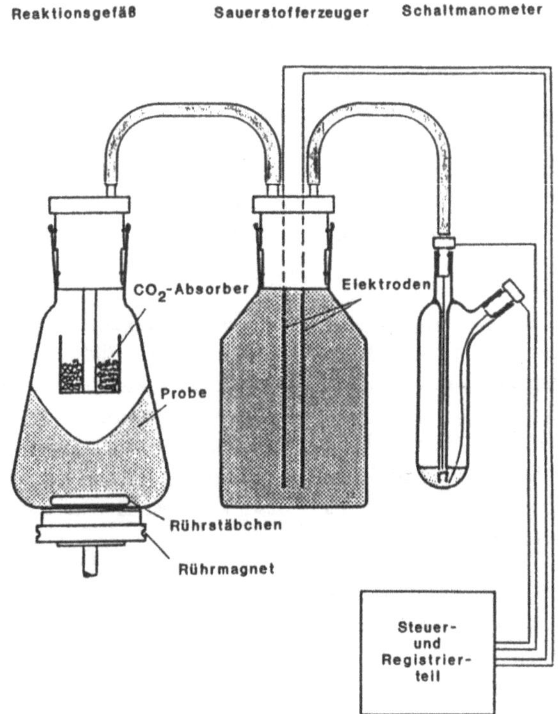

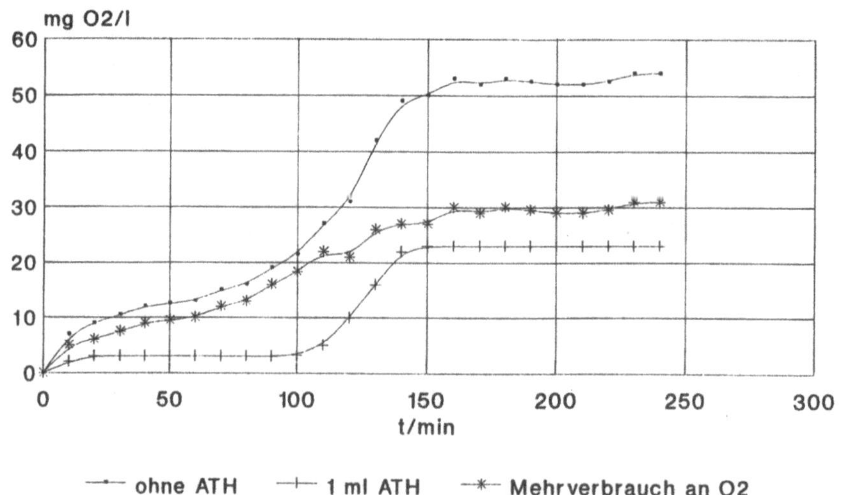

Bild 2.23 Verfahrensschema des SAPROMAT und Ergebnisdarstellung eines Respirogrammes

zehrung fällt (das gebildete CO_2 wird absorbiert), wird in einem kommunizierenden Gefäß (s. Bild 2.23) über eine Gleichstromquelle Wasser in Wasserstoff und Sauerstoff zerlegt, bis der Druck auf einen Sollwert angestiegen ist. Die geflossene Strommenge wird registriert und gibt den Sauerstoffverbrauch pro Zeiteinheit an, die dem biochemischen Sauerstoffverbrauch entspricht. Am Ende der Beprobung (nach 5 bzw. 28 Tagen) kann man die Probe noch einmal quantitativ auf DOC, CSB und dergleichen bestimmen.

Beim geschlossenen Flaschentest - im Grunde identisch mit dem BSB_5, der den biochemischen Sauerstoffbedarf nach 5 Tagen Beprobungszeit wiedergibt (s. Bild 2.24) - muß man sich im klaren sein, daß man entweder nur am Ende des Tests beproben kann und damit keine Aussage über den Verlauf der Zehrung erhält oder eben sehr viele Proben ansetzen muß, die aber - rein statistisch -nicht alle identisch sind. Ganz abgesehen davon, daß in einer Wasserprobe bei 20° Celsius nur 9,8 mg O_2/l löslich sind und bei einem Mindestsauerstoffgehalt am Ende der Beprobung von 2 mg/l eine maximale Zehrung von 7,8 mg/l stattfinden darf. D.h. aber nichts anderes, als daß die Probe sehr weit herunterverdünnt werden muß. Dadurch verändern sich die Umgebungsbedingungen für die als Inokulum eingesetzten Mikroorganismen gewaltig. Auf eine Abbaubarkeit in realen Systemen bei wesentlich niedrigeren Temperaturen und ggf. höheren Konzentrationen zu schließen, ist dann per se nicht mehr gegeben. Aber auch die Art des Inokulums ist bedeutungsvoll: Handelt es sich um Mikroorganismen, die an den Stoff adaptiert sind, veratmen sie ihn sofort; das Ergebnis ist ein hoher Sauerstoffverbrauch. Gibt man den gleichen Stoff in eine nichtadaptierte Kultur, wird er zunächst nicht verstoffwechselt; demzufolge läuft bis zur Anpassung nur eine mäßige Sauerstoffzehrung ab, der BSB-Wert am Ende der Beprobung wird dann geringer sein.

Bereits bei 60%igem Abbau liegt ein gut abbaubarer Stoff vor (der Rest an Kohlenstoff geht nämlich in den Baustoffwechsel).

Toxizitätstests

Die Wirkung bestimmter Stoffe auf Organismen wird als Hemmung oder Toxizität in relativ kurzen Zeiträumen von 30 bis 180 Minuten bestimmt. Wesentlichster Meßparameter ist die Veränderung der Sauerstoffkonzentration (bei einer Atmungshemmung ändert sich ohne Sauerstoffzufuhr die Konzentration nicht, bei kontinuierlicher Sauerstoffversorgung steigt sie auf die Sättigungsgrenze an). Daneben sind Verfahren der Enzymaktivität (Dehydrogenaseaktivität), der Biomasseveränderung (Schlammenge, Trübung, DNA) oder neuerdings über Thermistoren beschrieben.

Im Leuchtbakterientest nutzt man die Erfahrung, daß Hemmwirkungen infolge Stoffeinleitungen das spontane Eigenleuchten spezieller Bakterien vermindern. Mit einem Fluorimeter kann man das Leuchten einer Leuchtbakteriensuspension quantitativ bestimmen und im Vergleich mit einer Kontrolle, die mit schadstofffreiem Wasser angesetzt wird, die Differenz bestimmen. Für den Leuchtbakterientest gilt in besonderer Weise das oben Gesagte: Mit der Zeit nimmt die Leuchtkraft zum Beispiel durch den Alterungsprozeß ab. Bemerkenswert ist, daß der Leuchtbakterientest inzwischen sehr weitgehend standardisiert ist, daß man aber bisher in der Standardisierung die ausreichende Versorgung der Leuchtbakterien mit Alkali-/Erdalkali-Ionen schlicht vergessen hat: KLEIN /1991/

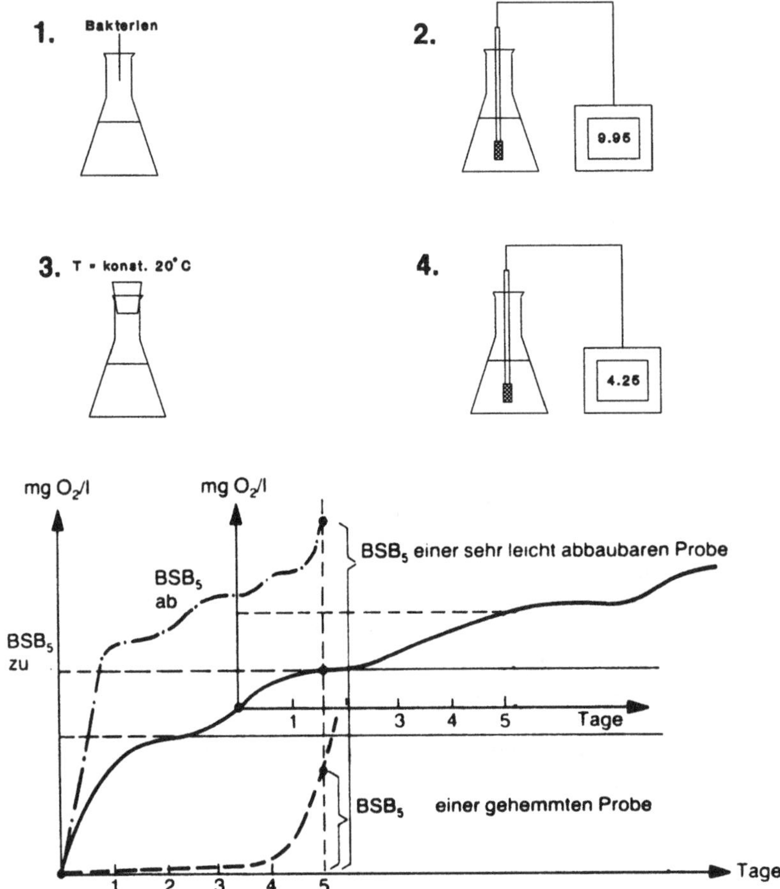

Bild 2.24 Vorgehensweise und Informationsgehalt des BSB_5
oben: 1. In eine Wasserprobe werden Bakterien aus einer definierten Vorlage als Inokulum gegeben. 2. Die Probe muß am Anfang Sauerstoff-gesättigt sein. 3. Die Probe wird anschließend fünf Tage bei 20 °C inkubiert. 4. Danach muß sie noch mindestens eine Konzentration von 2 mg O_2/l aufweisen. Aus der Differenz der Sauerstoffkonzentration am Anfang und Ende, multipliziert mit dem Verdünnungsfaktor (falls die Zehrung über 7,95 mg O_2/l in fünf Tagen steigt, muß man die Wasserprobe entsprechend mit dest. Wasser verdünnen)erhält man den BSB_5.
unten: Die so bestimmte Zehrung ergibt nur einen einzigen Zahlenwert; man erfährt also nicht, wie der Verlauf der Zehrung war; Zu- und Ablaufproben in Kläranlagen weisen darüber hinaus unterschiedliche Zehrungen auf, weil unterschiedliche Substrate und verschiedene Mikroorganismen beteiligt sind.

stellte nämlich fest, daß Leuchtbakterien trotz vorhandener Hemmstoffe in kalium-, magnesium- und calciumhaltigem Milieu stärker geleuchtet haben als in der Kontrolle. Die Vorgehensweise beim Umgang mit Leuchtbakterien wird ausführlich von KREBS /1991/ beschrieben.

Beim Atmungshemmtest (OECD 209, DIN-ISO 8192) werden Mikroorganismen aus einer Modellkläranlage, die permanent mit einem Standardnährstoff-Cocktail versorgt wird (s. Bild 2.25), und ein gut abbaubares Substrat vermischt und mit unterschiedlichen Konzentrationen des Testgutes bei 20° Celsius inkubiert und belüftet. Nach 30 bzw. 180 Minuten wird der Sauerstoffgehalt in den Testgefäßen und dem Kontrollansatz mit einer Elektrode gemessen. Die Unterschiede werden in Prozent angegeben. Nach grafischer Darstellung über die vorgelegten Konzentrationen kann man die jeweiligen EC-Werte ablesen. Bild 2.26 zeigt die Apparatur und ein Auswertungsdiagramm.

Neben der labormäßigen Testung der Hemmwirkung verschiedener Stoffe auf Mikroorganismen hat diese Form der Testung auch Bedeutung für die Toxizitätsfrüherkennung in biologischen Systemen: Allerdings nur, wenn man mit den Mikroorganismen in ihrer angestammten Umgebung (Flocken, Filme) arbeitet, die auch im großtechnischen System

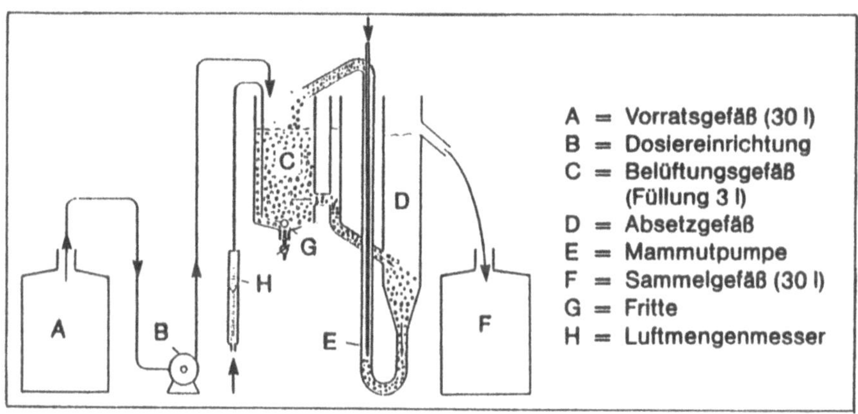

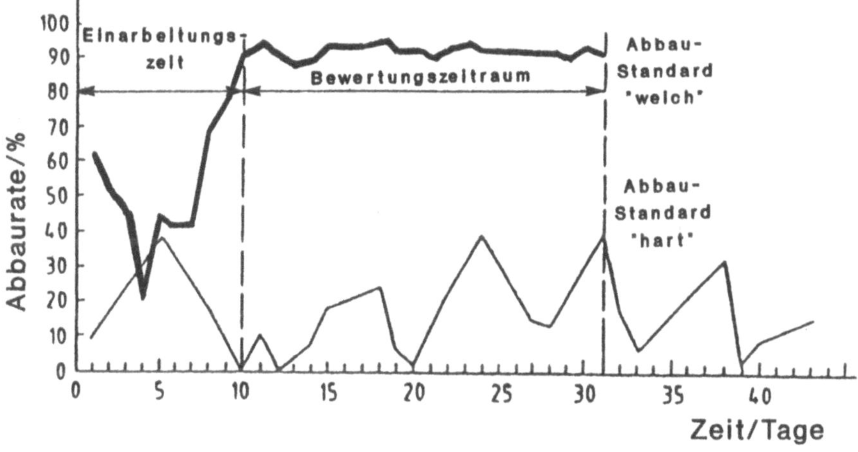

Bild 2.25 Modellkläranlage nach DEV zur Tensidbestimmung

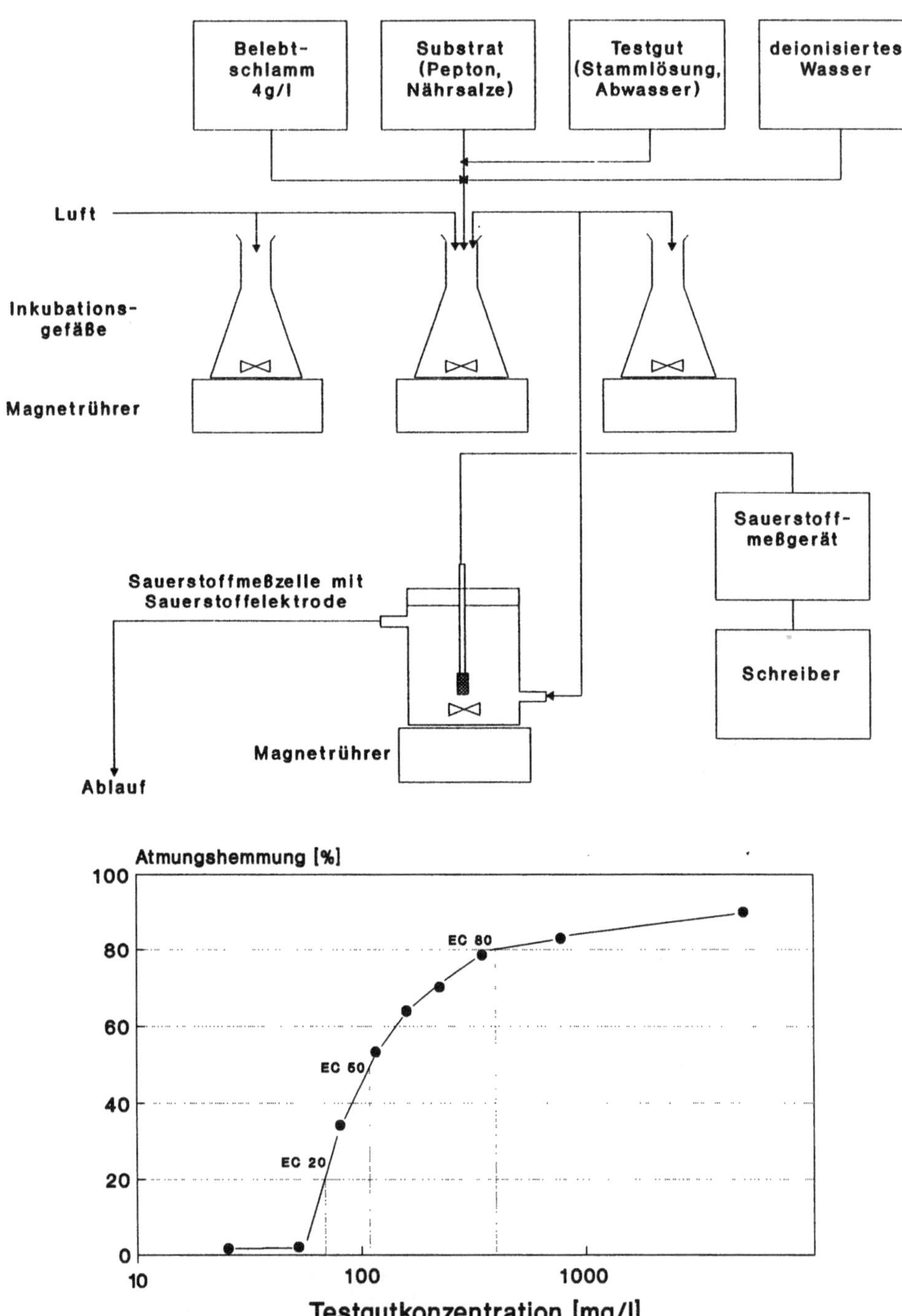

Bild 2.26 Schema, Apparatur und Auswertungsdiagramm eines Kurzzeitatmungstestes

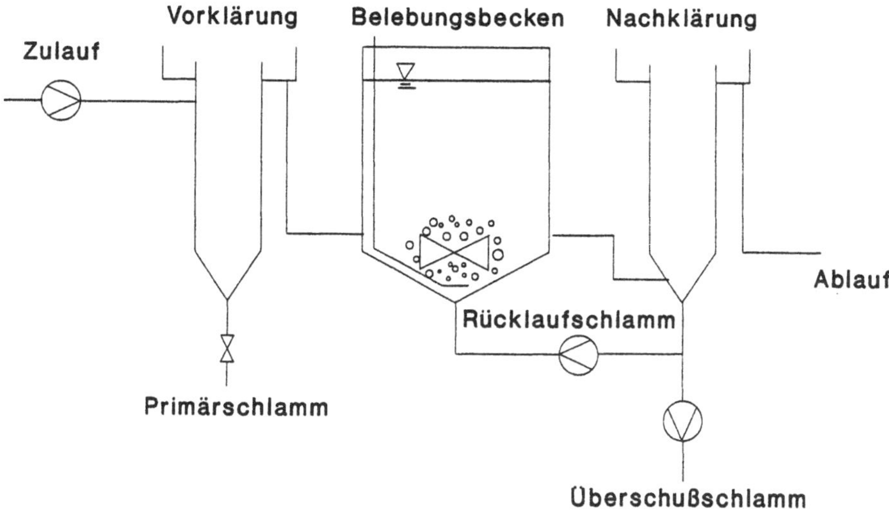

Bild 2.27 Fließschema des BASF-Toximeter /nach PAGGA, 1991/

arbeiten. Sonst sind Vergleiche nicht möglich, weil die Wechselwirkung zwischen Flockenperipherie und Stoff unterschiedlich, vor allem aber die Mikroorganismenpopulation sich an diesen Stoff adaptiert haben kann.

Um vor allem biologische Industrieabwasserkläranlagen vor möglichen Hemmstoffen zu schützen, wurden vor einiger Zeit Toximeter entwickelt, bei denen es sich im wesentlichen um Minikläranlagen handelt (s. PAGGA, 1985, Bild 2.27), die mit dem realen Abwasser betrieben werden, so daß sich Mikroorganismen an die ankommenden Abwasserinhaltsstoffe adaptieren können. Die Organismenkonzentration und Temperatur werden nahezu konstant gehalten. Die Sauerstoffversorgung wechselt nun mit einer Zehrungsphase ab, in der die Sauerstoffabnahme pro Zeiteinheit, also die Atmung der Mikroorganismen über eine Sauerstoffsonde gemessen werden kann. Weichen der zeitliche Erwartungswert, bis zu dem der Sauerstoffgehalt bei der vorhandenen Biomassekonzentration abgesunken sein sollte, und tatsächlicher Wert voneinander ab, lösen die Geräte einen Alarm aus, weil man postuliert, daß es sich dann um eine Atmungshemmung handelt.

Allerdings zeigen die Toximeter häufiger eine vermeintliche Störung an, als tatsächlich eintritt. Ursache dafür ist, daß die mikrobiellen Lebensgemeinschaften in der Monitorstation trotz" gleichen" Abwassers sich unterscheiden: Über die Vorbehandlung des Abwasserstromes, die zur Vermeidung von Verstopfungen unbedingt notwendig ist, werden eben einige Komponenten aus dem Abwasserzufluß herausgenommen; aufgrund der Geometrie der Gefäße, der Temperierung und der schubweisen Belüftung werden andere Umgebungsbedingungen in der Minikläranlage geschaffen und damit andere Mikroorganismen selektiert als in der simulierten großtechnischen Anlage (s. Abschnitt 3.2).

Perspektiven

Wie die vorangestellten Unterlagen ausweisen, sind die Aussagen aus Biotest-Untersuchungen nur begrenzt auf technische Systeme übertragbar. Die meisten Biotest-Systeme sind zur Immissionskontrolle nur bedingt geeignet; meist sind die Simulationsverhältnisse nicht so repräsentativ, um erfaßt zu werden. Aber gerade in diesem Bereich wären Bioindikatoren besonders wertvoll, da nur sie das Integral aller stofflichen Wirkungen wiedergeben.

Problemloser ist die Interpretation von Emissionsfolgen mit Hilfe von Biotests (Giftigkeit eines Abwassers im Fischtest). Aber aus Einzelstoffanalysen kann unter keinen Umständen eine Wirkung auf ein technisches System hochgerechnet werden. Allenfalls läßt sich etwas über die grundsätzliche Abbaubarkeit aussagen und damit über die Persistenz.

2.5.2 Ökosysteme

Die Tier- und Pflanzenarten leben nicht zufällig miteinander oder voneinander getrennt. Je nach den Lebensbedingungen eines Standorts (Biotops) finden sich die den dortigen Umweltbedingungen angepaßten Arten in einer Lebensgemeinschaft (Biocoenose) zusammen.

Der Systembegriff wurde bereits mehrfach verwendet, ohne ihn einer genaueren Definition zu unterwerfen, was an dieser Stelle nun nachgeholt werden soll. Er findet vielfach Anwendung (z.B.: Wirtschaftssystem, Denksystem, Verkehrssystem, Computersystem usw.). Allen diesen Systemen ist eine hard- und/oder softwareseitige Vernetzung einer Vielzahl von Elementen oder Komponenten gemeinam. Sie berücksichtigen das Verhalten einzelner Elemente über Faktorzusammenhänge. Sie sind in ihrer Größe begrenzt (Sonnensystem) und von daher zu definieren. Im Zusammenhang mit Systemen spricht man aber trotz Begrenzung von
- offenen (z.B. die Fließkultur in Abschnitt 2.4.4) und
- geschlossenen (z.B. die Erde)

Systemen. Weiterhin unterscheidet man in der Theorie
- statische und
- dynamische Systeme.

Ein wesentliches Merkmal der Systemtechnik ist die Vorgehensweise: Während man gewohnt ist, vom Detail auszugehen und immer größere Kreise zu ziehen, geht die Systemtechnik von einer Systemgrenze von außen nach innen vor. Man legt gedanklich Systemgrenzen fest und bilanziert den Massen-, Energie- und Informationsaustausch an den Systemgrenzen und versucht, die daraus im Innern des "Kastens" resultierenden Entwicklungen zu beschreiben.

Offene Systeme erlauben einen Austausch von Masse und Energie über die Systemgrenzen hinweg, geschlossene leben nur von internen Kreisläufen. Statische Systeme sind zeitinvariant und dienen der analytischen Betrachtung, alles Lebendige ist aber zeitabhängig und damit dynamisch. Alle ökologischen (griech.: οικοσ = das Haus) Systeme sind offen und dynamisch. Nach außen hin mögen sie zwar statisch erscheinen (dies liegt daran, daß die zeitlichen Vorgänge sehr langsam ablaufen), sie befinden sich aber in einem Fließgleichgewicht.

Die Beschreibung eines Systems (Modellierung) erfordert eine hohe Abstraktion durch den Beschreibenden, da das Modell nicht mehr so komplex sein darf, wie das zu beschreibende System (was hätte man sonst durch ein Modell gewonnen?). Die Kunst des richtigen "Weglassens" unterscheidet die guten und schlechten Systemanalytiker. Grundsätzlich geht man so vor, daß man versucht, bestimmende Grundeinheiten zu definieren. Im Fall der biologischen Technik ist das das biologisches Grundelement (Bild 2.2).

Ein Ökosystem (beispielsweise ein Teich, aber auch eine Pfütze in einer Ackerfurche) ist gekennzeichnet durch abiotische Elemente (anorganische Substanzen, tote organische Substanzen, klimatische Faktoren) und durch biotische (Produzenten, Makro- und Mikrokonsumenten) sowie durch trophische Beziehungen (autotrophe Bildung von chemischer Energie und heterotrophe Verwertung zu mineralischen Produkten unter Entropiebildung; s. Bild 1.1).

Am Beispiel eines sehr flachen Sees ist zu beobachten, daß über das Wachstum von Schilf (autotrophe Komponente, hohe Verdunstungsrate) der See austrocknet, das Schilf dadurch abstirbt und mikrobiell zersetzt werden kann (heterotrophe Komponente). Zwischenzeitlich kann sich der See wieder etwas mit Wasser füllen und der Vorgang wiederholt sich: Allerdings ist er bereits schon wieder ein Stückchen flacher geworden. Damit ist die Geschichte eines Sees beschrieben: Er wird verlanden, weil sich aus einem oligotrophen Zustand über die Zuflüsse eutrophe Zustände einstellen, die in einem steten Kreislauf immer günstiger für pflanzliches Wachstum werden. Eine Chance, die Verlandung hinauszuzögern, besteht also nur im Abernten von Fischen und dem Ausbaggern von Sediment.

Ökosysteme sind somit das Ergebnis
- physikalischer (Niederschlag, Temperatur, Wind usw.),
- chemischer (pH-Wert, Lösungsgleichgewichte usw.),
- geochemischer (Verwitterung, Bodenbildung usw.) und
- biologischer (Wachstum, Sukzession usw.)

Faktoren und deren Interaktionen.

Die Geschwindigkeit und Effizienz der Umwandlung von Substrat in ein vom Konsumenten aus gesehenes positives (respektive negatives) Produkt hängt von den Milieufaktoren ab (Temperatur, pH-Wert, aber auch eben der Verfügbarkeit von essentiellen Stoffen). Eine Erschöpfung des Substrates, wie auch die Vergiftung des Systems durch negative Produkte führen zum Zusammenbruch, wirken sich somit auf die Stabilität des Systems aus. Solche Stabilitätsbedingungen werden durch Verknüpfung von Elementen zu größeren, stabilen biologischen Systemen erreicht. So hängt beispielsweise das Klima in Europa von der Aktivität tropischer Regenwälder ab.
- Die Verknüpfungen sind meist netzartig, selten linear (Nahrungskette).
- Die Produkte eines Elementes sind die Ressourcen anderer Elemente.
- Stabile Systeme zeichnen sich dadurch aus, daß an keiner Stelle ein Aufstau von Nährstoffen oder Abfall entsteht.
- Die Populationsdichten wachsen nicht unkontrolliert (bzw. ungeregelt) an.
- Eine Änderung der Milieufaktoren kann zum Verlust der Stabilität führen.

Am Beispiel eines Gleichgewichts in einem Ententeich in Bild 2.28 wird deutlich, welche Auswirkungen zu beobachten sind, wenn in das bestehende System eingegriffen wird.
Im folgenden sollen die grundlegenderen Wechselbeziehungen, die in biologischen Systemen beobachtet werden können, schrittweise aufgezeigt und vereinfacht mathematisch formuliert werden. Die unktionellen Zusammenhänge basieren aber immer noch auf empirischen Modellen (sind also auf der Erfahrung und Beobachtung aufgebaut).

Modellbildung

Als einfachstes Modell ergibt sich aus einem Wachstumsexperiment einer Organismenkultur, das über eine gewisse Zeitspanne verfolgt wird, folgender Zusammenhang für unbegrenztes exponentiellesWachstum:

$$dN/dt = r \cdot N$$

Hierbei handelt es sich um die aus Abschnitt 2.4.2 bekannte Differentialgleichung, in der die Änderung der Organismenanzahl (N) über die Zeit (t) mit der Netto-Wachstumsrate verknüpft ist:

$$r = \mu - k_{del} \; [1/h]$$

k_{del} - Sterberate [1/h]

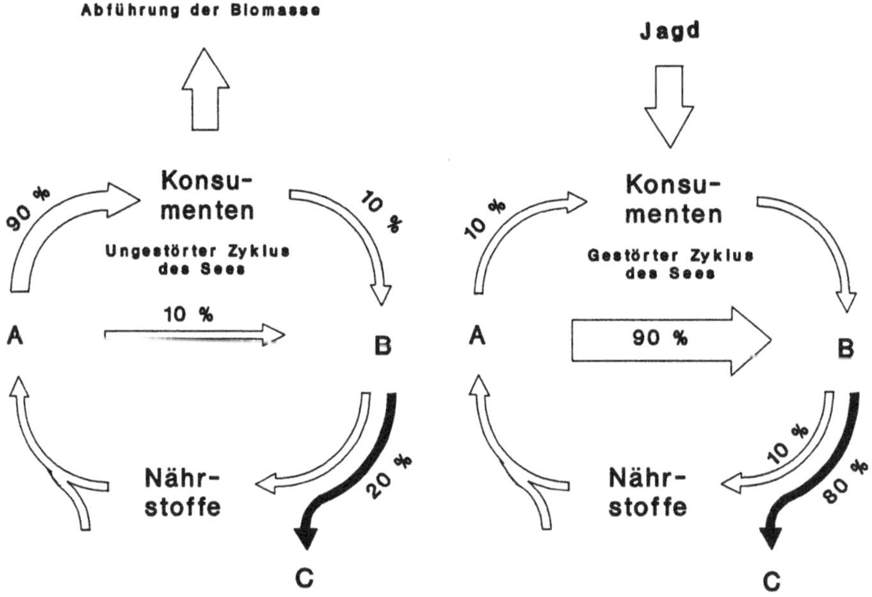

Bild 2.28 Entwicklung eines Teich-Ökosystems mit und ohne Abschuß von Enten (**A:** Produkte aus pflanzlicher Produktion; **B:** organische Schwebe- und Sinkstoffe; **C:** Faulschlamm /nach VESTER, 1976/)

Die Differentialgleichung hat die bekannte Lösung

$$N(t) = N_0 \cdot e^{r \cdot t}$$

Voraussetzungen für die Richtigkeit dieser Lösung sind, daß 1. eine kontinuierliche, unbehinderte Veränderung von N möglich ist und daß 2. $r = \text{konstant}$, (wobei $r > 0$ für exponentielles Wachstum und $r < 0$ für exponentielle Abnahme steht.; 1/r [t] ist die Generationszeit).

Wendet man diese Beziehung auf das Bakterium *Escherichia Coli* an, das sich in 20 Minuten verdoppeln kann, und vergleicht die nach zwei Tagen produzierte Biotrockenmasse (1 Bakterie $\approx 1 \cdot 10^{-12}$ g TS) mitder Erdmasse ($M_{Erde} = 5{,}5 \cdot 10^{24}$ kg), muß man feststellen, daß in dieser kurzen Zeit die Bakterien mehr als die Erde an Masse besitzen würden ($6 \cdot 10^{28}$ kg Biotrockenmasse). Das Beispiel zeigt, daß es unbegrenztes Wachstum in der Natur nicht geben kann: Hier setzen immer Regulationsmechanismen ein, die aus den Produkten oder zu Ende gehenden Substratvorräten, aber auch der Populationsdichte resultieren. Natürliche Wachstumsbedingungen sind also gekennzeichnet durch die Dichteabhängigkeit der effektiven Zuwachsrate. Aus dieser Erkenntnis hat sich das empirische Modell für begrenztes Wachstum (Regulation des Wachstums) entwickeln lassen. Danach gilt:

$$r' = r\,(1 - N/\kappa)$$

κ = Umweltkapazität
(= Funktion von Nahrungsangebot, verfügbarem Lebensraum, Räubertätigkeit, sekundären Umweltfaktoren usw.)

Die logistische, nicht mehr lineare Differentialgleichung für das begrenzte Wachstum zeigt demzufolge eine asymptotische Annäherung der Organismenzahl an die Kapazitätsgrenze und lautet somit:

$$dN/dt = r' N \equiv r N (1 - N/\kappa).$$

Ein wesentliches Merkmal dieses Modells ist, daß man über die Generationszeit eines Organismus t_G (= 1/r [h]) die charakteristische Zeitspanne nach einer Störung (Erholungszeit) ermitteln kann. Die Lösung der Differentialgleichung für begrenztes Wachstum lautet:

$$N(t) = \frac{\kappa}{1 - (1 - \kappa/N_0) \cdot e^{-r \cdot t}}$$

Es zeigt sich also, daß r und κ die Parameter für das begrenzteWachstum darstellen: Sie haben folgende Bedeutung:

1. Die Größe der Population im Gleichgewicht ist nur von der Umweltkapazität abhängig. (Individuenzahl = f (κ))
2. Die Entwicklung und das zeitliche Verhalten der Population ist von der Netto-Zuwachsrate abhängig. (Entwicklung und Stabilität = f (r))

Danach unterscheidet man auch:

- r- und κ-Selektion bzw.
- r- und κ-Strategie.

Ökostrategien

Energie, die in Form von Nahrung aufgenommen und daraus gewonnen wird, kann auf verschiedene Weise genutzt werden; man spricht hierbei auch von Investieren
(1) in die Reproduktion, also in die Fortpflanzung,
(2) in die Selbsterhaltung, also im Hinblick auf das Überleben und
(3) in beides nach einem bestimmten Schlüssel.
Die optimale Strategie hängt von artspezifischen und umweltspezifischen Merkmalen ab.

r-Strategen sind Bewohner kurzlebiger Lebensräume; sie werden auch als Ausbeuter oder Opportunisten bezeichnet. Sobald sich die Habitatsbedingungen durch zu große Dichte oder Veränderung des Milieus verschlechtern, migrieren die Organismen in einen neuen Habitat. Die Migration ist ein wichtiger Bestandteil ihrer Populationsentwicklung. Bei jeder Populationsdichte erfolgt eine Selektion. Die Selektion begünstigt ein großes r, welches durch eine hohe Fruchtbarkeit und kurze Lebensdauer zustandekommt. r-Strategen leben oft in einer ökologischen Nische. Sehr hohe r-Werte führen zur Instabilität.

κ-Strategen leben in sehr stabilen Habitaten, wodurch es zur Gleichgewichtspopulation und der Erhaltung derselben kommt. Eine Überschreitung der Kapazitätsgrenze wird beispielsweise durch Sozialstrukturen (Brutpflege) oder Rückkopplungseffekte verhindert, da das zur Zerstörung des Habitats führen würde. κ-Strategen besitzen umfangreiche Abwehrmöglichkeiten, haben eine geringe Mortalität und verfügen über effektive Nutzungsmöglichkeiten der verfügbaren Energiequellen. Bei Störungen (z.B. Mortalität) sind sie bestrebt, ihre Populationsgröße sofort wieder ins Gleichgewicht zu bringen, damit die Ressourcen nicht von einem Konkurrenten genutzt werden. Die Geburtenrate ist also dichteabhängig. Gefahr des Aussterbens besteht, wenn die Populationsdichte aufgrund einer Störung stark absinkt. κ-Strategen sind auf hohe Konstanz und Unveränderlichkeit der Umweltbedingungen angewiesen (Dinosaurier starben aus, weil sie sich den klimatischen Veränderungen nicht anpassen konnten).

Man kann also aus organismischer Sicht festhalten:

- Flexibilität ist ein Kennzeichen eines stabilen Systems. Die Funktion eines Teilsystems wird den Bedürfnissen des Gesamtsystems untergeordnet, von daher ist es i.d.R. flexibel ausgelegt (Beispiel: Mitochondrien sind in der Lage, zwischen Energie- und Baustoffwechsel umzuschalten - Kohlenhydrate werden zu CO_2 oxidiert oder zu Aminosäuren umgesetzt).
- Der Wirkungsgrad des Systems wird optimiert durch den Aufbau von "Energiekaskaden oder -ketten bzw. -koppelungen", wodurch die vorhandenen Energiequellen weitgehend genutzt werden können.

Dahinter verbergen sich folgende Paradigmen:

- Mehrfachnutzung zwecks energetischer Optimierung.
- Recycling: die Natur kennt keine Abfalldeponien.
- Symbiose aus Stabilitätsgründen.

In natürlichen Systemen sind Regelprozesse meist allerdings mit einer Zeitverzögerung behaftet. Ursachen solcher Verzögerungen sind z.B. Regenerationszeiten der Vegetation

(Winter, Frühjahr), Generationszeiten von Organismen (Sukzessionsprozesse). Von daher muß das oben beschriebene Modell für natürliche Prozesse um eine charakteristische Verzögerungszeit erweitert werden. Neben der Zeit spielen auch Interaktionen zwischen den Organismen eine wichtige Rolle: So sind Räuber-Beute-Beziehungen bekannt, aber auch symbiontische/ mutualistische, die systemstabilisierend wirken.

Resumee

Tiefere Einsicht in die Dynamik und in die vielfältigen Wechselbeziehungen der ökologischen Systeme ist notwendig, wenn man bei geplanten Eingriffen nicht das angestrebte Ziel vefehlen will:

- Eingriffe haben zum Teil sehr langfristige Auswirkungen, die oft viel zu spät erkannt werden.
- Systemverhalten wird maßgeblich durch Rückkopplungen bestimmt.
- Es muß zu gravierenden Fehlschlüssen kommen, wenn man Teilsysteme aus dem größeren Gefüge herauslöst und unreflektiert zum Gesamtsystem für sich alleine betrachtet.

2.5.3 Gezüchtete Mikroorganismen als Problemlöser?

In Gesprächen und Fachzeitschriften findet man immer wieder Hinweise darauf, daß durch bestimmte Präparate eine Verbesserung von Betriebszuständen in Abwasserreinigungs- und Abfallbehandlungsanlagen erzielt werden konnte; und es gibt auch immer wieder Veröffentlichungen, in denen ihnen jegliche Wirkung abgesprochen wird /s. KUNZ, 1992; ATV-Arbeitsgruppe, 1990/.

Unter Präparaten sollen alle Komponenten verstanden werden, die biologischen Reinigungssystemen zugesetzt werden, um die Reinigungswirkung zu verbessern und/oder zu stabilisieren. Darunter fallen:

- Mikroorganismen, die außerhalb des Abwasserreinigungssystems gezüchtet wurden.
- Chemikalien, wie Nährsalze, Spurenelemente, Enzyme und Vitaminpräparate.
- inerte Stoffe, die eine Trägerfunktion übernehmen.

Reduziert man einmal alle Erfahrungen auf die bekannten Grundlagen /z.B. SCHLEGEL, 1985/, dann sieht man, daß sich Mikroorganismen in einem System, in dem aufgrund permanenter Zufuhr externer verwertbarer Kohlenstoffquellen die r-Strategie (Abschnitt 2.5.3) angesagt ist, nur über Wachstumsprozesse etablieren können (auf dieser Strategie basieren im übrigen die meisten biologischen Umweltschutztechniken). Das Wachstum ist aber gekoppelt an die Verfügbarkeit essentieller Stoffe (Abschnitte 2.1 und 2.2). Fehlen diese für einige Spezies, werden diese Mikroorganismen von anderen mit einem anderen Stoffspektrum überwuchert, gleichgültig, ob es sich bei einer vorhandenen Kohlenstoffquelle um ein ideales Substrat für gerade diese Spezies handelt. Will man also spezielle Mikroorganismen von außen in einem technischen System etablieren, muß man entweder die für diesen Organismus wachstumsrelevanten Substanzen in die Anlage geben (dies könnten Alginate /von BOTH, SPRAU in KUNZ, 1992/ oder technische Nährböden /WEIL, 1991/ sein) oder aber die speziellen Mikroorganismen in diesem technischen System direkt oder separat davon, dann aber mit der entsprechenden wäßrigen Phase, kultivieren.

Bei den Mißerfolgen stellt man überwiegend fest, daß einer der oben genannten Gesichtspunkte nicht berücksichtigt wurde oder ein völlig falscher Ansatz gewählt worden war: Betrachten wir dazu ein Beispiel: Welche Art von Mikroorganismen soll eigentlich in einem System etabliert werden, wenn ein Hemmstoff das System außer Funktion gesetzt hat? Es können wohl kaum die Spezialisten für den Abbau der Stoßbelastung sein. Aber gerade diese werden immer wieder eingesetzt! Vielmehr wird aber doch die standorteigene (autochthone) Population benötigt, um schnell wieder normale CSB/BSB_5-Ablaufwerte zu erhalten. Diese kann man im übrigen in Kläranlagen aus dem Faulschlamm zurückgewinnen, weil in konventionellen Faulanlagen die Mikroorganismen nur zum Teil absterben (s. Abschnitt 3.4).

Für die biologischen Prozesse ist aber auch nicht nur die Transformation ausschlaggebend, sondern auch die Elimination der Produkte. Diese ist abhängig davon, daß gasförmige Produkte ausgasen können, vielmehr aber noch, daß die gebildete Feststoff-Biomasse vollständig aus dem System entfernt werden kann. Ein einzelner Mikroorganismen, der eine von Wasser nur unwesentlich andere Dichte und als Stäbchen einen Durchmesser von vielleicht nur 0,2 µm aufweist, wird kaum sedimentieren oder flotieren und wird sich auch durch Filtration, wenn es sich nicht um eine Mikrofiltrationsverfahren handelt (Abschnitt 2.6.2), nicht eliminieren lassen. Ein aus dem Abwasser nicht entfernter Mikroorganismus stellt aber eben auch eine Restverschmutzung dar, weil er Sauerstoff zehrt beziehungsweise weil er oxidierbar ist (Abschnitt 2.5.1).

Insofern wird jede Maßnahme, die das Flockenwachstum steigert oder auch das Leben von Bakterienfressern (s. Abschnitt 2.3.4) begünstigt, zur Verbesserung des umwelttechnisch erwünschten Reinigungsergebnisses beitragen, obwohl sie vielleicht keinen direkten Einfluß auf den eigentlichen Stoffumsatz hat /KUNZ, FRIETSCH, 1986/. Mit diesem Hintergrundwissen werden Erfolge und Mißerfolge erklärlich: Wenn extern gezüchtete Mikroorganismen in das Milieu des technischen Systems - zufällig - hineinpassen, können sie sich im System halten. Wenn nicht, werden sie entsprechend einer Verdünnungsrate (s. Chemostat, Abschnitt 2.4.4) ausgewaschen.

Die Frage nach der Kultivierung von Spezialisten im System beantwortet sich weiterhin auch über die Verfahrenstechnik: In Systemen mit Immobilisierungswirkung (schwimmende Träger, feste Aufwuchsflächen; Abschnitt 2.5.4) lassen sich standorteigene Organismen adaptiv heranziehen, die auf jeden Fall länger im System verbleiben als in Systemen mit suspendierter Biomasse.

2.5.4 Biofilme und Immobilisierung

Die Zukunft der biologischen Technik ist eng verknüpft damit, ob es gelingt, verfahrenstechnisch vertretbare und im technischen Maßstab einsetzbare Techniken für spezielle Enzyme bzw. ganze Zellen zu entwickeln, die den Umgang mit diesen in einer suspendierten Phase erleichtern. Dazu will man die wirksamen Elemente im System festhalten (sprich: immobilisieren) und damit den Zugriff ermöglichen. Gefragt sind solche Methoden, die es gestatten, hohe Zellkonzentrationen im biologischen System ohne aufwendige mechanische Trennoperationen aufrechtzuerhalten, ohne allerdings den Stofftransport nennenswert infolge von Diffusionswiderständen zu limitieren /ZLOKARNIK, 1986/.

Die Notwendigkeit einer Immobilisierung liegt darin, daß die Zellen sehr klein sind (s. Abschnitt 2.2) und einen geringen Dichteunterschied zur umgebenden Flüssigkeit aufweisen. Erst durch die Fixierung werden sie zu einer eigenständigen "Phase". Vorteile neben der Abtrennbarkeit liegen in der quasi unbegrenzten Anreicherung im System, die zur Erhöhung der Umsatzgeschwindigkeit führt - die Bioreaktionstechnik lehrt, daß der Stoffumsatz von den Konzentrationen der Reaktionspartner abhängt (das heißt, je mehr Organismen, desto rascher der Stoffwechsel) und in der geschickteren Weiterbehandlung, da man sich auf das Immobilisierungssystem gut einstellen kann.

Verfahrenstechnische Gesichtspunkte

Biologische Funktionsträger können als isolierte, gereinigte Enzyme oder auch als ganze Zellen immobilisiert werden; beide Alternativen haben sowohl Vor- als auch Nachteile: Enzyme altern wie jeder technische Katalysator (Enzymgifte etc.), sind aber sehr spezifisch auf das jeweilige Substrat gerichtet und wirken ohne Verbrauch weiterer Stoffkomponenten, während lebende Zellen den Enzympool reaktivieren und sogar vermehren können, dabei aber auf energieliefernde Stoffe angewiesen sind, die sie ebenfalls aus dem Medium beziehen müssen.

Folgende wesentliche Formen der Immobilisierung werden beschrieben:

- Adhäsion durch Bewuchs fester Oberflächen,
- Agglomeration von Zellen zu Flocken,
- Einschluß von Zellen in Biopolymere oder Membranen.

Bei den Adhäsionsvorgängen spielen die Oberflächeneigenschaften eine wesentliche Rolle. Dazu sind zum einen die Trägermaterialien zu spezifizieren, zum anderen die Wechselwirkungen mit den biologischen Funktionsträgern. Die Träger, auf denen die Enzyme oder Zellen fixiert werden, nehmen zwar nicht an der Reaktion teil; sie begünstigen aber zum Teil das Kleinklima in der Umgebung der Mikroorganismen ganz erheblich. Alkalische Träger neutralisieren zumindest im Mikrobereich aufgrund der natürlichen Einstellung eines Gleichgewichtes eine saure Umgebung, Aktivkohlen adsorbieren entsprechend ihrer Adsorptionsisothermen bevorzugt flüchtige Komponenten und führen damit lokal unterschiedliche Konzentrationshöhen herbei. Trägermaterialien sind auch die Fällungsprodukte, die infolge interner Reaktionen oder durch Zuführung von Stoffen in einer wäßrigen Phase entstehen.

Biofilmbildung

Die Bildung von Biofilmen kann nicht durch einen einzigen Mechanismus erklärt werden. Das Anhaftungsverhalten wird durch drei Komponenten dieses Prozesses determiniert:

1. Mikroorganismen (Spezies, mikrobielle Zusammensetzung, Anzahl an Zellen, Wachstumsphase, Ernährungszustand, Oberflächenladung, Hydrophobizität),
2. Oberfläche (chemische Zusammensetzung, Oberflächenspannung, -ladung, Rauhigkeit, Hydrophilie),
3. Wasser (Temperatur, pH-Wert, O_2-Konzentration, Redox-Potential, organische und anorganische Inhaltsstoffe, Viskosität,Oberflächenspannung, Strömungsverhältnisse).

Die zeitliche Entwicklung wird wie folgt (s. Bild 2.29 /FLEMMING, 1991/ KLEIN, ZIEHR, 1987/) beschrieben:

- **"Conditioning film"**: Adsorption von Wasserinhaltsstoffen (häufig mikrobiellen Stoffwechselprodukten wie Polysaccharide, Huminstoffe, Proteine) an der Oberfläche. Dieser Schritt findet innerhalb von Sekunden statt und ist irreversibel. In der Regel resultiert aus diesem Vorgang eine leicht negative Gesamtladung an der Oberfläche.
- **"Reversible Adhäsion"**: Die Mikroorganismen werden durch verschiedene Transportmechanismen (Konvektion, Motilität, Chemotaxis, Temperatur, Gravitation) in Oberflächennähe gebracht und dort durch elektrostatische oder van-der-Waals-Wechselwirkungen festgehalten. Infolge Brownscher Molekularbewegung, Schermechanismen und Bewegungstätigkeit können sie sich wieder ablösen. Über das Zetapotential (Bestimmung der Oberflächenladung) kann man die Adhäsionsneigung beschreiben. Ernährungszustand, Wachstumsphase, Ionenstärke, Ionenspezies und Ladungsverhältnisse sowie die Zellkonzentration beeinflussen das Adhäsionsverhalten.
- **"Irreversible Adhäsion"**: Die Anhaftung erfolgt durch chemische Bindung (elektrostatisch, kovalent, Wasserstoff-Brückenbindung), Dipol-Wechselwirkung und hydrophobe Wechselwirkungen. Eine besondere Rolle spielen die Exopolymere (polymer bridging).
- **"Biofilm"**: Die anhaftenden Mikroorganismen vermehren sich, während sich weitere Zellen anlagern. Große Mengen Schleime werden ausgeschieden. Diese bestehen zum grossen Teil aus sauren Polysacchariden, aus Lipopolysacchariden, Proteinen, Glycoproteinen, Lipiden und Glycolipiden. Dabei weist der Biofilm lokale Ladungs- und Löslichkeitsunterschiede auf. Mit der Verstärkung des Biofilms verschlechtert sich der Stofftransport - insbesondere, was O_2 anbelangt - für die innensitzenden Organismen.

Für biologisch technische Systeme spielt natürlich die Dicke der Biofilme eine wesentliche Rolle. Nach einer Recherche von VAN VOORNEBURG und HEIDE /in OPALLA, 1992/ stellen sich in normal belasteten Systemen Biofilme zwischen 50 und 100 µm Dicke ein. Hydraulische Belastungen der Oberflächen führen zu dichten Biofilmen, die über ein polymeres Netzwerk verwoben sind. Logischerweise wird der Stofftransport durch diese Matrix eingeschränkt. Dies kann zur Unterversorgung der tiefersitzenden Mikroorganismen führen, sie aber auch vor dem Zutritt von Hemmstoffen schützen.

In Biofilmen werden sich demzufolge andere Mikroorganismen etablieren können bzw. müssen als in einer besser versorgten, "idealdurchmischten" Suspension mit freischwimmenden Organismen. Geht man einmal von dieser einfachen Vorstellung aus, kann man zu folgender Überlegung kommen: Wenn die leicht abbaubaren Substrate in der flüssigen Phase umgesetzt werden, bleiben den Mikroorganismen in der "festen" Biofilmphase nur die schwerer abbaubaren übrig. Entsprechend werden sich dort die Spezialisten für Problemstoffe anreichern. Da die größeren Aggregate bzw. die Träger eine längere Verweilzeit im System haben als die partikulär mit der flüssigen Phase transportierten Mikroorganismen, bekommt die Trägerbiologie einen "Gedächtniseffekt", insbesondere wenn feste Flächen eingebaut sind.

Allerdings darf man sich von dieser eleganten Form der Kultivierung von speziellen Mikroorganismen nicht übermäßig viel versprechen: Die Wachstumsbedingungen für die Spezialisten sind bei weitem nicht optimal, die Fressertätigkeit von höheren Organismen führt zu ihrer Dezimierung und schließlich determinieren die Zuflüsse, die sich in technischen Systemen ständig ändern können, die mikrobielle Entwicklung in unkontrollierter Weise.

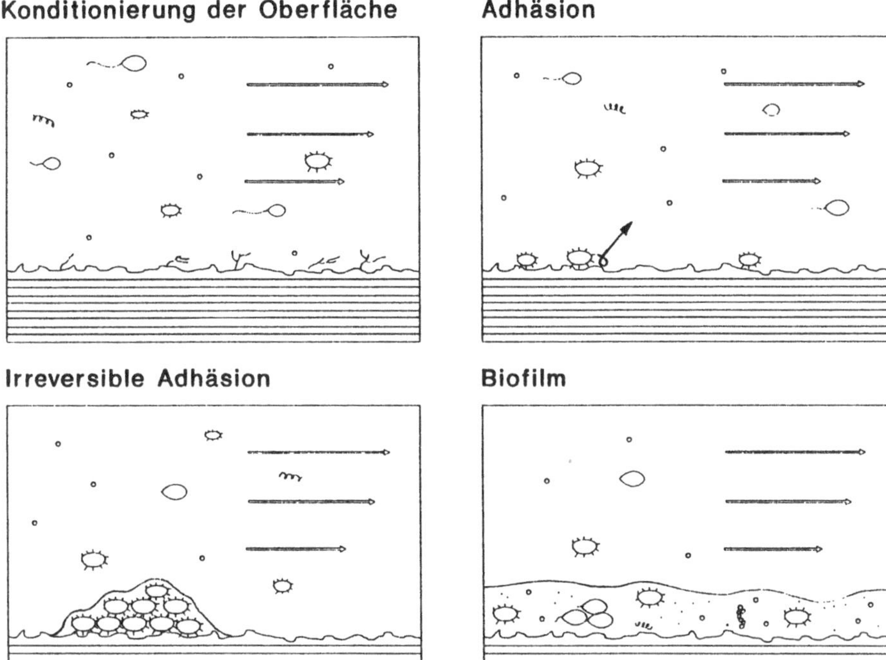

Bild 2.29 Biofilmbildung /nach FLEMMING, 1991/

Immobilisierung

Die Fixierung von Mikroorganismen an Oberflächen stellt sich also als komplexer, aus mehreren Teilprozessen zusammengesetzter Vorgang dar. Vorteilhaft ist es, wenn man deshalb die Immobilisierung auch in Mischkulturen beeinflussen kann. Hierzu liegen aber bislang so gut wie keine Erfahrungen vor. Bemerkenswert ist der von FARKAS /1992/ beschriebene "my home is my castle effect", der zeigt, daß durch eine Primärbesiedelung von Mikroorganismen an den Wänden und gegebenenfalls. von Aufwuchsflächen Mikroorganismen mit sonst günstigeren Entwicklungsmöglichkeiten das mikrobielle System nicht überwuchern können (Bild 2.30).

Bei der Immobilisierung von Spezialisten in Mischkulturen arbeitet man meist mit lebenden Zellen. Nach Informationen des Verfassers werden bislang keine Träger mit immobilisierten Enzymen eingesetzt, obwohl Enzyme beispielsweise bei der Klärschlamm-Behandlung Anwendung finden. Dort wäre z.B. die Rückgewinnung der Enzyme denkbar und wahrscheinlich auch sinnvoll, da die Enzymkosten aufgrund der aufwendigen Aufarbeitungs- und Reinigungsschritte hoch sind.

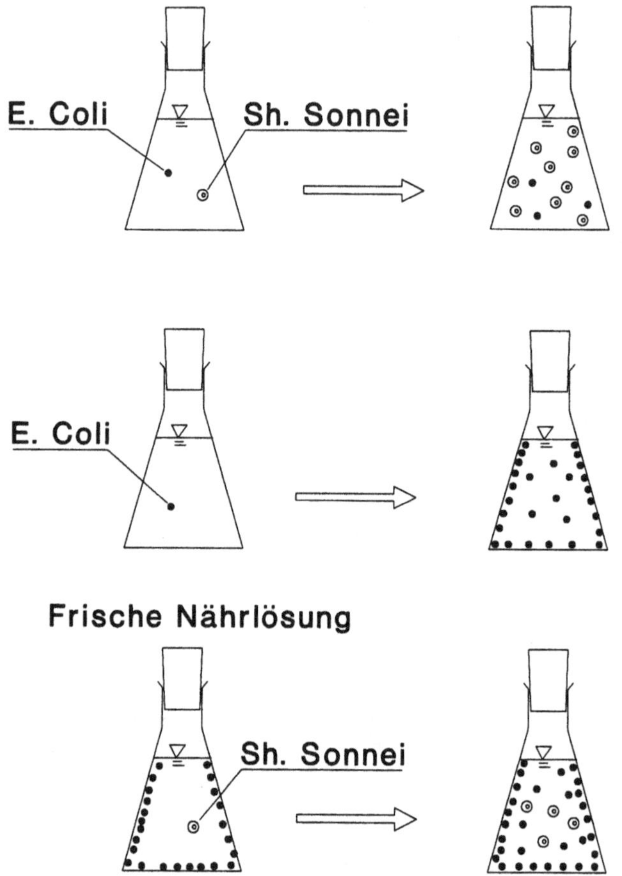

Bild 2.30 Der "My-home-is-my-castle-Effekt" /nach FARKAS, 1992/

Allerdings spielt auch die Immobilisierungsausbeute eine wichtige Rolle. Bei lebenden Zellen hängt sie stark vom morphologischen und physiologischen Zustand der Zellen ab. Durch eine vor der Adsorption eingelegte Hungerphase konnte z.B. die Anlagerungsrate - wie sich aus Versuchen mit Hefezellen ergab -deutlich erhöht werden /KLEIN, ZIEHR, 1987/. Für künftige gezielte Anwendungen dieser Technik wird man sich in großer Breite mit der Erfahrung aus dem Bereich Reinkulturen eindecken können /z.B. MEINERS, 1991; EINSELE et al., 1985/.

Bedeutungsvoll für Mischkulturen ist, daß die Verteilung der Mikroorganismen in der dispergierten Phase nicht mit jener in der fixierten Phase übereinstimmen muß, weil auch im identischen physikalischen Milieu die Organismen ein artspezifisches Adsorptionsverhalten zeigen. So konnten MENNER und BRONNENMEIER /1991/ zeigen, daß beim Abbau von Methanol, Ethylenglycol und Formalin in der Trägerschüttung näherungsweise 100, 66 und 33% des jeweiligen Stoffes und entsprechend in der Suspension 0, 33 und 66% abgebaut wurden.

2.6 Bioreaktor-Systeme

Um schließlich den Bogen, den Bild 2.1 gespannt hat, zu schließen, sollen im folgenden grundsätzliche Merkmale von Bioreaktor-Systemen diskutiert werden. Wie bereits mehrfach angeklungen, unterscheidet man Reaktoren mit suspendierter Biomasse und Festbettreaktoren. Eine Zuordnung zu einer dieser beiden Merkmalsgruppen ist aber praktisch nicht möglich, weil bereits große Flocken wie Träger anzusprechen sind, aber auch andererseits in Festbettreaktoren suspendierte Mikroorganismen in der flüssigen Phase angetroffen werden.

Angesichts des Austrags der Mikroorganismen in Bioreaktor-Systemen mit suspendierter Biomasse infolge der Zuflüsse bei einem i.d.R. gleichzeitig nicht entsprechend großem Biomassewachstum (s. Abschnitt 2.4.4) müssen Rückhalteanlagen fürdie ausgewaschene Biomasse vorgesehen werden. Diese Anlagen dienen sowohl der Phasentrennung zwischen behandelter Flüssigkeit und gebildetem Feststoff als auch der Feststoff-Konzentrierung. Beide Elemente stellen erst eine Reinigung dar, wie in Bild 2.3 veranschaulicht.

2.6.1 Submers- und Festbettreaktoren

Klassische Bioreaktoren aus umwelttechnischer Sicht sind die fließenden Gewässer, in denen bekanntlich auch ein mikrobieller Stoffumsatz abläuft, oder der Komposthaufen im Garten, in dem organische Abfälle humifiziert werden. Im ersten Fall handelt es sich um einen Submersreaktor, in dem die Mikroorganismen mitschwimmen - abgesehen von jenen, die an den Begrenzungen oder im Sediment aufwachsen, im zweiten Fall um einen Festbettreaktor.

Aus der Erfahrung weiß man, daß es sehr lange dauert, bis der Kompost zu Erde wird, oder daß einem Gewässer nur in begrenztem Umfang organische Stoffe zugeleitet werden dürfen, weil sonst der im Wasser gelöste Sauerstoff nicht ausreicht und es dann in Faulung übergeht. In beiden Fällen steht also die ausreichende Versorgung mit essentiellen Stoffen im Vordergrund: Beim Gewässer geht man heute schon so weit, diese künstlich zu belüften (z.B. am Tegeler See in Berlin), die Komposter werden häufiger umgeschichtet, d.h. gemischt - mit dem Erfolg, daß der Stoffumsatz schneller läuft.

Bei den technischen Reaktoren hebt man also die natürliche Begrenzung auf, indem man mehr Sauerstoff einträgt oder besser durchmischt und gegebenenfalls. die aktive Biomasse anreichert, d.h. je Volumenelement eine höhere Biomassekonzentration einstellt.

Grundsätzlich unterscheidet man die Bioreaktoren nach folgendenMerkmalen:

- Betriebsweise: Batch- oder kontinuierlicher Betrieb (s.Abschnitt 2.4.3).
- Zellvorkommen: Submerse, suspendierte Zellen oder Flocken- versus Film-/ Festbettreaktoren, wobei die Submerssysteme in (pseudo)-homogene und heterogene Systeme unterschieden werden (Die Begriffe beziehen sich auf das Verhältnis der Ausdehnung bzw. Größe der Feststoffe (S-Phase) zur Ausdehnung der Reaktionsphase (L-Phase).) Echte homogene Phasen können bei Bioreaktoren also nur auftreten, wenn Enzyme in dispergierter Form eingesetzt werden.
- Versorgungstechnik: Rühr- und zwangsbelüftete Systeme (getauchte Blasenbelüfter, Oberflächenbelüfter, Filmreaktoren mit freier Oberfläche).

Als Beispiele seien genannt:

- die eiförmigen oder zylindrischen Gärbehälter (anaerob) zur Schlamm- und Güllefaulung, die diskontinuerlich in einer Art Teilfließbetrieb beschickt werden;
- die rotierenden Horizontaltrommeln für feste Substrate, wie z.B. die batchweise beschickten Mischer bei der mikrobiellen Bodensanierung oder Abfallkompostierung;
- die zwangsbelüfteten Rührkessel, wie der Hubstrahlreaktor, Biohoch-Reaktor, die Schlaufenkompaktreaktoren oder die konventionellen Flachbelebungsanlagen in meist kommunalen Klärwerken;
- die Filmreaktoren, wie den klassischen Tropfkörper, Scheibentauchkörper bis hin zu den Mischformen der in Submersreaktoren eingesetzten schwimmenden oder getauchten Festbetten.

Submersreaktoren

Bei den Verfahren mit suspendierten Mikroorganismen handelt es sich um sogenannte Tank-Verfahren (s. Bild 2.31), bei denen die Mikroorganismen in der Lösung gehalten werden und der Stofftransport durch technische Maßnahmen intensiviert wird. Da es vielfach um die Versorgung mit Sauerstoff bzw. um die vollständige Durchmischung der Substrate geht, unterscheidet man häufig nach der Gasverteilung. Zur Erzeugung großer Grenzflächen zwischen Luft und Flüssigkeit bzw. zu ihrer Erneuerung wird Dispergierenergie benötigt; diese kann über Rührorgane, einen externen Kreislauf mittels Flüssigkeitspumpe oder Begasung ohne mechanische Unterstützung in den Reaktor eingetragen werden.

Entsprechend unterscheidet man auch die Bioreaktoren nach der Art des Energieeintrages. Bild 2.31 zeigt die verschiedenen Konfigurationen. Erstaunen muß die große Zahl der in den letzten Jahren entwickelten Reaktortypen.

Druckbegasung: Über Druckluft wird der Reaktorinhalt durchmischt und gleichzeitig die Sauerstoffversorgung (bei anaeroben Reaktoren begast man mit Inertgas oder direkt mit dem produzierten Biogas) sichergestellt. In diesem Fall kann aber die Sauerstoff-Zufuhr nie unter die minimal erforderliche Durchmischungsleistung abgesenkt werden. Der bekannteste Vertreter ist die Blasensäule: Das Gas wird über einen Gasverteiler in der Flüssigkeit dispergiert; die Gasblasen teigen nach oben, O_2 wird dabei abgereichert. Durch den Einbau von Böden kann die Verweilzeit der Gasblasen verlängert werden; doch ist dabei zu berücksichtigen, daß eine Gasblase ohne genügenden O_2-Partialdruck zu keinem wesentlichen Stoffaustausch mehr beiträgt. Weit verbreitet sind mittlerweile auch die Airlift-Bioreaktoren, die sich durch das Strömungsleitrohr von den Blasensäulen unterscheiden.

Treibstrahlbelüftung: Diese Form der Belüftung funktioniert nach dem Prinzip der Wasserstrahlpumpe. Über einen beschleunigten, externen Flüssigkeitsstrom wird Luft aus der Umgebung angesaugt und über eine Düse in den Reaktionsraum eingetragen. Dabei wird die Begasungsluft dispergiert und das Flüssigkeitsgemisch umgewälzt. Hierbei werden sehr große Blasenoberflächen infolge der starken Zerkleinerung der Gasbläschen erzielt. Allerdings ist diese Technik erst möglich geworden, nachdem das Problem der Förderung eines Zweiphasengemisches (Kavitation; Lösung: partielle Entgasung in der Pumpe durch größeren Förderstrom am Eingang als am Ausgang) gelöst werden konnte.

a) Begasungsrührer
Antrieb durch bewegte Einbauten

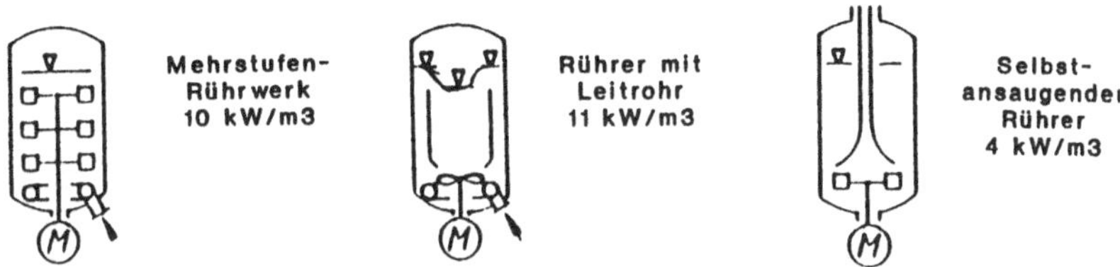

b) Treibstrahlbelüftung
Antrieb durch Flüssigkeitspumpe

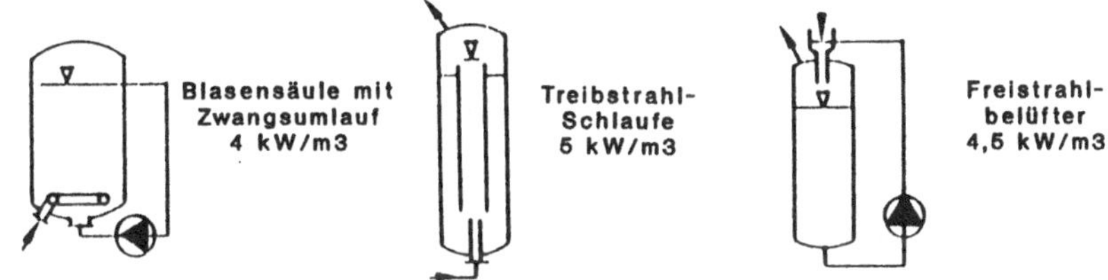

c) Druckbegasung
Antrieb durch Vordruck des Gases

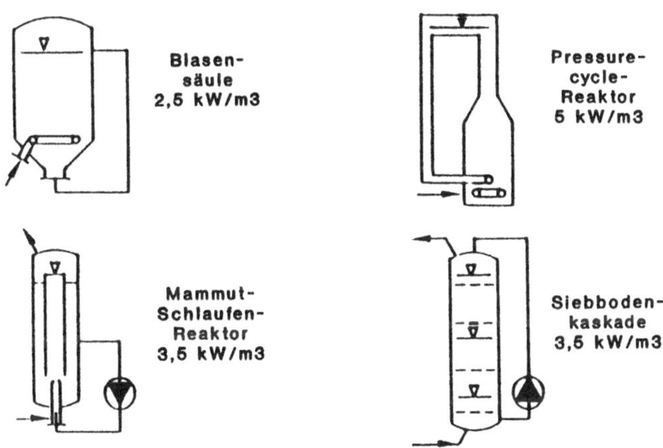

Bild 2.31 Prinzipschaubilder der Submers-Bioreaktoren

Begasungsrührer: Bei Rotationsbelüftern wird durch die Umdrehung des Rührers Luft angesaugt und über Leitöffnungen in den Reaktor gedrückt oder die Flüssigkeit über die Wasseroberfläche verteilt oder aber über Begasungsschläuche eingetragene Luft dispergiert. EINSELE et al. /1985/ erklären sich die vielfältigen Entwicklungen gerade im Bereich der Rührreaktoren mit der Minimierung des Energieaufwandes, wobei der Effekt der Umwälzung jedoch nicht geschmälert werden darf (Vermeidung von Sedimentation) und eine weitgehende Dispergierung des Mehrphasengemisches möglich sein muß (Beherrschung des Schaumproblems!).

Bei der Auslegung der submersen Systeme sind einige Phänomene zu beachten:

- Die Dichte des Fluids und der Organismen ist annähernd gleich, so daß die Relativgeschwindigkeiten zwischen dispergierter und kontinuierlicher Phase gering sind.
- Die Mikroorganismen sind sehr klein: Es ist deshalb schwierig, im mikrobiologischen System große Partikel-Reynoldszahlen zu erreichen.
- Das Fließverhalten der Lösung ist nicht einheitlich, weil sich im Verlauf der Reaktion durch den Ausstoß polymerer Stoffwechselprodukte bzw. bei der Bildung von Exopolymeren lokal die Viskosität des Mediums ändern kann.
- Manche Mikroorganismen-Spezies bilden große Zellaggregate, wodurch der Stoffaustausch limitiert wird.
- Bei aeroben Prozessen entsteht als Stoffwechselprodukt CO_2, das den Metabolismus stören oder hemmen kann, andererseits von autotrophen Organismen aber benötigt wird.
- Die Konzentrationen an Substrat sind je nach Reaktionsführung gering, weshalb das Konzentrationsgefälle als treibende Kraft für den Stofftransport entsprechend gering bleibt. DieReaktionsgeschwindigkeiten sind demzufolge klein, wodurch große Reaktionsräume erforderlich werden.

Festbettreaktor-Systeme

Bei den mit Flüssigkeit beschickten Festbettreaktoren (s. Abschnitt 2.5.4) wachsen die Mikroorganismen auf den Oberflächen in die Flüssigkeit bzw. den Flüssigfilm hinein. Bei Tropfkörpern werden die Oberflächenelemente sporadisch berieselt, bei Biofiltern mehr oder weniger konstant; die Sauerstoffversorgung erfolgt durch Umgebungsluft über einen Kamineffekt (Temperaturunterschied zur Umgebung). Allerdings wirkt sich die Aussenlufttemperatur auf die Stoffumsatzleistung vor allem im Winter ungünstig aus.

Derartige Reaktoren können bei geringen Durchsatzleistungen als echte Rohrreaktoren angesprochen werden. Angesichts zunehmender Abwasserbelastungen hat man sich allerdings bei den früher sehr häufig eingesetzten Tropfkörpern gegen eine Verstopfung nur dadurch zu helfen gewußt, daß man den Zufluß mit gereinigtem Abfluß verdünnt hat. Dadurch tropfte die Flüssigkeit schneller durch, die Mikroorganismen konnten weniger aufnehmen, als Folge stellen sich nahezu gleiche Konzentrationen am Kopf und Fuß der Fließstrecke ein, was dem idealen Mischungsreaktor entspricht. In Bild 2.32 sind die Festbettreaktoren in einem Überblick gezeigt.

Bei den Dünnschicht- oder Filmreaktoren wird die Aufwuchsfläche in der Kulturflüssigkeit bewegt (man spricht von Scheibentauch- oder Wälzreaktoren, bei denen ein Teil der Aufwuchsfläche der Umgebungsluft ausgesetzt ist, ein Teil in die Flüssigkeit eintaucht

Rieselfilm-Reaktor

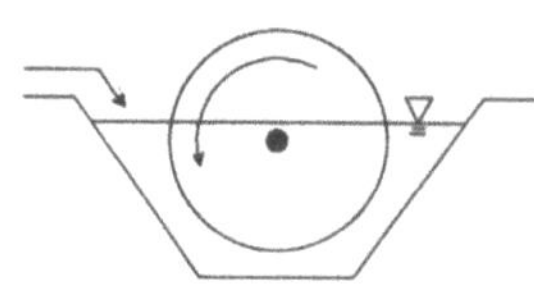

"Bio-2-Schlamm-Verfahren"

Druckluft

Druckluft

Tauchkörper-Reaktor

Aktivkohle, Braunkohle oder Schaumstoffpellets

Bild 2.32 Typisierung der Festbettreaktortechnik

und dabei sich die Mikroorganismen mit den gelösten Substraten versorgen können). Über den Eintauchvorgang wird die in der Tauchwanne suspendierte Biomasse ebenfalls mit Luft versorgt. Allerdings muß entweder die Sauerstoffversorgung sehr gut gelöst werden (Lufttaschen im Bereich der Tauchelemente oder sogar Zwangsbelüftung) und/oder der Flüssigkeitsraum sehr klein sein.

Bei den Dünnschicht- oder Filmreaktoren wird die Aufwuchsfläche in der Kulturflüssigkeit bewegt (man spricht von Scheibentauch- oder Wälzreaktoren, bei denen ein Teil der Aufwuchsfläche der Umgebungsluft ausgesetzt ist, ein Teil in die Flüssigkeit eintaucht und dabei sich die Mikroorganismen mit den gelösten Substraten versorgen können). Über den Eintauchvorgang wird die in der Tauchwanne suspendierte Biomasse ebenfalls mit Luft versorgt. Allerdings muß entweder die Sauerstoffversorgung sehr gut gelöst werden (Lufttaschen im Bereich der Tauchelemente oder sogar Zwangsbelüftung) und/oder der Flüssigkeitsraum sehr klein sein.

In die submersen Bioreaktoren werden in jüngster Zeit entweder schwimmende Körper eingesetzt, die über Ablaufsiebe in den Reaktoren zurückgehalten werden und im Verlauf der Zeit aufgrund des Biomassewachstums in den Schwebezustand übergehen, oder feste Einbauten (Lockenwicklerpakete im 1-Kubikmeter-Maßstab), die über Belüfterelemente gepackt werden und zwangsweise von der austretenden Luft in Form einer Walzenströmung durchströmt werden. Bemerkenswert ist, daß sich in diesen Systemen echt obligate Aerobier auf den Festbettelementen über den Belüftern ansiedeln können, was das Artenspektrum erweitert (reaktionstechnisch handelt es sich um einen Rohrreaktor bezüglich.

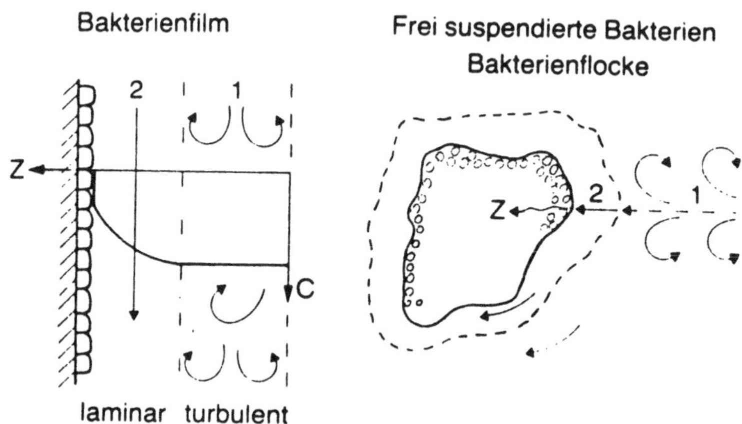

Bild 2.33 Sessile und suspendierte Mikroorganismen in biologischen Systemen

	Rührkessel	Rührkesselkaskade	Rohrreaktor
Flachbauweise submers	Idealer Mischungsreaktor Umlaufbecken bzgl. Substrat	Aneinanderreihung idealer Mischungsreaktoren	Pfropfenströmung Längsbecken Umlaufbecken bzgl. O_2-Gehalt
Hochbauweise submers	Blasensäulenreaktor	Hubstrahlreaktor	Schlaufenreaktor
Festbettsysteme	Spültropfkörper Scheibentauchkörper	Scheibentauchkörper in Reihe geschaltet	Tropfkörper zur Schönung

Bild 2.34 Reaktionstechnische Beschreibung verschiedener Bioreaktorsysteme in der Abwassertechnik /KUNZ, 1992/

der Sauerstoffkonzentration). Beim Betrieb derartiger Systeme muß allerdings darauf geachtet werden, ob die günstige Versorgung der Festbett-Mikroorganismen auch günstig für Bakterienfresser ist: Diese können dann nämlich - wie beim Rasenmähen - die auf den Trägern wachsenden Mikroorganismen abweiden.

In Bild 2.33 wird gezeigt, in welcher Weise die eingangs skizzierte Kultur der sessilen und suspendierten Biomasse am Stoffumsatzgeschehen beteiligt ist. Bild 2.34 zeigt die Anwendung der in Abschnitt 2.4.3 diskutierten Reaktionstechnik auf verschiedene Bioreaktorsysteme in der Abwassertechnik.

Bei den "trockenen" Festbettreaktoren können die Bakterien nur in ihrer unmittelbaren Umgebung die organischen Stoffe umsetzen. Vorteilhaft an diesen Verfahren ist jedoch, daß sich dann die Pilzhyphen den Weg zum Substrat suchen, was man neuerdings nutzt, um CKW-belastete Böden im Mietenverfahren zu sanieren /HÜTTERMANN, 1989/. Weitere Anwendungen sind die Biofilter bei der biologischen Abluftbehandlung, neben den bereits angesprochenen Kompostieranlagen.

Voraussetzung für den Betrieb dieser Reaktoren ist trotz fehlender Nässe, daß genügend Feuchtigkeit herrscht und ein ausreichender Luftwechsel möglich ist. Grundsätzlich müssen auch hier die Substrate in einem C:N:P-Verhältnis vorliegen, das dem Wachstum der beteiligten Mikroorganismen entspricht. Meist fehlt beispielsweise in Kompostern aber der Kohlenstoff. Bei den Abluftfiltern muß beachtet werden, daß die Stützstruktur des Filtermaterials meist organisch ist und deshalb mit der Zeit umgesetzt wird. Der erwünschte Prozeß des Zusammensackens (= Volumenverminderung) beim Kompost behindert die Abluftbehandlung durch steigende Druckverluste oder Lunkerbildung, bei der Kanäle entstehen, durch die die Abluft rasch hindurchtreten kann.

2.6.2 Konzentratoren

Die Trennung von Stoffen aus Stoffgemischen ist eine klassische verfahrenstechnische Aufgabe. Die Verfahrenstechnik arbeitet mit

- mechanisch-physikalischen Verfahren (Sedimentation, Flotation, Filtration, Zentrifugation, Elektrolyse, thermische Operationen) und
- physikalisch-chemischen Verfahren (Adsorption, Ionenaustausch, Extraktion, chromatografischen Operationen).

In vielen Fällen setzt eine Trennung jedoch auch voraus, daß das erwünschte Produkt in eine trennfähige Form gebracht wird; dazu werden meist chemische Verfahren eingesetzt: In der Regel handelt es sich um Fällungsreaktionen (seltener Kristallisationen, die meist unerwünscht sind), fallweise werden Flockungsmittel eingesetzt.

Aus biotechnischer Sicht ist - wie eingangs ausgeführt - die Biomasserückführung wichtig in Reaktoren, in denen die benötigten Mikroorganismen in der flüssigen Phase mitschwimmen. Klassische Konzentratoren sind Sedimenter (Bild 2.35), bei denen die Schwerkraft ausgenutzt wird. Da allerdings der Dichteunterschied der flüssigen und festen Phase nicht groß ist, müssen für eine funktionierende Phasentrennung große Biomassen-Agglomerate gebildet werden. Letztere sind aber nachteilig, wenn es um eine ho

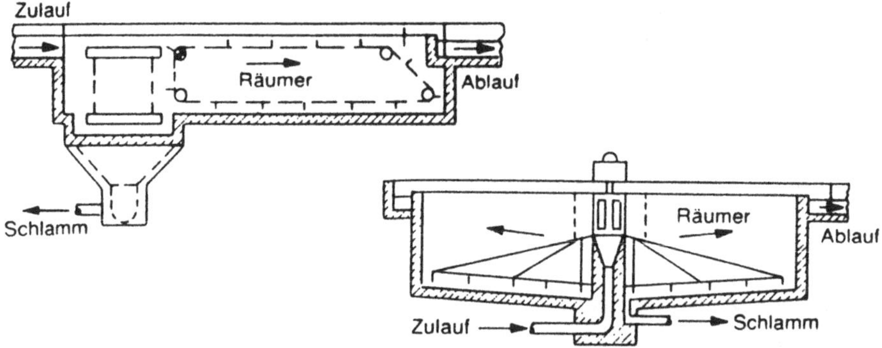

Bild 2.35 Querschnitte von Sedimentern /s. ausführlich dazu KUNZ, 1992/

he Stoffumsatzleistung geht. Je größer nämlich die Oberfläche der Schlammflocken ist, desto mehr Substrat kann sorbiert werden; die kleinsten Partikel weisen die größte spezifische Oberfläche auf.

Diesem Problem Rechnung tragend wurden bereits vor einigen Jahren von verschiedenen Firmen zunächst flotierende Einrichtungen angeboten, bei denen durch Gasblasenanlagerung an die Feststoffpartikelchen ein Dichteunterschied zur Flüssigkeit in Form leichterer Aggregate gewählt wurde. Über den Gasblasendurchmesser, der bei der Druckentspannungsflotation verändert werden kann (es wird Luft in Wasser unter Druck gesättigt und diese Luft bei Entspannung wieder frei), wird die Abscheideleistung beeinflußbar, was bei Sedimentern nicht derFall ist.

Neuerdings werden filternde Abscheider eingesetzt, die im Bereich der Mikrofiltration anzusiedeln sind /s. KUNZ, 1992/. Über Gewebe mit Porendurchmessern kleiner 0,2 μ aus polymeren Werkstoffen oder auch Metall bzw. neuerdings auch Keramikwerkstoffen werden Mikroorganismen sicher im System zurückgehalten. Damit läßt sich die Biomassekonzentration in den Reaktoren auf das 10fache gegenüber Sedimentern steigern. Allerdings sind die Membranen heute noch sehr teuer und auch bereits in ihren Permeationsleistungen allein mit Wasser noch sehr schlecht (man kann mit 200 bis 500 l/ $m^2\cdot$ rechnen).

Die einzelnen Membran-Trennverfahren (Mikro-, und Ultrafiltration, Umkehrosmose und Elektrodialyse sind weniger relevant) werden durch die Permeabilität (Durchlässigkeit der Membranen für Lösungsmittel) und Permselektivität (Stoffdurchlässigkeit) bestimmt. Bei der Crossflow- oder Querstrom-Filtration wird das Gewebe tangential angeströmt, man spricht deshalb von dynamischer Filtration im Gegensatz zur statischen Filtration bei der senkrecht angeströmten kuchenbildenden Filtration. Merkmal der Crossflow-Technik ist, daß sich nur ein geringer Filterkuchen ausbilden darf, weil dieser die Filtration verlangsamt. Die aufgrund einer Konzentrationspolarisation (Stoffverteilung aufgrund von Konzentrationsunterschieden) bzw. durch Fouling (Bewuchs, Ablagerung) gebildete Deckschicht wird teilweise vom Flüssigkeitsstrom auf der Retentatseite wieder abgetragen.

Bild 2.36 zeigt im Vergleich das Prinzip der kuchenbildenden und kuchenbegrenzenden Filtration.

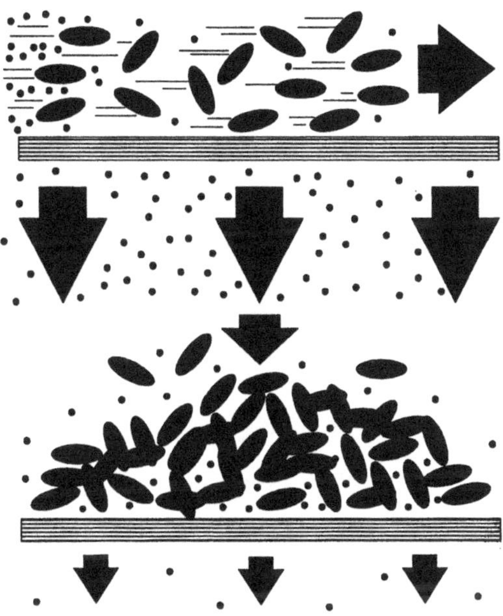

Bild 2.36 Prinzip der kuchenbildenden und Crossflow-Filtration

3 BIOLOGISCHE VERFAHREN IM KONVENTIONELLEN UMWELTSCHUTZ AN FALLBEISPIELEN

Die Elimination problematischer (oder gefährlicher) Stoffe aus Abwasser und Abluft ist vor allem am Anfallort vor einer Vermischung mit anderen Stoffströmen sinnvoll und wird auch so vom Gesetzgeber in den Indirekteinleiter-Verordnungen nach § 7a WHG oder dem Bundes-Immissionsschutz-Gesetz gefordert. Es steht außer Diskussion, daß die Teilstrombehandlung in diesen Fällen angezeigt ist, wenn man mit dem geringsten Aufwand einen großen Stoffmassenstrom abscheiden will.

Anders sieht es mit den nicht-gefährlichen Stoffen aus: Die diffusen Stickstoff- und Phosphor-Quellen und diverse CSB-verursachende Einleitungen in Form von leicht abbaubaren, aber auch von aromatischen und halogenierten Kohlenwasserstoffen, Eiweißverbindungen und Phosphaten aus den Haushalten machen eine Behandlung des Abwassers vor Einleitung in ein Gewässer in jedem Fall erforderlich (Abschnitt 3.2). Im Bereich der Abluftbehandlung werden für die Behandlung von geruchsbeladener Luft Kompostfilter eingesetzt (Abschnitt 3.1), die in ihrem Aufbau den Kompostierungsanlagen für Naßmüll (Abschnitt 3.5) weitgehend entsprechen. Ähnliche Techniken werden auch bei der mikrobiellen Bodensanierung eingesetzt (Abschnitt 3.6). Mit den anaeroben Techniken beschäftigen sich die Abschnitte 3.2 unter dem Gesichtspunkt der biologischen Phosphatelimination, 3.3 im Hinblick auf eine anaerobe Sulfidfällung und 3.4 zum Thema der Klärschlammbehandlung.

Biologische Verfahren haben sich insbesondere bei niedrigen Konzentrationen oder breitem Stoffspektrum als betriebssicher und kostengünstig erwiesen. Allerdings werden die Anforderungen an emissionsmindernde Anlagen immer schärfer, so daß die biologischen Techniken - zumindest wie sie heute eingesetzt werden - an Grenzen stoßen.

Folgende konstruktive Merkmale sind grundsätzlich zu beachten:

- Das Reaktorvolumen determiniert die Verweilzeit.
- Form und Anordnung der Reaktoren determinieren dieVerweilzeitverteilung.
- Aggregate mit mechanischer Einwirkung (Pumpen, Belüfter usw.) verändern die Homogenität bzw. die Konsistenz.
- Phasentrenneinrichtungen determinieren die Reinigungswirkung auf der einen Seite und können auf der anderen das Biomassespektrum über höhere Konzentrationen oder Zusammensetzung der Schlämme verbreitern.

Nachdem im Kapitel zuvor eine große Zahl von Perspektiven der biologischen Stoffumsatzmöglichkeiten genannt wurde, sei auf die wesentlichen Grenzen nochmals im Überblick deutlich hingewiesen:

1. Biologische Grenzen sind

- generelle Stoffwechselleistung eines Organismus (ob verstoffwechselbar und bis hinunter zu welchen Minimal-Konzentrationen),
- Anpassungszeit (Adaptation, Gentransfer, Mutation, etc.),

- Stoffwechselgeschwindigkeit,
- Toleranz gegen toxische Stoffe, aber auch Substrat- und Produkthemmung,

2. Bio-Systemtechnische Grenzen sind
- Konzentration des angebotenen Substrates,
- Co-Substrate,
- Co-Evolution im System (Konkurrenten, Fresser),
- Verweildauer,
- primäre und sekundäre Umgebungsbedingungen.

Aus einem vertiefteren biologischen Kenntnisstand ergeben sich Perspektiven für die Einsetzbarkeit mikrobieller Systeme in technischen Einrichtungen: Leicht abbaubare Substanzen sind relativ unproblematisch umzusetzen, wenn die erforderlichen Umgebungsbedingungen (aerob/ anaerob) geschaffen und die essentiellen Stoffwechselvorprodukte (Sauerstoff, Stickstoff, Phosphor bzw. Spurenelemente) vorhanden sind. Schwerer abbaubare Stoffe benötigen die Etablierung von Spezialisten, Spezialisten benötigen entsprechende Umgebungsbedingungen. Die Ansiedlung spezieller Mikroorganismen für spezielle Aufgaben in Mischkulturen ist nicht einfach, da die vielfältigen Wechselwirkungen heute noch kaum bekannt und beschrieben sind. Allein aus der Logik heraus ist auch klar, daß in einem einzigen System mehrere Spezialisten nebeneinander kaums elektiert werden können. Besonders problematisch ist, daß vielfach die Spezialisten ökologische Randbedingungen fordern, die auch günstig für höhere, räuberische Formen sind, die zu deren Dezimierung führen.

3.1 Behandlung von lösemittelhaltiger Abluft

In der letzten Zeit werden in zunehmendem Umfang über Grundlagen und Möglichkeiten der biologischen Abluftbehandlung in Seminaren und der Fachliteratur berichtet, wodurch in der interessierten Öffentlichkeit der Eindruck entsteht, daß diese Form der Abluftbehandlung bereits zur anerkannten Praxis gehört. Leider liegen hier, wie in so manchen anderen Fällen /s. KUNZ, 1989/, weniger Praxiserfahrungen vor, als die Zahl der Fachbeiträge vermuten läßt.

Um dieser interessanten Technik, die sich durchaus vom "Komposthaufen" abheben kann, einen breiteren Zugang zu verschaffen, sollen im folgenden Möglichkeiten und Grenzen im Zusammenhang mit ihrer technischen Umsetzung diskutiert und Optimierungsmöglichkeiten vorgestellt werden (Tabelle 3.1).

3.1.1 Einsatzspektrum

Die biologischen Abluftbehandlungssysteme werden überwiegend zur Verminderung von Geruchsemissionen eingesetzt, seltener zur Behandlung organisch belasteter Prozeßabgase zur Einhaltung geforderter Emissionsgrenzwerte; letzteres wird aber in Zukunft in zunehmendem Maße kommen.

In den Tabellen 3.2 und 3.3 sind Beispiele für den Abbau von Geruchsstoffen durch Mikroorganismen bzw. für die einzelnen Abbauschritte zusammengestellt. Bemerkenswert

Tabelle 3.1 Einsatzbereiche und Grenzen der biologischen Abluftbehandlung /nach FISCHER, 1990/

optimale Einsatzbereiche	Einsatzgrenzen
geruchsintensive Abluftströme	stark schwankende Abluftinhaltsstoffe (nach Art und Konzentration)
kleinere bis mittlere Abluftvolumenströme (< 50.000 m^3/h)	Lastwechsel durch Temperatur, Staub, Dampf, Desinfektionsmittel usw.
Gesamt-Kohlenstoff-Konzentration um 1 g/m^3 (z.B. bei lösemittelhalt. Abluft)	Gesamt-Kohlenstoff-Konzentrationen über 1,5 g/m^3
Ablufttemperaturen unter 50 bis 70 °C	
gut wasserlösliche und gut biologisch abbaubare Stoffkomponenten in der Abluft	schlecht wasserlösliche Stoffe in hohen Konzentrationen

ist, daß neben Aminen, Alkoholen und organischen Schwefelverbindungen (Thiole, Sulfide) auch halogenierte Kohlenwasserstoffe (CKW) abgereichert werden können. Allerdings ist es zum heutigen Zeitpunkt äußerst fraglich, ob z.B. Perchlorethylen aerob abgebaut oder nicht doch stärker aufgrund seines Dampfdruckes gestrippt bzw. adsorbiert oder in die lipophilen Zellbestandteile aufgenommen wird. Letzeres könnte durch Akkumulation zur - zumindest zeitweisen -Vergiftung des biologischen Systems führen. Bekannt ist der anaerobe Abbau von CKW (s. Abschnitt 3.6). Da in technischen Systemen nie auszuschließen ist, daß es - wenn auch lokal begrenzt - anaerobe Zonen gibt, könnte selbst in den primär aeroben Behandlungsanlagen auch ein Abbau stattfinden.

3.1.2 Input-Output-Analyse

Grundsätzlich muß dem Anwender auch von biologischen Techniken klar sein, daß jeder Stoffeintrag sich irgendwo wiederfinden muß; sei es unverändert, metabolisiert oder in Form von CO_2 im Abluftstrom, wenn die Verbindungen abgebaut wurden, oder akkumuliert auf dem Trägermaterial. Handelt es sich bei den akkumulierten Verbindungen um gefährliche oder wassergefährdende Stoffe, wird der Träger hiermit zum Sonderabfall. Wenn so etwas passiert, haben Planer, Anlagenbauerund Betreiber ihr Ziel verfehlt.

Insbesondere deshalb muß vor die Dimensionierung einerbiologischen Behandlungsanlage eine detaillierte Input-Analysegestellt werden, aus der abzusehen sein muß, welche Belastungüber die Zeit auf die Anlage zukommt. Aus der Zielvorgabe mußeine qualitative Output-Abschätzung abgeleitet werden; aus beiden Analysen zusammen ergibt sich das Anforderungsprofil an die Anlage!

3.1.3 Definitionen

Zunächst müssen einzelne Begriffe definiert werden, da im deutschsprachigen Raum von Abluftreinigung im gleichen Atemzug wie von der Abluftbehandlung gesprochen wird und auch Reinigungsleistung und -wirkung synonym benutzt werden.

Tabelle 3.2 Biologischer Abbau von Geruchsstoffen aus Gemischen

Stoffgruppen/ Einzelkomponenten	Abbauverhalten
Aliphatische Kohlenwasserstoffe	
gesättigte Aliphaten (wie Methan, Pentan)	(+)
ungesättigte Aliphaten (wie Acetylen)	?
cyclische Aliphaten (Beispiel: Cyclohexan)	(+)
Aromatische Kohlenwasserstoffe	
Benzol, Styrol	+
Toluol, Xylol	++
Sauerstoffhaltige Verbindungen	
Alkohole, Methanol, Butanol	++
Ether (Dioxan)	(+)
Aldehyde (Form-, Acetaldehyd)	++
Ketone (Aceton)	+
Carbonsäuren (Buttersäure)	++
Carbonsäureester (Essigsäureethylester)	+
Phenole	+
Schwefelhaltige Verbindungen	
Sulfide (Thioether)	+
Thiocyanate	+
Schwefelheterocyclen	+
Mercaptane	+
Schwefelkohlenstoff	+
Stickstoffhaltige Verbindungen	
Amide	+
Amine	++
Stickstoffheterocyclen	+
Nitroverbindungen	(+)
Nitrile	+
Halogenkohlenwasserstoffe	
Dichlormethan	(+)
Chlorphenole	+
Anorganische Verbindungen	
Schwefelwasserstoff	+
Ammoniak	+

++ hohe Umsatzgeschwindigkeit/ + gute Abbaubarkeit/ (+) gering Abbauraten

Tabelle 3.3 Mikrobieller Abbau geruchsintensiver Substanzen /nach GUST et al. 1979/

Substrat	Abbauprodukte	Abbauweg	Mikroorganismen
Methanol	CO_2, H_2O	Assimiliation über Serin-Transhydroxy-methylase-Weg	Pseudomonas
Alkohole und Fettsäuren	Acetyl-CoA	-Oxidation	viele Bakterien und Pilze
Methylketone		subterminaler Angriff durch Mono-oxygenasen	Pseudomonas multivorans
Dimethylamin	Methylamin, Formaldehyd	Hydroxylase	Pseudomonas aminovorans
Phenol	Acetaldehyd, Pyruvat	meta-Spaltung	Pseudomonas putida
Phenol	Acetyl CoA, Succinat	ortho-Spaltung	Trichosporon cutaneum
n-Kresol	Protokatechinsäure	ortho-Spaltung	Pseudomonas fluorescens
Benzaldehyd	Benzylalkohol, Benzoesäure	Dismutation	Acetobacter ascendens
Anilin	Catechol	Dioxygenierung	Nocardia spec.

Bei einer **Reinigung** handelt es sich um eine zielgerichtete Herausnahme von Stoffen, bei einer **Behandlung** ganz allgemein um ein "in die Hand" nehmen. Diese Unterscheidung ist insofern wichtig, da gerade bei den sogenannten "Biofiltern" der zu betrachtende Abgasstrom lediglich durch einen Reaktionsraum hindurchgeleitet, aber nicht streng nach Definition filtriert wird; er wird sogar mit anderen - teilweise angenehm riechenden, aber auch im chemischen Sinne aromatischen - Komponenten angereichert. Man kann dies auch als Schönung bezeichnen.

Eine Behandlung gibt also lediglich wieder, daß auf den Stoffstrom eingewirkt wird, während eine Reinigung eine gezielte Entnahme von Einzelstoffen oder einem Stoffgemisch beinhaltet. Die Reinigung schließt also verschiedene Behandlungsmaßnahmen ein, deren Endergebnis ein meßbarer Unterschied zur Eingangskonzentration darstellt.

Technisch werden derzeit zwei Abluftbehandlungssysteme angewendet, deren prinzipieller Unterschied in der Literatur mit der Anzahl der Phasen erklärt wird, aus denen sich das System zusammensetzt: Während der "Biofilter" (s. Bild 3.1) aus einer festen und einer gasförmigen Phase besteht (zweiphasig), weist der Biowäscher (s. Bilder 3.2 und 3.3) drei Phasen auf. Diese Unterscheidung ist jedoch nicht korrekt, da der "Biofilter" nur biologisch arbeitet, wenn das Festbettmaterial von einem Wasserfilm überzogen ist, so daß streng genommen auch hier ein Dreiphasensystem vorliegt. Auch die Bezeichnung "Biofilter" ist - wie oben erläutert - irreführend, weil der zu behandelnde Gasmassenstrom lediglich durch ein Festbettmaterial hindurchgeleitet wird. Ähnliches gilt auch für den Biowäscher: Seine Funktion ist die Auswaschung und Absorption von Luftinhaltsstoffen in die wäßrige Phase; nur in Ausnahmefällen (längere Verweilzeiten) findet im Wäscher eine biologische Stoffumwandlung statt.

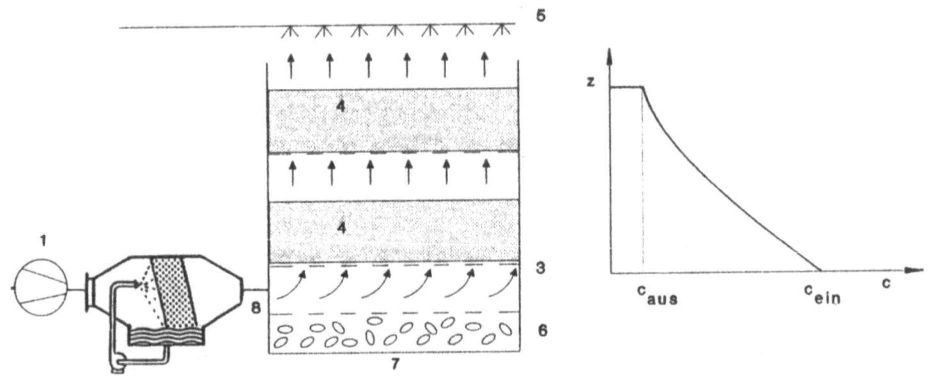

Bild 3.1 Prinzipschaubild eines "Biofilters"

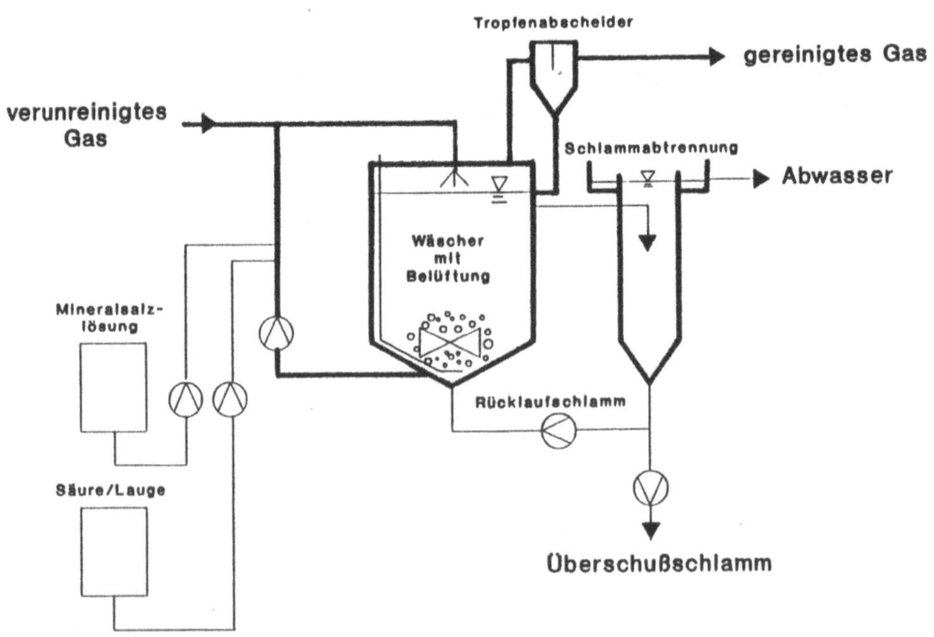

Bild 3.2 Prinzipschaubild eines wirklichen Biowäschers

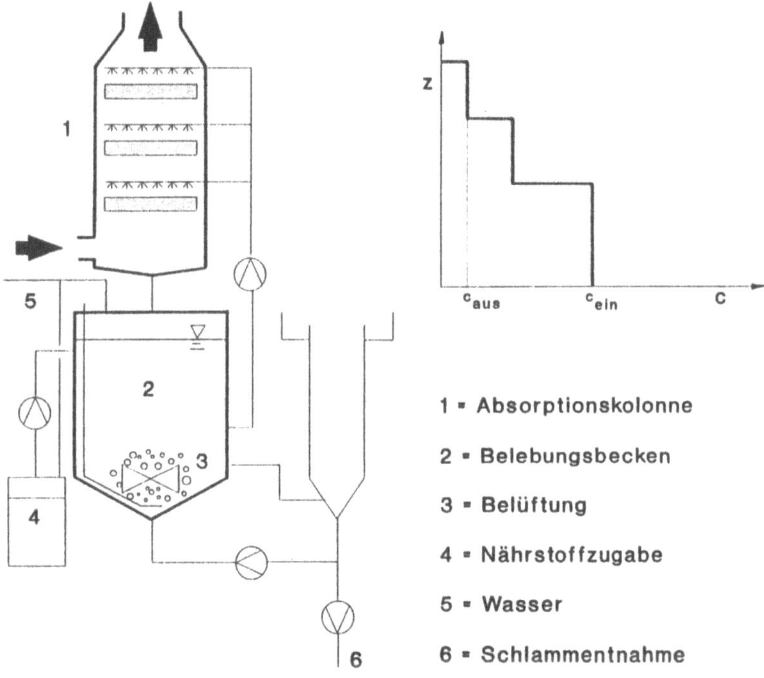

Bild 3.3 Prinzipschaubild eines Wäschers mit Absorption der Abgaskomponenten und separater Behandlung der mikrobiell besiedelten Waschflüssigkeit

Der "Biofilter" ist deshalb als Abluft-Behandlungsanlage zu definieren, während es sich beim Biowäscher bzw. einem Wäscher mit biologischer Wasserbehandlung um Abluft-Reinigungsanlagen handelt.

Unter Reinigungswirkung ist die quantitative Abscheidung als Differenz zwischen Input und Output unter Berücksichtigung der tatsächlichen Verweildauer im System zu verstehen; der Wirkungsgrad gibt den Quotienten aus Reinigungswirkung und Eingangsmassenstrom wider. Die Reinigungsleistung schließlich gibt die Reinigungswirkung bezogen auf eine charakteristische Größe (z.B. das Reaktorvolumen) und die Verweildauer an.

3.1.4 Meßtechnik im Rahmen der biologischen Abluftbehandlung

Gerüche sind subjektiven Wahrnehmungen unterworfen, wenngleich man mittels olfaktometrischer Standards inzwischen einen Emissionswert in Form von Geruchseinheiten (GE) definiert. Die Reingaswerte sollen 100 bis 150 GE/m^3 erreichen.

Die VDI-Richtlinien 3881 und 3882 definieren im einzelnen: Bei der Olfaktometrie wird eine Geruchsempfindung bei bestimmten Verdünnungen beurteilt. Dazu werden Luftproben in gasdichten Beuteln gesammelt und über ein Gerät (Bild 3.4), in dem Neutralluft in

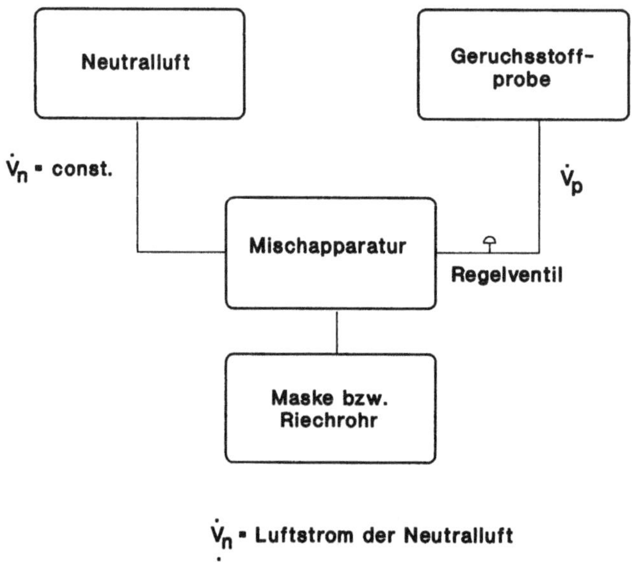

Bild 3.4 Prinzip der olfaktometrischen Messung

einem einstellbaren Verhältnis mit Probenluft gemischt werden kann (Olfaktometer), einer Reihe von Testpersonen zugeführt. Die Funktionsweise des Olfaktometers basiert auf einem konstanten Strom Neutralluft $V°_N$, dem ein regulierbarer Luftstromanteil der Geruchsprobe $V°_P$ beigemischt wird. Die Probeluft wird über das Regelventil bis zur Geruchsschwelle - das ist jenes Mischungsverhältnis, bei dem in der Nase gerade ein Geruchsreiz ausgelöst wird - verdünnt. Das Mischungsverhältnis, das auch als Verdünnungszahl v_Z bezeichnet wird, ist der Zahlenwert der Geruchsstoffkonzentration.

$$v_Z = \frac{V°_P + V°_N}{V°_P} \quad [-]$$

Handelt es sich um einen reinen Stoff, dessen Geruchsschwellenkonzentration C_{GS} bekannt ist (z.B. H_2S: $4 \cdot 10^{-3}$ mg/m^3), kann man die notwendige Verdünnung einer Probe direkt aus dem Konzentrationsquotienten berechnen (C_P = 0,1 mg/m^3 $\rightarrow v_Z$ = 25). Ist die Geruchsschwellenkonzentration nicht bekannt oder handelt es sich um ein Mehrstoffgemisch, wird die Konzentration durch die Geruchseinheit [GE] ersetzt: Eine Geruchseinheit ist diejenige Menge an Geruchsträgern, die in einem Kubikmeter Neutralluft verteilt eine Geruchsempfindung gerade auslöst. Die Geruchsstoffkonzentration (GE/m^3) wird direkt aus der Verdünnungszahl abgelesen: $C_{GS} = v_Z$.

Ein weiterer summarischer Beurteilungsparameter, der ebenfalls häufig angegeben wird, ist der Kohlenwasserstoffgehalt. Er wird mittels Flammenionisationsdetektor bestimmt: Das Prinzip beruht auf der Erfassung des Ionenstroms einer Wasserstoff-Luft-Flamme in einem elektrischen Feld. Bei der Oxidation eines Kohlenstoff-Atoms entsteht ein Molekül CO_2, das einen Ionenstrom verursacht. Der Ionenstrom steigt näherungsweise proportional der Anzahl an Kohlenstoff-Atomen, wenn die Flamme - wie beim Wasserstoff - eine geringe Leitfähigkeit aufweist. Das Meßergebnis wird als Äquivalent einer bekannten organischen Verbindung (Alkane: Propan oder Methan als Äquivalenzgas) in mg C/m^3 angegeben.

Jeder summarische Parameter birgt naturgemäß Komponenten in sich, die dem Messenden als solche verborgen bleiben. Speziell bei biologischen Stoffwechselreaktionen können Zwischenprodukte entstehen, die harmloser sind als ihre Ausgangsprodukte; aber auch der umgekehrte Fall wird beobachtet. Darüber hinaus kann es vorkommen, daß der Output höhere Werte aufweist als der Input: dann nämlich, wenn das Trägermaterial selbst Stoffe emittiert! Gerade bei Baumrinden treten die verschiedensten aliphatischen und aromatischen Kohlenwasserstoffe in der Umgebungsluft auf.

Deshalb ist es unerläßlich, relevante Parameter quantitativ direkt zu bestimmen, wenn es sich z.B. um Lösemittel handelt. Hier eignet sich die Gaschromatographie. Bei Gerüchen zeigt die Erfahrung, daß es meist keine dominierende Substanz gibt, an der man als Leitsubstanz den Stoffumsatz oder die Rückhaltungf estmachen kann. Hier bleibt wohl nur die Olfaktometrie, der man trotz manch voreingenommenem Probanden eine hohe Reproduzierbarkeit bescheinigt /FISCHER, 1991/.

3.1.5 Technische Beschreibung des "Biofilters"

Die nachstehenden Ausführungen streifen nur am Rande die bautechnischen Merkmale biologischer Abluftbehandlungsanlagen, weil der Schwerpunkt auf das biologisch-technische System gelegt werden soll. Dem dimensionierenden Leser seien deshalb die beiden Veröffentlichungen von FISCHER /1990/ und GUST et al. /1979/empfohlen.

"Biofilter"

Bild 3.1 zeigt im Querschnitt einen Behälter, in dem ein oder mehrere Lochböden eingezogen sein können. Über einen Verteiler wird mittels Ventilatoren die zu behandelnde Abluft eingeblasen, von wo sie nach oben durch das geschüttete Bett aus verschiedenen Materialien in die Atmosphäre entweicht. Das Kernstück des "Biofilters" ist das geschüttete Trägermaterial aus Kompost, Rindenmulch, Walderde, Torf oder Sägespänen (oder synthetischen oder anorganischen Bestandteilen). An die Träger sind bereits aufgrund der vorherigen Lagerung oder aus der Umgebungsluft heraus Mikroorganismen fixiert (Komposte: um 10^8/g TS), die sich aus dem Abluftstrom mit Nährstoffen versorgen oder, wenn dieser nährstoffarm ist, aus dem Trägermaterial, das sie dann abbauen.

Diskussion der Systemmerkmale "Biofilter"

Der "Biofilter" muß alle Bedingungen erfüllen, die die speziellen Mikroorganismen zum Abbau der zu beseitigenden Abluftkomponenten benötigen (Feuchte, Temperatur, pH-Wert sind die klassischen Parameter), aber auch - und das wird meistens vergessen - einen optimalen Stoffübergang dieser Komponenten gewährleisten. Da mit der Zeit alle natürlichen, organischen Trägermaterialien abgebaut werden, sackt der "Biofilter" in sich zusammen, wodurch sich die Stoffübergangsfaktoren dynamisch ändern.

Noch wenig geklärt sind die Fragen nach dem Metabolismus:

- Wird eher der organische Träger oder eher die Abluftkomponente verstoffwechselt?
- Wird die Abluftkomponente vollständig direkt oder co-metabolisch verstoffwechselt?
- Wie verhält es sich mit der Diauxie, d.h. mit leichter und schwerer abbaubaren Komponenten?

Ein weiterer Gesichtspunkt in diesem Zusammenhang ist die Feuchte. Da die zu reinigende Abluft nie 100% wassergesättigt werden kann, findet beim Durchgang der Luft durch das Trägermaterial eine Entfeuchtung statt; das zuerst durchströmte Material trocknet somit aus, wodurch den Mikroorganismen die Lebensgrundlage entzogen wird. Wenn nun - wie oben skizziert -der "Biofilter" von unten angeströmt wird, bestehen massive Probleme, das Trägermaterial zu befeuchten. Es geht nur von oben. Betreiber derartiger Anlagen stellen dann häufiger Wasserlinsen auf der Oberfläche fest, so daß der "Biofilter" teilweise naß und damit sogar durchaus anaerob wird. Eine Zusammenfassung der Vor- und Nachteile enthält Tabelle 3.4.

Auslegung

Die VDI-Richtlinie 3477 fordert bei einer Dimensionierung eine ausreichende Verweilzeit und Filterflächenbelastung: Empfohlen sind 50 bis 90 s und 50 bis 300 $m^3/m^2 \cdot h$ und für das Trägermaterial

- pH-Wert zwischen 7 und 8,
- Porenvolumen > 80%,
- Korndurchmesser bei 60% Siebdurchgang > 4 mm,
- Glühverlust > 55%.

Die mittlere Verweilzeit des Abluftmassenstromes im Festbettraum errechnet sich zu:

$$\tau = \frac{A \cdot h \cdot \varepsilon}{V^\circ} \quad [s]$$

A Filterfläche in $[m^2]$
h Schütthöhe in [m]
ε Porenanteil [-]
V° Gasdurchsatz im $[m^3/h]$

Die erreichbare Reingaskonzentration ist aber nicht nur abhängig von der

- Kontaktzeit und Kontaktfläche (mit zunehmender Höhe wächst derDruckverlust), sondern vielmehr
- von der Art und Konzentration der abzuscheidenden Stoffe (Sorptionsneigung, biologische Abbaubarkeit),
- vom aktuellen Zustand des Reaktors (Sorptionsfähigkeit, Abbauleistung der angesiedelten Mikroorganismen).

Tabelle 3.4 Merkmale von "Biofiltern"/zusammengestellt von GÄRTNER, 1992/

Vorteile

- einfache Bauweise.
- einfacher apparativer Aufwand.
- niedrige Investitionen, geringe Betriebskosten (Energie, Personal).
- geeignet für große Volumenströme mit geringen Konzentrationen.
- sehr geeignet für geruchsintensive Abluftinhaltsstoffe.
- relativ guter Stoffübergange auch bei schlecht wasserlöslichen Substanzen.
- Biomasseversorgung aus dem Träger.

Nachteile

- niedrige biologische Aktivität des Trägermaterials (lange Verweilzeiten bzw. relativ geringe Filterflächenbelastungen erforderlich, demzufolge hoher Flächenbedarf).
- unter Umständen starker Eigengeruch.
- inhomogene Zusammensetzung des Filtermaterials (demzufolge starke örtliche Unterschiede, Gasverweilzeitverteilung zum Teil sehr extrem ungünstig).
- realtiv hohe Druckverluste pro Meter Filterhöhe (zur Begrenzung des Energieaufwandes wird deshalb die Filterfläche vergrößert).
- unzureichende, zu hohe oder ungleichmäßige Feuchtigkeit im Filtermaterial, verbunden mit Vernässungs- und Austrocknungszonen).
- Schwankungen der Filterfeuchtigkeit und -temperatur wirken sich negativ auf die Lebensdauer des Filters aus (Alterungsphänomene sind Strukturveränderungen, Klumpenbildung, Kanal- oder Lunkerbildung).
- vollständiger Betriebsstillstand ist unmöglich, da das Material ständig feucht gehalten werden muß, da auftretende Rißbildungen und Verklumpungen nachträglich nicht korrigiert werden können.
- begrenze Filterstandzeit (die biologische Aktivität führt zur Kompostierung des Trägermaterials, der Trägerkörper sackt zusammen, der Druckverlust steigt an; weiterhin nimmt die Atmugsaktivität der Mikroorganismen ab).
- eventuell Entsorgungsprobleme des Filtermaterials im Falle einer akkumulation von gefährlichen und wassergefährdenden Stoffen.
- ungeeignet für toxische Substanzen oder toxische Reaktionsprodukte aus sonst nicht-toxischen Abluftinhaltsstoffen (Anhäufung von Salzsäure beim Abbau von CKW).
- Akkumulation von schwer- oder nicht-abbaubaren Stoffen kann zur Vergiftung der Mikroorganismen führen.

Optimierungsvorschläge

- geschlossene Systeme zum Ausschluß von Witterungseinflüssen (starke Sonnenein--strahlung, extreme Kälte, Pflanzenbewuchs, Regenschauer).
- Etagenfilter zur Reduzierung des Flächenbedarfs und Verminderung der Verdichtung durch das eigene Schüttgewicht.
- Verwendung anderer Filtermaterialien mit homogener Zusammensetzung und geringerem Druckverlust (potentiell mit Pufferwirkung, Sorptionspotential).
- Optimierte Befeuchtung des Rohgases.
- Umkehr der Strömungsrichtung (down flow) zur Vermeidung der Austrocknung über dadurch mögliche Berieselungsysteme.
- Animpfung des Trägermaterials mit Bakterienkulturen.
- Zugabe von mineralischen Nährstoffen und Substrat.(Nährlösung oder Stressor).

Wichtige Voraussetzung für den Betrieb eines "Biofilters" ist eine ausreichend hohe Atmungsaktivität. Bild 3.5 zeigt, daß die Atmungsaktivität infolge Mineralisierung des Trägers abnimmt; mit 20 mg O_2/kg·h kann man nach EITNER /1989/ rechnen. Um geforderte Werte zwischen 100 und 150 GE/m^3 zu erreichen, sind mindestens 10 mg O_2/kg·h notwendig; dieser Parameter muß also über die Zeit kontrolliert werden. Nach EITNER lassen sich weiterhin abhängig vom eingesetzten Trägermaterial ausgehend von 0,2 bis $2{,}2 \cdot 10^6$ GE/m3 Ergebnisse zwischen 50 und 500 GE/m^3 in der Anfangsphase erreichen (Bild 3.6).

Da viele biologisch-technische und systemspezifische Parameter in die VDI-Richtlinie keinen Eingang gefunden haben, beinhaltet die Bemessung nach Richtlinie extrem hohe Sicherheitszuschläge, wenn eine hohe Reingaskonzentration gefordertet ist.. Bild 3.7 macht jedoch deutlich, daß selbst Anlagen, die nach der Richtlinie ausgeführt wurden, eine große Bandbreite von Ergebnissen zeigen.

Für eine detailliertere Bemessung werden folgende Daten benötigt:
Stofflichkeit
1. Art und Konzentration der relevanten Stoffe im Rohgas, deren Stoffparameter, wie Flüchtigkeiten, Stoffübergangs- und Absorptionskoeffizient.
2. Parameter - wie Temperatur, Volumenstrom, etc. - desRohgases.
3. Parameter - wie Konzentration der relevanten Stoffe, Temperatur, pH-Wert - des Wasserfilms.

Die **Anlagentechnik/ Verfahrenstechnik** erfordert folgende Angaben:
4. Mögliche geometrische Formen und Bauelemente-Größen.
5. Art des Filtermaterials und Lückenvolumen sowie Feuchtigkeit, Filterwiderstand, mittlere Strömungsgeschwindigkeit in derFilterschicht.
6. Mögliche Phasengrenzfläche zwischen Abgas und Wasserfilm.
7. Abbaugeschwindigkeit der relevanten Stoffe.

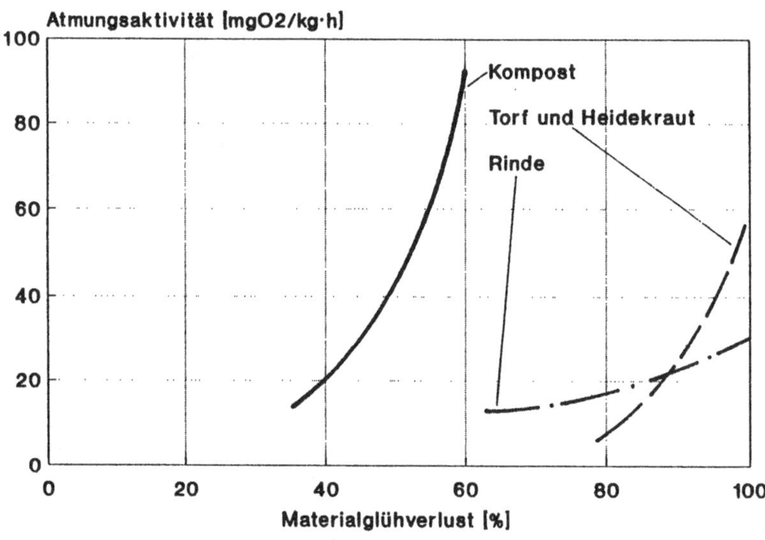

Bild 3.5 Atmungsaktivität von "Biofilter"-Trägermaterialien /nach EITNER, 1989/

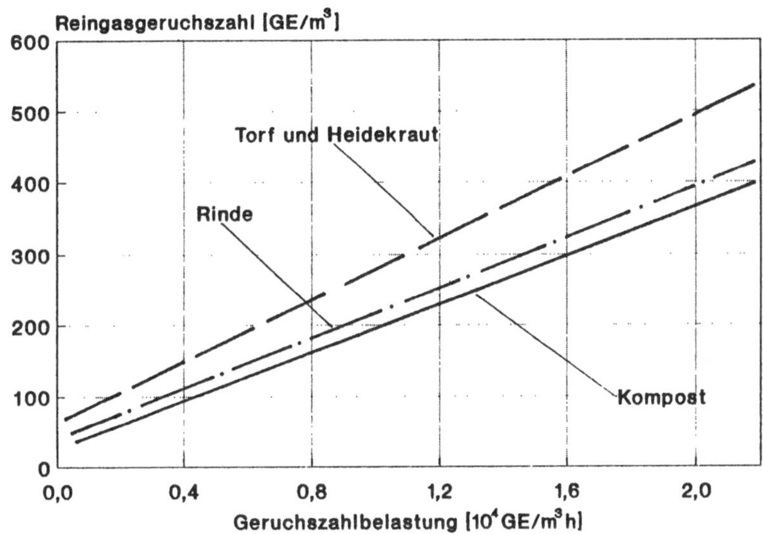

Bild 3.6 Abhängigkeit der Reingaskonzentration von der Rohgaskonzentration und verschiedenen "Biofilter"-Trägermaterialien /nach EITNER, 1989/

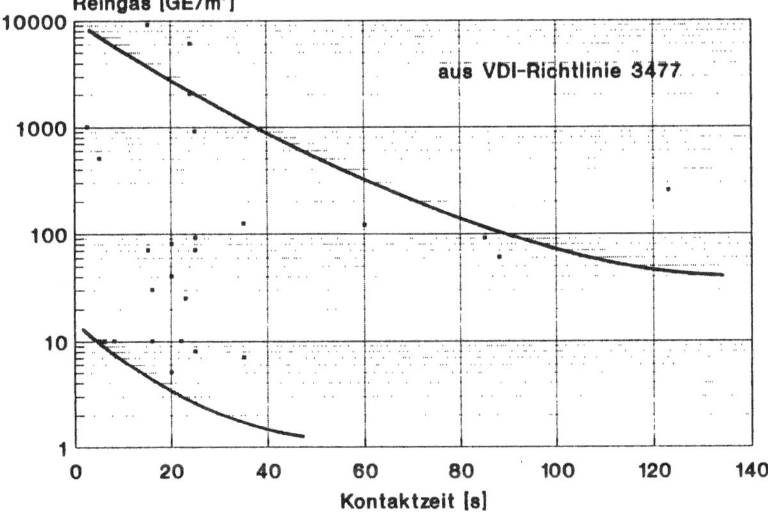

Bild 3.7 Ergebnisse von Reingaswerten abhängig von der Verweildauer /Daten aus der VDI-Richtlinie 3477/

3.1.6 Technische Beschreibung des Biowäschers

Beim Wäscher mit biologischer Waschwasserbehandlung wird die Abluft zwangsweise durch einen Wasserfilm geleitet. Bild 3.3 zeigt einen Waschturm, in dem die Abluft versprüht wird. Es können quasi alle verstopfungsarmen Wäscherfüllkörper aus der klassischen thermischen Verfahrenstechnik Anwendung finden. Der eigentliche Abbau der organischen Abluftkomponenten findet meist nicht im Waschturm, sondern in einem separaten, zusätzlich belüfteten Reaktionsraum mit nachgeschalteter Abtrennung der Mikroorganismen statt, der einer klassischen biologischen Abwasserreinigungsanlage (s. Abschnitt 3.2) entspricht.

Beim (wirklichen) Biowäscher (Bild 3.2) handelt es sich ebenfalls um entweder den klassischen aeroben Festbett- oder Submersreaktor (s. Abschnitt 2.6.1). Bei ersterem sind die Wäscherkörper von einem Biofilm überzogen, bei letzterem stellt die Zuluft die zu behandelnde Abluft dar. Die feste Phase bei den Festbettreaktoren besteht aus einem inerten Trägermaterial oder aus einer Schlammflocke, auf das und in das sich die abbauende Biomasse als Biofilm immobilisiert. In der flüssigen Phase (Waschlösung) kann man mit etwa 2 g/l TS freier Biomasse rechnen.

Diskussion der Systemmerkmale

Wesentliches Element ist der Absorber, in dem der Stoffaustausch zwischen Rohgas und Absorbens stattfindet. Der Stoffaustausch kann durch konstruktive Maßnahmen, wie Füllkörperwäscher, Gasblasenwäscher, Bodenkolonnen, Sprüh- bzw. Düsenwäscher und Rotationswäscher, intensiviert werden /s. SATTLER, 1990/. Die Waschflüssigkeit stellt in jedem Fall den Lebensraum der Mikroorganismen dar. Die Systemmerkmale sind wiederum in Tabelle 3.5 zusammengefaßt.

Für die Auslegung werden bzgl. der **Stofflichkeit** folgende Datenbenötigt:
1. und 2. siehe "Biofilter".
3. Parameter - wie Konzentration der relevanten Stoffe, Temperatur, pH-Wert usw. - der Waschflüssigkeit.

Anlagentechnik/ Verfahrenstechnik:
4. Mögliche geometrische Formen und Bauelemente-Größen.
5. Maximale Berieselungsdichte, mögliche Phasengrenzfläche zwischen Abgas und Waschflüssigkeit.
6. Abbaugeschwindigkeit der relevanten Stoffe.

3.1.7 Kriterien der biologischen Abluftbehandlung

Die Leistungsfähigkeit der beiden erläuterten Systeme wird determiniert im wesentlichen durch die Biomassekonzentrationen, die ein Ergebnis der Stofftransportraten und des Ertragskoeffizienten sind. Da es sich in der Regel um die gleichen Mikroorganismenstämme handelt, ist der limitierende Faktor der Stofftransport. Ergo steigt die Leistungsfähigkeit mit der Konzentration des abzuscheidenden Stoffes in der Abluft:

Beim "Biofilter" ist das die Konzentration im Gasmassenstrom; ggf. erfolgt eine Aufkonzentrierung im Wasserfilm auf dem Trägermaterial. Die Dynamik der Stoffaufnahme in

Tabelle 3.5 Merkmale von Biowäschern /zusammengestellt nach GÄRTNER, 1992/

Vorteile
- Aufgrund der höheren Organismendichte höhere Abbauleistungen pro Volumen und Zeit (das heißt, weniger Reaktionsvolumen).
- Durch Dosierungen von Nährstoffen und Spurenelementen, durch pH-Wert-Einstellung und Temperierung des Waschwassers könnn biologische Stoffwechselprozesse gesteuert werden.
- Die Eingriffe in das System sind relativ einfach durchführbar.

Nachteile
- Hoher Wartungs- und Überwachungsaufwand.
- Werkstoff-Probleme in Bezug auf Korrosion.
- Bei hohen Stoffkonzentrationen wird das Reaktionsvolumen sehr groß.
- Sehr stark schwankende Abgaszusammensetzungen (Konzentrationsspitzen, Teillastbetrieb) sind problematisch.
- Nicht oder nur bedingt geeignet für schlecht wasserlösliche Ablutkomponenten.
- Stillstandszeiten sehr problematisch, ohne zusätzliche Maßnahmen, wie auch die Anpassungszeit der Mikroorganismen bzw. die Biofilmbildung sehr viel Zeit in Anspruch nehmen kann.
- Entsorgung der gebildeten Biomasse als Überschußschlamm wird problematisch.
- Nach längerem Betrieb dickt das Wasser ein; bzw. es versauert.

Optimierungen
- Verwendung von Lösungsvermittlern zur besseren Absorption schwer wasserlöslicher Verbindungen.
- Neutralisation der Geruchskomponenten bei Einstellung eines speziellen pH-Wertes im Waschwasser.
- Verwendung von Membranen.

den Wasserfilm ist eine ganz entscheidende Komponente für die Funktionstüchtigkeit einer biologischen Abluftbehandlungsanlage. Durch unterschiedliche Absorptions- und Desorptionsphasen in Abhängigkeit der Konzentration der abzuscheidenden Stoffkomponenten können Abbauvorgänge vorgetäuscht werden. Zum Teil dauert es auch sehr lange, bis der Wasserfilm mit dieser Stoffkomponente gesättigt ist und sich Zu- und Abluftkonzentration dann nicht mehr unterscheiden; bis zu diesem Zeitpunkt hat der Beobachter den Eindruck, daß die betrachtete Stoffkomponente abgebaut wurde.

Beim Biowäscher (insbesondere beim Wäscher) findet eine gezielte Einengung des abzuscheidenden und behandelnden Stoffstromes statt, die zur Aufkonzentrierung/ Anreicherung führt. Deshalb weist der Biowäscher eine um den Faktor 3 bis 10 höhere spezifische Abbaurate auf. Dadurch kann der Reaktionsraum um diesen Faktor verkleinert werden.

Der Vorteil der biologischen Abluftbehandlung liegt darin, daß im Gegensatz zur reinen Adsorption (z.B. an Aktivkohle) oder Absorption in ein Lösungsmittel (s. Bild 3.8) die in den Biofilm eingeleiteten, biologiefähigen Stoffe abgebaut werden, wodurch eine Senke entsteht und ein Konzentrationsgefälle hin zu den Mikroorganismen herrscht. Im Gegensatz zum Aktivkohlefilter oder chemischen Wäscher ist damit die Beladbarkeit des biologischen Systems theoretisch unerschöpflich.

Allerdings benötigen die Mikroorganismen meist weitere Substrate als die, die in der Abluft vorhanden sind. Beim "Biofilter" verwendet man aus diesem Grunde organische

Festbettmaterialien als Substrate, beim Biowäscher dosiert man die entsprechenden Komponenten zu.

Ein weiteres Merkmal sind natürlich auch die bereits bekannten autokatalytischen Fähigkeiten der Mikroorganismen; mit zunehmender Verwertbarkeit der Abluftkomponenten steigt also die zum Abbau befähigte Mikroorganismenzahl. Wesentlich ist die Verfügbarkeit von vielfältigen Enzymen (d.h. die Anwesenheit von sehr vielen Mikroorganismengattungen mit breitem Enzympool). Bei manchen Anlagen setzt man zusätzlich Vitamine, Spurenelemente, Katalysatoren oder strukturierende Trägermaterialien ein (Alginat, Carragen, Epoxyd-Harz, Polyurethan, Silicon, Sand, Aktivkohle). Wie erwähnt erfolgt die Stoffwandlung in Form mehrstufiger enzymatischer Reaktionen, wobei man nach neueren Erkenntnissen zu berücksichtigen hat, daß neben den Stoffumsatzprozessen simultan gekoppelte Regenerierungsschritte der mikrobiellen Aktivitäten (Co-Faktor-Regenerierung) ablaufen.

Ein typisches Beispiel dafür zeigen KLEIN und ZIEHR /1987/ am Phenolabbau: Durch alternierende Belastung kann eine hohe katalytische Aktivität erzielt werden (Bild 3.9), da die Aktivität des Katalysators mit fortschreitendem Betrieb abnimmt,i nfolge einer Inaktivierung des Enzymsystems (Alterung, Belegung, Vergiftung). Wenn mit lebensfähigen Zellen gearbeitet wird, kann also durch Einlegen einer kurzen Reaktivierungsphase mit ausreichendem Nährstoffangebot die Aktivität des Katalysators durch Neusynthese aktiver Zellen auf einen hohen Ausgangswert zurückgebracht werden. Diese Ergebnisse waren im übrigen nur zu realisieren durch Immobilisierung der phenolabbauenden Zellen von *Candida tropicalis*; ruhende, frei suspendierte Zellen wurden innerhalb eines Tages inaktiviert. Demnach käme dieser Organismus in einem Biowäscher ohne Trägermaterial nicht zum Zuge.

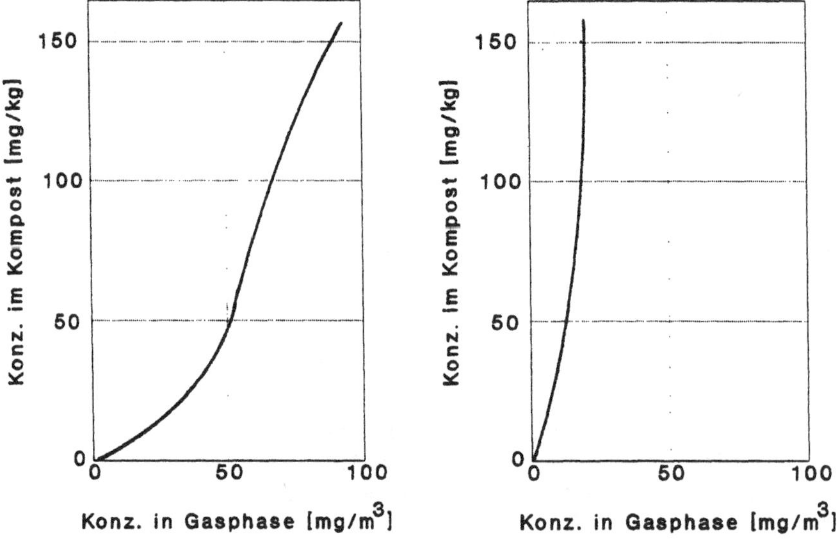

Bild 3.8 Sorption an Kompost (links: Adsorption an trockenes Material, rechts: Ad- und Absorption /BARDTKE, FISCHER, 1986/)

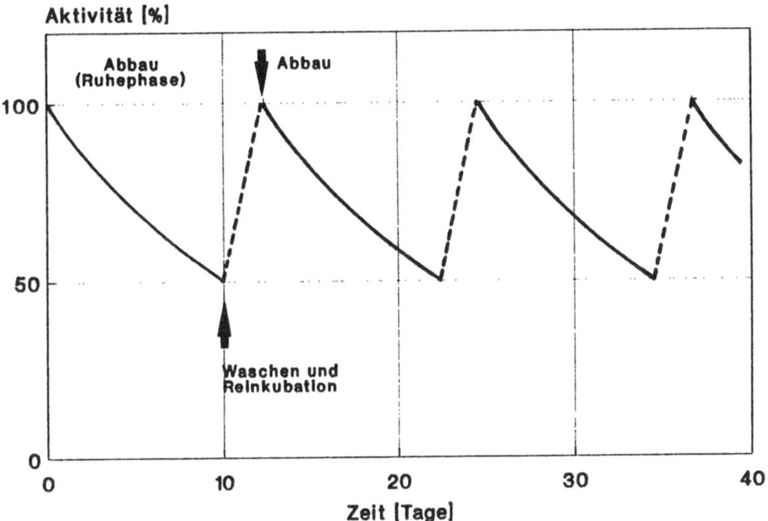

Bild 3.9 Schematisch wiedergegebener Verlauf des Phenolabbaus durch Wechsel von abbauaktiven Phasen und nicht-abbauaktiven Regenerationsphasen des Katalysators /KLEIN, ZIEHR, 1987/

3.1.8 Konsequenzen

Aus den vorgestellten Zusammenhängen sollte vor allem deutlich geworden sein, daß es sich bei der biologischen Abluftbehandlung immer um ein dynamisches, dreiphasiges System handelt, in dem einerseits optimale Bedingungen für Mikroorganismen herrschen und andererseits hohe Absorptionspotentiale für die zu eliminierenden Stoffgruppen geschaffen werden müssen. Schließlich muß überlegt werden, ob man die Abluft schönen will oder ob man wirklich reinigen möchte/ muß. Schlußendlich sind die eingesetzten Hilfsmittel und mikrobiellen Produkte, wie Komposte und Bioschlamm, zu entsorgen.

Aus dieser Zusammenfassung heraus wird deutlich, daß die Biologische Abluftbehandlung nur optimiert werden kann, wenn der Betreiber Eingriffsmöglichkeiten bekommt. In den konventionellen Systemen der sogenannten "Biofilter" bestehen hierfür aber kaum Möglichkeiten. Andererseits ist das Prinzip sehr robust und auch von verhältnismäßig geringen Jahreskosten gekennzeichnet.

Deshalb hat der Verfasser eine Konzeption entwickelt /KUNZ, GÄRTNER, WAGNER, 1991/, bei der das Trägermaterial aus einem in der Wäschertechnik bekannten Kunststoff-Gerippe in der Größe von Tischtennisbällen besteht, in das in Depotform die mikrobiell benötigten Nährstoffe als feste Masse eingearbeitet werden, vergleichbar den festen Nährböden, die zur Koloniebildung auf Petrischalen im Labor schon seit ROBERT KOCH eingesetzt werden. Durch Versuche konnte gezeigt werden /GÄRTNER, 1992/, daß die Träger bis zum sechsfachen Gewicht mit festen Nährböden überzogen werden können und daß diese sich bis 45 °C nur unwesentlich verflüssigen. Ein Merkmal dieser Entwicklung ist, daß die Kohlenstoffquelle im Nährboden für die Mikroorganismen schlechter verwertbar ist als die Abluftkomponente. Über diesen Diauxie-Effekt (s. Abschnitt 2.1.4) wird erreicht, daß die Abluftkomponenten auch wirklich zuerst verstoffwechselt werden.

Im Reaktor, der als **Biosorber** bezeichnet wird (Bild 3.10), werden die Träger in mäßiger Bewegung gehalten, um Lunker-/ Kanalbildung zwischen den Trägern zu begrenzen und die Lage der Träger zum Substrat immer wieder zu verändern. Dadurch wird auch der Strömungswiderstand des Gases klein gehalten, weil Verstopfungen so gut wie ausgeschlossen sind. Über die Bewegung des Trägermaterials wandern die Träger, deren Nährkomponenten aufgebraucht sind, aufgrund ihres spezifisch geringeren Gewichtes an die Oberfläche, von wo sie abgenommen werden können. Anhaftender Bioschlamm und gegebenenfalls Belastungen, die eine Sonderabfall-Entsorgung erforderlich machen würden, können abgewaschen und aufkonzentriert werden. Die Träger werden anschließend regeneriert und mit der Waschflüssigkeit, in der die standorteigenen Bakterien enthalten sind, in Kontakt gebracht, um diese Organismen auf dem Träger zu immobilisieren. Anschließend werden sie wieder eingesetzt.

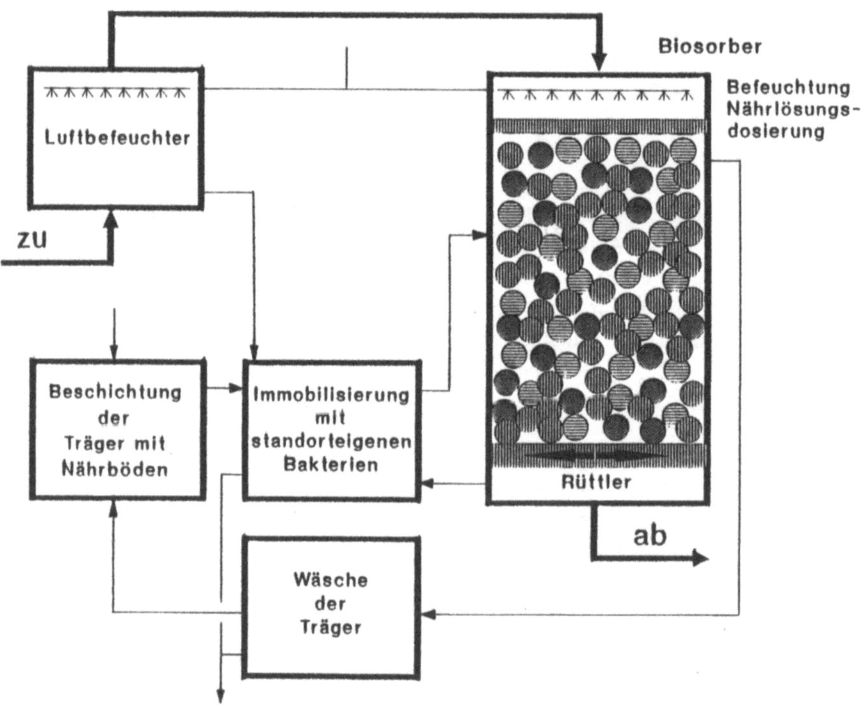

Bild 3.10 Prinzipschaubild des Biosorbers zur Reinigung lösemittelbeladener Abluft

Die Anlagentechnik des Biosorbers ist mit Sicherheit aufwendiger als ein einfacher Komposthaufen, der über eine Befeuchtungsanlage mit geruchsbeladener Abluft beschickt wird und dafür sicherlich eine angepaßte Lösung darstellt. Seine Leistungsfähigkeit darf in der Größenordnung der Wäscher erwartet werden, weil der gesamte Reaktor beeinflußbar gestaltet ist und gesteuert betrieben werden kann. Er vereinigt alle Vorteile eines "Biofilters", ohne die aufwendige technische Apparatur einer Biowäscheranlage. Die Einsatznische dieses Systems liegt im Bereich der lösemittelhaltigen Abluftreinigung, bei der Emissionsgrenzwerte nach TA-Luft eingehalten werden müssen.

3.2 Stickstoff- und Phosphorelimination aus Wasser und Abwasser

Aus jüngsten Umweltdiskussionen ist allgemein bekannt, daß das Trinkwasser mancherorts durch landwirtschaftliche Überdüngung und Pflanzenschutzmitteleinsatz gesundheitlich nicht mehr unbedenklich ist. Das zu Wasserversorgungszwecken benötigte Wasser muß also erst zu Trinkwasserqualität aufbereitet werden. Eines der Aufbereitungsverfahren ist die Nitratelimination, die mittlerweile in doch zunehmendem Maße biologisch auch in Trinkwasserwerken durchgeführt wird. Sie unterscheidet sich im Prinzip nicht von der Nitratelimination aus dem Abwasser, die zukünftig weitergehend erfolgen muß als bisher (bisher war nur gefordert worden, daß Nitrat eliminiert werden muß; ein Grenzwert war nicht vorgesehen /s. KUNZ, 1992) - allenfalls Stoffspektrum und -konzentration im Trinkwasser sind kleiner. Aufgrund der potentiellen Düngung (s.o.) der Meere und Weltmeere wird künftig ein Grenzwert für den gesamten anorganischen Stickstoff im Zulauf zu einem Gewässer unter 15 mg N/l gefordert werden.

Eine weitergehende Abwasserreinigung macht neben der Entnahme von Düngemittelkomponenten auch die Elimination von organischen Kohlenstoffverbindungen - ausgedrückt durch den BSB oder den CSB (s. Abschnitt 2.5.1) - erforderlich. Im folgenden sollen zunächst die in Abwasserreinigungsanlagen ablaufenden biologischen Prozesse in einem kurzen Abriß wiedergegeben werden, da auf ihnen der gesamte Prozeß und das Verständnis dafür aufbaut (eine eingehendere Darstellung dieser Technik - auch im Zusammenhang mit physikalisch-chemischen Eliminationsprozessen ist bei KUNZ /1992/ nachzulesen).

3.2.1 Biologiefähigkeit des Abwassers

Die biologische Behandlung nimmt eine zentrale Stellung im Bereich der Abwasserreinigung ein. Das liegt vor allem daran, daß Mikroorganismen - sofern die Abwasserinhaltsstoffe biologisch in hinreichend kurzer Zeit abbaubar sind - die Abwasserinhaltsstoffe als Nährstoffe erkennen und verstoffwechseln (metabolisieren).

Der große Vorteil biologischer Systeme liegt nun darin, daß man vorher nicht analytisch tätig werden muß, um die richtigen Chemikalien oder Katalysatoren in das zu behandelnde Abwasser hineingeben zu können, sondern die Mikroorganismen sich an das Substrat anpassen (adaptieren), auf den Inhaltsstoffen wachsen und damit den Katalysatorpool vermehren (Autokatalyse). Allerdings benötigen die Organismen dafür eine Anpassungszeit. Hier ist zu unterscheiden in eine Anpassung der Enzymausstattung, die innerhalb weniger Stunden erfolgt sein kann, und in die Anpassung der mikrobiellen Lebensgemeinschaft, die Tage bis Wochen gehen kann. Wenn die Substanz häufig und in kurzen Zeitabständen eingeleitet wird, ist die Anpassung in kurzen Zeitintervallen zu erwarten; sie kann jedoch sehr lang sein, wenn er selten eingeleitet wird. Hier muß der Verfahrenstechniker Lösungen finden (s. Abschnitt 2.6.1).

Allerdings muß man bei biologischen Systemen auch die Grenzen kennen: So werden manche als abbaubar bezeichnete Stoffe von der speziell Betrachteten Biocoenose nicht verstoffwechselt, manche erst, nachdem keine anderen Substrate mehr vorhanden sind (Diauxie). Insofern muß es nicht verwundern, daß auch im Ablauf biologischer Klärsysteme noch hohe Anteile organischer, durchaus als abbaubar eingestufter Verbindungen vorhanden sein können. Die Abbaubarkeit eines Stoffes unter realen Umweltbedingungen ist also immer unter Systembedingungen zu sehen.

3.2.2 Elimination von Kohlenwasserstoffen aus Abwasser

Bevor im einzelnen die eigentlichen biologischen Abbauprozesse im Abwasser beschrieben werden können, muß auf die Eliminationsvorgänge von Stoffen insgesamt im Abwasser eingegangen werden. Die Nährstoffelimination aus dem Abwasser erfolgt nämlich bedeutend schneller als der Abbau. Ein bedeutender Anteil des Substrates wird durch physikochemische Vorgänge, wie Flockung und Sorption an die Biomasse, aus der flüssigen Phase - zumindest vorübergehend - entfernt (Bild 3.11).Das Ausmaß dieser Schlammbeladung hängt dabei von der Art des Substrates und von der Art des Schlammes ab, wobei beide sich gegenseitig beeinflussen (z.B. die Beladung beeinflußt die Vermehrungsrate der Population direkt). Durch die Ausgestaltung des technischen Systems in Form hoher Schlammgehalte oder hoher aktiver Biomasseanteile kann die Höhe der Schlammbeladung aktiv beeinflußt werden.

Wie in Abschnitt 2.1 diskutiert wurde, erfolgt ein "Stoffwechsel" in der Zelle nur unter der Voraussetzung, daß die Zelle einen Energiegewinn erfährt. Gesteuert wird der Vorgang durch Enzyme. Für den Abbau von Kohlenwasserstoffen sind meist eine Vielzahl von Enzymen in der Reaktionskette notwendig. Fehlt ein Enzym, ist der Stoff - zumindest von dieser Organismenart - nicht abbaubar. Häufig braucht aber die Zelle nur eine Anlaufphase, bis sie ein entsprechendes Enzym gebildet hat.

Die Elimination eines Stoffes aus dem Abwasser bei der biologischen Abwasserbehandlung hängt somit von

- seiner Struktur, d.h. seiner grundsätzlichen biologischen Verwertbarkeit,
- dem System, gekennzeichnet durch günstige oder weniger günstige Umgebungsbedingungen für die Mikroorganismen und der Kontaktzeit zwischen Stoff und mikrobiellem System (Flocke),
- den vorhandenen Mikroorganismen und deren enzymatischen Ausrüstung in diesem System ab, wobei dieses stark durch die Vorgeschichte geprägt wird.

Konventionelle Betrachtungen gehen nur davon aus, daß man lediglich die Sauerstoffversorgung (genannt werden 2 mg O_2/l) und allenfalls über die Entnahme von Biomasse die

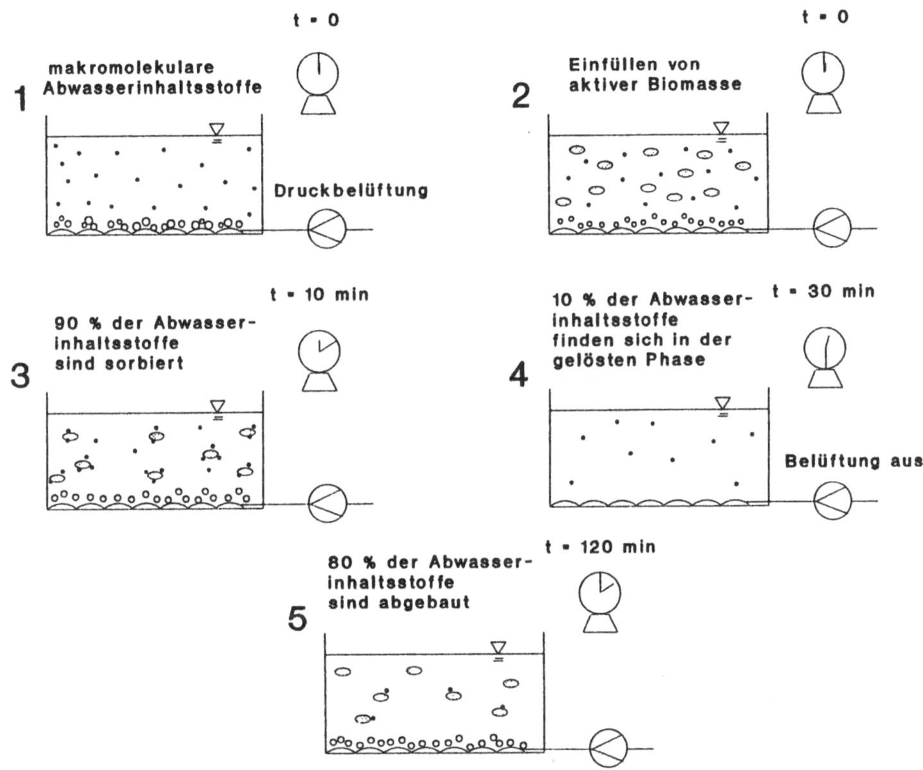

Bild 3.11 Modellvorstellung der Sorptions- und Abbauvorgänge in einem biologischen Reaktor im zeitlichen Ablauf

Verweildauer der Mikroorganismen im biologischen Klärsystem steuern kann. Unter Berücksichtigung der Grundlagendarstellungen in Kapitel 2 lassen sich jedoch sehr viel mehr Determinanten des Prozesses erkennen. Am Ende dieses Abschnittes wird sogar die bedarfsabhängig gesteuerte Abwasserreinigungsanlage vorgestellt.

Durch ein hohes Schlammalter wird das Wachstum von Spezialisten im System ermöglicht, da deren Generationszeiten lang sind. In gleicher Weise aber auch das der Protozoen, die als Sekundärfresser die Anzahl der Bakterien, also auch der Spezialisten dezimieren. Dieser Effekt ist nicht gänzlich unerwünscht, da auch eine Elimination freier Bakterien anzustreben ist, da auch sie eine Restverschmutzung darstellen.

Neben der Katalysatorwirkung der Mikrorganismen spielt bei der Abwasserreinigung noch der Schlammflocken-Sorptionsmechanismus eine bedeutende Rolle. Die Organismen wachsen in den konventionellen Systemen meist in einer größeren Matrix, die ein hohes physikalisches und chemisches Sorptionspotential für viele Verbindungen aufweist. Vor allem kationische Tenside werden auf diese Weise aus dem Abwasser eliminiert.

Tabelle 3.6 Bereits meist unbewußt genutzte Determinanten in biologischen Behandlungssystemen (hat auch Gültigkeit für Biowäscher und Kompostieranlagen)

Sauerstoff-Konzentration und -Verteilung bzw. Kontinuität des Angebotes:

- Versorgung der auch im Inneren sitzenden Mikroorganismen in einer Schlammflocke, einem Biofilm oder einer Schüttung.
- partielle Anaerobie zur Unterstützung von Reduktionsvorgängen bzw. Unterdrückung von höheren Organismen, die an höhere O_2-Partialdrücke gebunden sind.

Schlammabzugsmenge, Art und Weise:

- Veränderung der spezifischen Nährstoffversorgung (je mehr Organismen, desto weniger bleibt für den einzelnen)
- Absenkung des Schlammalters (das Schlammalter ist definiert als die im System vorhandene Menge dividiert durch die täglich abgezogene Überschußschlammproduktion).
- Veränderung der Leistungsfähigkeit der Organismen in einer Schlammflocke durch Destabilisierung der Flocken in Pumpen.
- Entnahme während des Tages führt zur Destabilisierung, da die Mikroorganismen zu diesem Zeitpunkt sowieso zu hohen Anteilen in der sedimentierenden Nachklärung verweilen, da sie über den tagsüber auftretenden Volumenstromanstieg aus dem Reaktor verstärkt ausgetragen werden.

Rücklaufschlamm- und Kreislaufwassermenge:

- Verkürzung/Verlängerung der Reaktionszeiten in den belüfteten bzw. unbelüfteten Reaktionszonen
- Verdünnung der Zulaufkonzentrationen.
- Rückführung (eines Teils) schwerer verwertbarer Stoffe.
- Verstärkung eines mechanischen (Pumpen-/Rohrleitungen) und biologischen (Kontaktphasen) Streßfaktors mit Wirkung auf die Flockengröße.

Rückführung von Schlammwasser, Einleitung von Fäkalschlamm:

- Erhöhung der spezifischen Nährstoffbeladung (meist kurzzeitige Spitzenbelastung an Kohlenstoff und Stickstoff)
- Rückführung von (hungernden) fakultativen Anaerobiern aus Schlammfaulanlagen.

Organische, suspendierte Feststoffe werden ebenfalls an die Schlammflocken angedockt und in Zeiten geringeren Angebotes an gelöster Substanz hydrolysiert (verflüssigt) und anschließend von den Zellen aufgenommen und metabolisiert. Dieses "Betthupferl" war in den konventionellen, mäßig belasteten Kläranlagen an der Sauerstoff-Bedarfsganglinie in den Abendstunden zu beobachten, wenn im Zulauf die Belastung weitgehend abgesunken war. Heute findet man diesen Effekt so gut wie nicht mehr, weil es sich heute um überwiegend schwächstbelastete Anlagensysteme handelt, bei denen die Hydrolyse simultan abläuft.

Diskussion eines typischen Beispieles

Eine Vielzahl empirischer Beobachtungen und wissenschaftlicher Untersuchungen haben gezeigt, daß die Schlammflocken heute in den - von den Fachgremien empfohlenen - schwachbelasteten Kläranlagen eine zunehmende Fädigkeit aufweisen. Abbauversuche haben gezeigt, daß diese fädigen Organismen hoch leistungsfähig sind: Es handelt sich dabei nämlich häufig um Bodenorganismen, die an extreme Standorte und "kärgliche Kost" angepaßt sind. In den heute noch üblichen Absetzern lassen sich jedoch stark fädige Flocken nicht oder nur ungenügend abscheiden. Schlammabtrieb mit einer Ausdünnung des Schlammgehaltes ist die Folge. In einigen Kläranlagen bekämpft man deshalb den flotierenden Schlamm mit Chlor, teilweise verzichtet man auch auf die Vorklärung, um den biologisch gebildeten Schlamm (Belebtschlamm; im Englischen: activated sludge) zu beschweren, damit er sich sedimentieren läßt. Eine technisch angepaßtere Lösung würde in diesem Fall die Flotation der Abwässer darstellen, da mit ihr das mikrobiell angepaßte System beibehalten werden kann.

Eine biologische Lösung, die das Problem ungenügender Sedimentation durch Veränderung der mikrobiell relevanten Systemparameter angeht, besteht darin, die Nährstoffversorgung der Mikroorganismen gezielt zu verändern. In Bild 3.12 wird gezeigt, daß Mikroorganismen unterschiedliche Wachstumsraten aufweisen (s. Abschnitt 2.4.2): Fadenbildner können i.a. bei geringen Konzentrationen verhältnismäßig schneller wachsen; Flockenbildner bei höheren. In einer Konkurrenzsituation um dasselbe Substrat werden also die einen bei geringen, die anderen bei hohen Konzentrationen ein Übergewicht bekommen. CHUDOBA /1985/ hat dies an einem Beispiel exemplarisch gezeigt.

Eine elegante Lösung stellt das SBR-Verfahren (diskontinuierlich /WILDERER, SCHRÖDER, 1986/) dar, bei dem über einen Aufstaubetrieb immer zunächst die höchsten, möglichen Substratkonzentrationen erreicht werden, die anschließend über Sauerstoffzufuhr auf die erforderlichen Ablaufwerte gesenkt werden; mit der "Biologischen Vorklärung" /KUNZ, 1988/ lassen sich ähnliche Verhältnisse auch kontinuierlich einstellen. Das Prinzip der Biologischen Vorklärung besteht darin, zu bestimmten Zeiten gezielt Substrat aus dem Abwasser herauszunehmen und dadurch die Belastungsganglinie für die nachfolgende biologische Hauptbehandlung zu verändern.

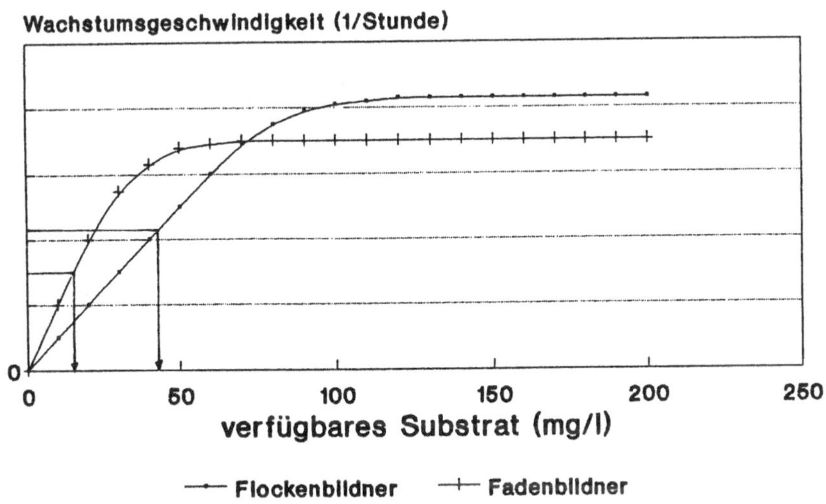

Bild 3.12 Selektion von Faden- bzw. Flockenbildnern aufgrund der Kenntnis der Wachstumsraten der beteiligten Mikroorganismen (qualitative Darstellung /nach CHUDOBA, 1985/)

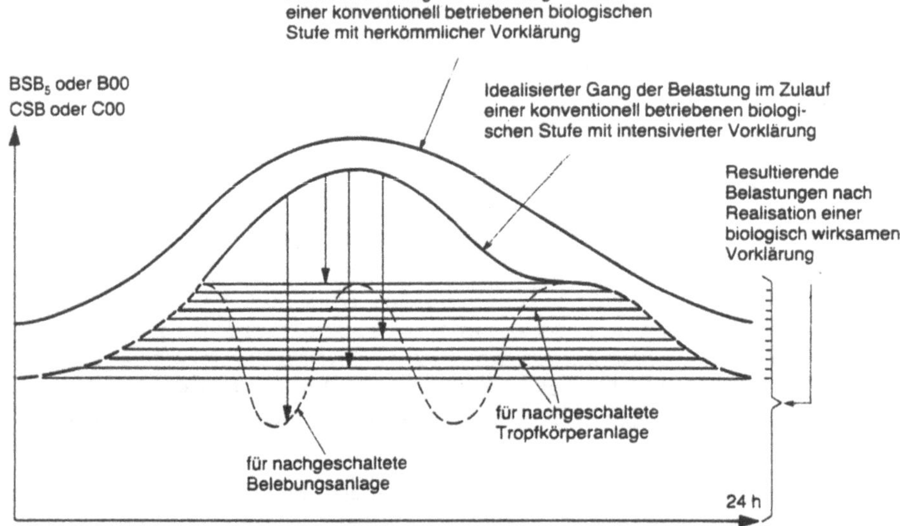

Bild 3.13 Schematische Darstellung der Wirkung einer biologischenVorbehandlung/ Vorklärung vor der eigentlichen biologischen Hauptstufe /KUNZ, 1988/

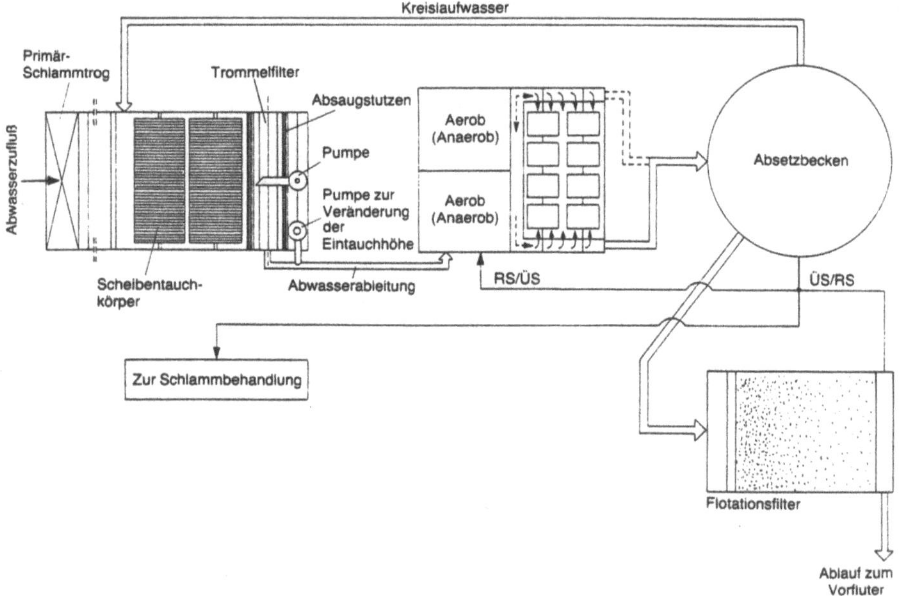

Bild 3.14 Konzeption einer zeitweisen (gezielten) biologischen Vorbehandlung vor der eigentlichen biologischen Hauptbehandlung /KUNZ, 1988/

Resumee

Aus diesen Betrachtungen wird deutlich, daß die biologische Abwasserreinigung ein extrem vielschichtiges Aufgabengebiet darstellt, das man eigentlich nur bearbeiten kann, wenn man sich- gedanklich - in eine Schlammflocke hineinversetzt und die unterschiedlichen, positiven und negativen Faktoren auf das mikrobielle Stoffwechselgeschehen in situ vorstellt. Wichtig ist, daß man erkennt, daß es nicht **ein** biologisches Abwasserreinigungsverfahren gibt, sondern unendlich viele, die durch die eingeleiteten Stoffe, über die Gestaltung der Reaktoren und durch die Eingriffe des Personals geprägt sind. Eine biologische Steuerung oder eine Steuerung hin auf optimalen biologischen Stoffumsatz ist nur in Ausnahmefällen - meist unabsichtlich - realisiert.

Stattdessen strebt man inzwischen - so unvorstellbar dies klingt- immer mehr dazu, niedrige Reinigungsleistungen (s. Definition in Abschnitt 3.1.3) zu realisieren: Die auch im folgenden häufig benutzte Bezeichnung "Schlammbelastung" drückt aus, welche Nährstofffracht pro Zeiteinheit der vorhandenen Schlammenge zugeführt wird [kg BSB/kg TS ·d]. Die Vorschriften /ATV, 1991/ sehen nun vor, daß die Schlammbelastungen (B_{TS}) in den nach den allgemein anerkannten Regeln der Technik zu planenden Abwasserreinigungsanlagen auf Werte um 0,075 kg BSB_5/kg TS·d gesenkt werden müssen (die Größe "TS" spiegelt summarisch die Biomasse wieder, wobei der TS auch anorganisch und damit biologisch inert sein kann):

So muß zum Beispiel in einer Anlage, die vor kurzem noch als ausreichend für die Nitrifikation (s. Abschnitt 3.2.3) mit einer Schlammbelastung von 0,15 angesehen wurde, bei gleicher Schlammkonzentration das doppelte Reaktorvolumen geschaffen werden. Da die Belastung (Fracht in Form von kg BSB_5/d) in etwa gleich bleibt, sinkt die Konzentration an organischer Substanz, die sich im Becken einstellt (Annahme ideal durchmischter Reaktor, s. Abschnitt 2.4.3) auf die Hälfte ab. Die spezifische Beladung der Mikroorganismen wird entsprechend auch in etwa halbiert. Mit dem verminderten Stoffangebot sinkt aber auch die Stoffumsatzrate. Dies steckt bereits im obigen Ausdruck, wenn man die Massengröße "kg" kürzt: Die Einheit "1/d" stellt eine Geschwindigkeits- oder Leistungsgröße dar.

Greift man noch einmal die Konzentrationsangabe auf, muß man folgendes erkennen: Eine Senkung der Konzentration durch Verdünnung in großen Reaktorvolumina "hilft", die Reinigungswirkung ohne Reaktion zu stabilisieren; dieser Vorgang läuft aber in mikrobiellen Reaktionssystemen in eine Richtung, die man eigentlich nicht gutheißen kann: Je seltener die Mikroorganismen mit Nährstoffen in Berührung kommen, desto weniger aktiv sind sie. Damit sind sie auch nicht in der Lage stoßartig auftretende Belastungen aufzufangen, obwohl man nach der Kinetik bei geringen Konzentrationen entsprechend einer Reaktion erster Ordnung (s. Abschnitt 2.4.2) mit einer Erhöhung der Stoffumsatzrate rechnen können sollte. In Bild 3.15 ist dieser - für das Labor und für kurze Zeiträume gültige - Ansatz demonstriert. Der Grund für diese Abweichung liegt aber nicht in der Kinetik, sondern darin, daß die Mikroorganismen dadurch selektiert werden: Es werden nur Mikroorganismen im Schlamm überleben, die unter diesen extremen Bedingungen wachsen können /LEMMER, 1992/.

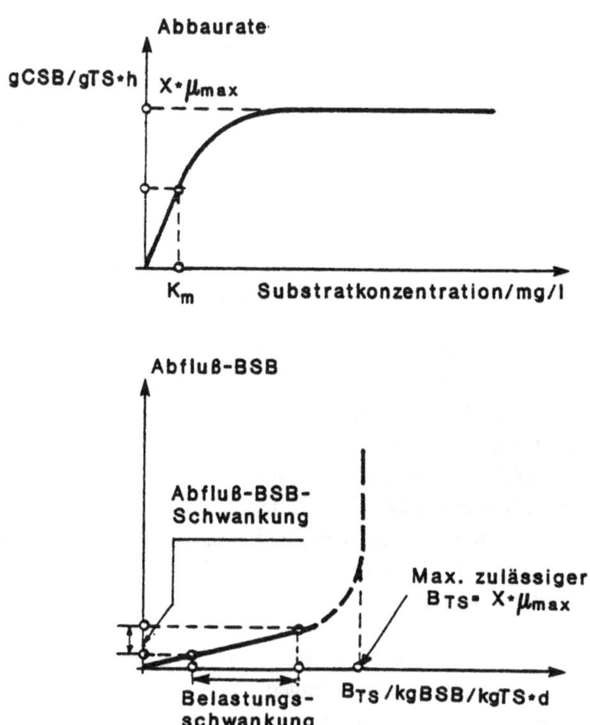

Bild 3.15 Theoretischer Zusammenhang zwischen der MONOD-Kinetik und der Reinigungswirkung in Mischbiocoenosen in Abwasserreinigungsanlagen am Beispiel des BSB_5 /nach FARKAS, 1992/

Ein anderer Effekt ist in diesem Zusammenhang von Bedeutung: Die in Abschnitt 2.2.2 erwähnten Schleime (Exopolymere an der Zellhülle) werden entweder gar nicht in dem Maße gebildet oder sie werden von den Mikroorganismen in Ermangelung anderer Nährstoffquellen wieder verstoffwechselt. Diese Schleime haben aber wichtige Funktion, wenn es darum geht, Nährstoffe zu adsorbieren oder Störstoffe zu absorbieren.

Aus diesen Erörterungen soll deutlich werden, daß in der konventionellen Klärtechnik noch vieles dem Zufall überlassen ist - viele Abhängigkeiten sind eben auch noch nicht untersucht, weil bislang das System auch ohne diese Kenntnisse funktioniert hat. Ein bekannter Abwasserbiologe äußerte vor Jahren bereits seine große Verwunderung darüber, daß Betontechnologen nur ein Becken in die Erde zu bauen brauchen, darin ein bißchen rühren lassen und hinten ein saubereres Abwasser herausläuft. Dies ist auch heute noch überwiegend der Fall, wenngleich die verschärften Anforderungen inzwischen weitergehende Anstrengungen unabdingbar machen und Ursache-Wirkungs-Beschreibungen immer unerläßlicher werden. Dies gilt insbesondere für die Stickstoffelimination (s.die folgenden Abschnitte).

Die weitergehende Abwasserreinigung erfordert - wie bereits oben ausgeführt - die Elimination von Stickstoff und Phosphor (letzteres s. Abschnitt 3.2.8). Eine Stickstoff-Elimination ausWasser kann - wenn der Stickstoff in anorganischer Form vorliegt- chemisch, physikochemisch, thermisch oder biologisch erfolgen (s. Tabelle 3.7), wobei die vorhandenen Konzentrationen und Begleitstoffe die Auswahl des Verfahrens determinieren.

Tabelle 3.7 Verfahren zur Elimination von Ammonium aus Abwasser

• Knickpunkt-Chlorung
• Mg-NH_4-PO_4-Fällung (MAP-Verfahren)
• Austauschen über Ionenaustauscher
• Adsorption über Aktivkohle-Adsorber
• Strippen oder Destillieren
• Eindampfen oder Kristallisieren
• Mikrobielle Oxidation und anschließende mikrobielle Reduktion

3.2.3 Abriß der Grundlagen der mikrobiellen Stickstoffelimination

Im folgenden sollen lediglich die biologischen Verfahren näher betrachtet werden. Mikrobielle Stickstoff-Elimination ist auf mehreren Wegen möglich:

1. Über Stickstoffaufnahme in die Zellen und Entfernung der Zellen aus dem Abwassersystem: Das Wachstum von Mikroorganismen setzt die Anwesenheit von Kohlenstoff, Stickstoff und Phosphor im Verhältnis von näherungsweise 100:10:1 voraus. In der Hauptsache stammt der inkorporierte Stickstoff aus Ammonium-Verbindungen. Fallweise werden auch ganze Aminosäure-Sequenzen (Peptide) aufgenommen. Diese Form der Stickstoff-Elimination ist - sofern das Schlammproblem gelöst ist (s. Abschnitt 3.4) - die einfachste Lösung, Stickstoff zu eliminieren. Sie ist an aerobe Systeme gekoppelt, in denen eine maximale Ausbeute an Biomasse erreicht werden kann.
2. Über Oxidations- und Reduktionsprozesse zu gasförmigen Stickstoff-Verbindungen: In wässrigen Medien laufen die Schritte
   - Ammonifikation (Produkt: Ammonium/ NH_4^+-N) bei Anwesenheit von Mikroorganismen fast immer, die
   - Nitritation (Produkt: Nitrit/ NO_2^--N) und Nitratation (Produkt: Nitrat/ NO_3^--N) bei Anwesenheit spezieller Bakteriengattungen sowie eine
   - reduktive Denitrifikation zum molekularen Stickstoff bzw. zu weiteren Stickstoffgasen, wie N_2O und NO_x unter anaeroben Bedingungen ab.

Das unter 1. genannte Verfahren wird als bekannt vorausgesetzt; man berücksichtigt die Entnahme von Stickstoff auf diesem Weg meist in Form einer prozentualen Entnahme anteilig zur CSB-Oxidation. Die verfahrenstechnischen Merkmale zur Integration von speziellen Mikroorganismen in den Abwasser-Reinigungsprozeß werden im folgenden vorgestellt. Hierzu müssen jedoch zunächst die mikrobiologischen Grundlagen kurz gestreift werden.

Grundlagen des Stickstoff-Stoffwechsels

Im Wasser liegen die Stickstoff-Verbindungen häufig in Form organisch gebundenen Stickstoffs sowie in ionischer Form vor: NH_4^+-N, NO_2^--N, NO_3^--N. Den oxidierbaren Stickstoff (organisch gebundener und Ammonium-Stickstoff) bezeichnet man auch als Kjehldahl-Stickstoff (TKN). Abhängig von der Wasserstoffionenkonzentration dissoziiert Ammonium zum Ammoniak (s. Bild 3.16). Neben der Hydrolyse von Harnstoff durch extrazelluläre Ureasen

$$H_2N\text{-}CO\text{-}NH_2 + H_2O \xrightarrow{\text{Urease}} 2\,NH_3 + CO_2$$

wird Ammoniak bzw. Ammonium im wesentlichen von Bakterien beim Abbau organischer, stark stickstoffhaltiger Verbindungen wie Amino- und Nukleinsäuren freigesetzt. Im häuslichen Abwasser liegen nach einer mechanischen Vorbehandlung rund 90% der Stickstoffverbindungen als Ammonium/Ammoniak vor. Ammonium/Ammoniak sind auch am ehesten mikrobiell bei der Synthese von Aminosäuren verwertbar; organische N-Verbindungen und Nitrat werden erst in zweiter Linie verwendet.

Bemerkenswert ist, daß die Verfügbarkeit von Ammoniak die Syntheserate und Aktivität vieler Enzyme über einen allerdings noch wenig bekannten Steuerungsmetaboliten reguliert /KLEINER,1985/: Bei Stickstoffmangel bildet der Mikroorganismus spezifische Transportsysteme, bei hohem Stickstoffangebot werden diese Systeme zurückgebildet, weil dann die Diffusion ausreicht. Auch im Inkorporationsschritt setzen sich diese Mechanismen fort.

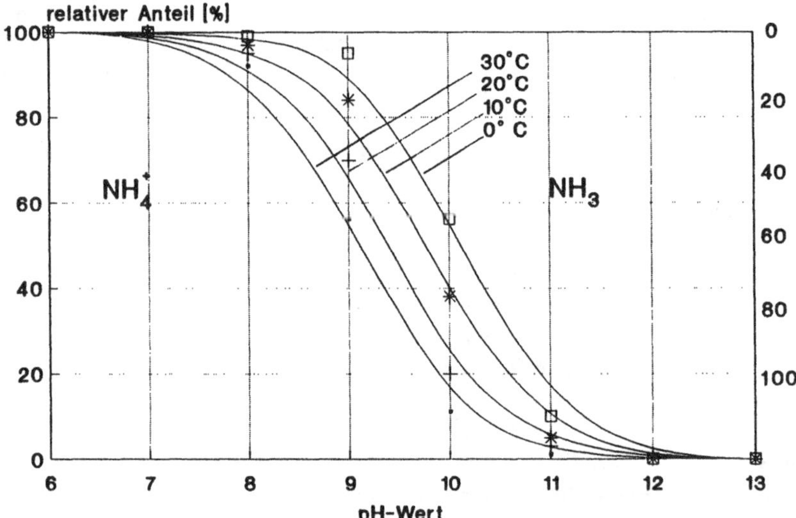

Bild 3.16 Dissoziationskurven Ammonium/Ammoniak

Ammoniak- und Nitrit-Oxidation

Unter Nitrifikation versteht man die biologische Oxidation von Ammoniak über Nitrit zum Nitrat. Zur Nitrifikation sind lithotrophe und heterotrophe Mikroorganismen befähigt. Lithotroph sind die beiden phylogenetisch nicht miteinander verwandten Gruppen der Ammoniakoxidierer (Gattungsnamen beginnen mit der Vorsilbe "Nitroso-") und der Nitritoxidierer (Gattungsnamen beginnen mit der Vorsilbe "Nitro-"). Die Nitrosogruppen oxidieren Ammoniak zu Nitrit, die Nitrogruppen Nitrit zum Nitrat. Die dabei freigesetzte Energie geht in den Aufbau von Biomasse (hauptsächlich aus CO_2). Zur heterotrophen Nitrifikation sind neben Bakterien auch Pilze befähigt; ihre Nitrifikationsleistung ist jedoch von untergeordneter Bedeutung, weshalb sie im folgenden nicht berücksichtigt wird. Lediglich bei Angehörigen der Gattung *Nitrobacter* konnte bisher auch mixotrophes Wachstum eindeutig nachgewiesen werden /BOCK, 1980/.

Die Ammoniak-Oxidation (auch als Nitritation bezeichnet) läuft wahrscheinlich in drei Schritten ab:

$$NH_3 + \frac{1}{2}O_2 \rightarrow NH_2OH$$
$$NH_2OH + H_2O \rightarrow HNO_2 + 4\,H^+ + 4\,e^-$$
$$4\,H^+ + 4\,e^- + O_2 \rightarrow 2\,H_2O$$

Die Oxidation von Ammoniak zum Hydroxylamin wird durch eine Monooxygenase, die weitere Oxidation zum Nitrit durch die Hydroxylamin-Oxidoreduktase katalysiert. BOCK /1989/ weist darauf hin, daß erstere Reaktion an der cytoplasmatischen Seite, letztere an der periplasmatischen Seite der Membran lokalisiert ist, so daß ein Protonengradient über die Membran aufgebaut wird, der die Voraussetzung für die Bildung von ATP ist.

Die Nitritoxidation (Nitratation) - über die ebenfalls membrangebundenen Nitritoxidoreduktase und eine Cytochromoxidase - folgt den beiden Teilgleichungen:

$$NO_2^- + H_2O \rightarrow NO_3^- + 2\,H^+ + 2\,e^-$$
$$2\,H^+ + 2\,e^- + \frac{1}{2}O_2 \rightarrow H_2O$$

Massenspektrometrisch konnte nachgewiesen werden, daß der Sauerstoff im Nitration aus dem Wasser und nicht vom molekularen Sauerstoff stammt. Bemerkenswert ist, daß die Nitritoxidoreduktase auch Nitratreduktase-Aktivität besitzt, wenn ein natürlicher Elektronenakzeptor (wie NADH) vorhanden ist /BOCK, 1989/.

Im Vergleich zu den heterotrophen Organismen ist das Wachstum der lithothrophen Nitrifikanten (s. Abschnitt 2.1) auch unteroptimalen Bedingungen wenig effizient und von daher langsam. Als Größenordnung für die Freie Enthalpie wird für die Nitritation 289J/mol und 75 J/mol für die Nitratation angegeben /EPA, 1975/.

Die Gruppe der Ammoniak- und der Nitritoxidierer besitzen unterschiedliche pH- und O_2-Partialdruckoptima. Innerhalb der beiden Gruppen werden art- , stamm- und sogar standortspezifische Optima beobachtet; dies ist wichtig, weil ein zu hoher O_2-Partialdruck das Wachstum hemmt.

ser läßt sich stöchiometrisch mit 2 mol O_2 je mol Ammonium angeben. Der Ammoniumstickstoff wird bei ausreichender Anzahl an Nitrifikanten und entsprechenden Umgebungsbedingungen unter Verbrauch von 1,5 mol O_2 pro mol NH_4^+-N zu Nitrit und unter Aufnahme von 0,5 mol O_2 zu Nitrat auf biologischem Wege aufoxidiert. Stöchiometrisch werden also 4,57 g O_2 pro g NH_4^+-N bzw. 4,57 g O_2 pro g NO_3^--N benötigt (oder 3,55 g O_2 pro g NH_4^+).

Nitratreduktion - Denitrifikation

Grundlage des Verfahrens der Denitrifikation ist die Verwertung des im Nitrat gebundenen Sauerstoffs durch Denitrifikanten in Ermangelung gelösten Sauerstoffs. In der siedlungswasserwirtschaftlichen Literatur wird dieser anaerobe Zustand (kein gelöster O_2, dafür jedoch gebundener) häufig auch als anoxisch bezeichnet.

Bei der Nitratreduktion unterscheidet man die assimilatorische zum Aufbau von Zellbestandteilen und die dissimilatorische. Zur Nitratassimilation (das Nitrat wird zum Ammonium reduziert und z.B. in Proteine eingebaut) sind eine Vielzahl von Bakteriengattungen befähigt. Bei der Nitratatmung, die in Analogie zur Atmung, bei der unter aeroben Bedingungen die Elektronen aus reduzierten Verbindungen auf den molekularen Sauerstoff übertragen werden) so bezeichnet wird, entstehen eine Vielzahl von Stoffwechselprodukten, abhängig vom jeweiligen Organismus: NO_2^-, NO, NO_2, N_2O, N_2O_2 und das erwünschte N_2. Die als Denitrifikation bezeichnete Respiration oxidierten Stickstoffs (Nitrit, Nitrat) führt zu gasförmigen Verbindungen, die in die Athmosphäre entweichen können. Für die Nitrat-Respiration sind also Elektronendonatoren - z.B. in Form organischer Kohlenstoffverbindungen oder als Wasserstoff- erforderlich. Da die Denitrifikation weitgehend mit dem aeroben Stoffwechsel der Bakterien vergleichbar ist, sind auch die Einflußfaktoren dieselben: Im wesentlichen ist ein möglichst neutraler pH-Wert und ein hohes Elektronendonatoren/NO_x-NVerhältnis anzustreben (in der Literatur wird ein BSB_5/NO_x-N-Verhältnis von größer 3 genannt).

Wie oben bereits erwähnt, können auch Nitritoxidierer Nitrat reduzieren (sofern intermediär kein Nitrit angehäuft wird). Endprodukte sind - wie bei einigen anderen Denitrifikanten - NO und N_2O; N_2 wird bei ihnen nicht gefunden. Für eine Stoffbilanz ist wichtig, daß auch Ammoniak-Oxidierer NO und unter mikroaerophilen Bedingungen auch N_2O bilden /BOCK, 1989/.

Nitroso-Gruppe und deren Leistungsspektrum

Phylogenetische Untersuchungen von WOESE et al. /1984/ haben gezeigt, daß die Gattungen der Ammoniak- und Nitrit-Oxidanten nicht miteinander verwandt sind. Zu den Ammoniak-Oxidanten (Nitroso-) gehören die Gattungen /WATSON, 1974/

- *Nitrosomonas*,
- *Nitrosococcus*,
- *Nitrosospira*,
- *Nitrosolobus*,
- *Nitrosovibrio* /HARMS et al., 1976/.

Die Einteilung basiert auf morphologischen Kriterien, physiologische Unterschiede sind nur in sehr geringem Umfang ausgeprägt; phylogenetisch sind sie den Purpurbakterien zuzurechnen.

Nach BOCK /1988/ kann man als für die Abwassertechnik relevant folgende Merkmale festhalten:

Nitrosomonas	stäbchenförmig
	polar oder subpolar begeißelte Formen
	Gram-negativ
	stark entwickeltes Intracytoplasma
	obligat lithotroph (NH_3 ist das einzige energieliefernde Substrat)
	obligat aerob, sehr geringer Sauerstoff-Partialdruck ausreichend
	Temperaturoptimum zwischen 25 und 30 °C
	pH-Optimum zwischen 7,5 und 8
	Aktivität: 0,023 pmol NH_3oxid/Zelle·h
	Arten: *N. europaea* und 7 weitere
Nitrsocccus	kugelförmig
	Geißelbüschel bei beweglichen Formen
	zentraler Intracytoplasma-Membranstapel
	Arten: *N. nitrosus, N. oceanus, N.mobilis*
Nitrosospira	spiralförmig, eng gewunden
	peritrichich begeißelte Formen
	ein Intracytoplasma beschrieben
	Aktivität: 0,0041 pmol NH_3oxid/Zelle·h
	Arten: *N. briensis* und 4 weitere
Nitrosolobus	pleomorphe Zellen, globulär geformt
	peritrich begeißelte Formen
	Cytoplasmamembran zentral und peripher
	Zelleinschlüsse aus glycogenähnl.Reservestoff
	hohe Toleranz gegen steigendeNitritkonzentration
	Aktivität: 0,023 pmol NH_3oxid/Zelle·h
	Arten: *N. multiformis* und 1 weitere
Nitrosovibrio	schlanke, unterschiedlich gekrümmteStäbchen
	polar bis subpolar begeißelte Formen
	Intracytoplasmamembran nicht ausgeprägt
	Aktivität: 0,0004 pmol NH_3oxid/Zelle·h
	Arten: *N. tenuis*

Die verschiedenen Arten der Ammoniak-Oxidierer ähneln sich in ihren Wachstumseigenschaften sehr: Alle sind obligat aerob und wachsen nur in Gegenwart von Ammoniak. Die Zunahme der Zellmasse ist eng an den Substratverbrauch gebunden. Das gebildete Stoffwechselprodukt Nitrit erweist sich für viele Arten schon in geringen Konzentrationen als hemmend. HAUG und McCARTY /1971/ geben für Nitrosomonas folgende Bildungsformel an:

$$5 \cdot CO_2 + NH_4^+ + 2 \cdot H_2O \rightarrow \mathbf{C_5H_7NO_2} + 5 \cdot O_2 + H^+$$

Die Bilanzgleichung (Energie- und Baustoffwechsel!) sieht dannfolgendermaßen aus:

$$5 \cdot CO_2 + 55 \cdot NH_4^+ + 76 \cdot O_2 \rightarrow \mathbf{C_5H_7NO_2} + 54 \cdot NO_2^- + 52 \cdot H_2O + 109 \cdot H^+$$

Daraus folgt, daß aus 770 g N 113 g *Nitrosomonas* gebildet werden (0,15 g/g NH_4-N). Andere Autoren geben die Ertragskoeffizienten Y_N zwischen 0,03 und 0,13 g/g an.

Nitro-Gruppe und deren Leistungsspektrum

Die Nitrit-Oxidanten werden in die Gattungen
Nitrobacter,
Nitrococcus,
Nitrospina und
Nitrospira
eingeteilt. Auch hier handelt es sich phylogenetisch um Vertreter der Purpurbakterien. Die wesentlichen Merkmale der bekannten Gattungen lauten /BOCK, 1988/:

Nitrobacter pleomorph: stäbchen-, kugel-, birnenartig, unregelmäßig
knospend
polar bis lateral begeißelte Formen
polare Intracytoplasma-Membrankappe
lithoautotroph, mixotroph und heterotroph
Temperaturoptimum zwischen 25 und 30 °C
pH-Optimum zwischen 7,5 und 8
Cytoplasmatische Einschlüsse aus Carboxysomen, PHB, Glyco
gen-
und Phosphatgranula
Aktivität: 0,011 pMol NO^{2-}oxid/Zelle.h
Arten: *N. winogradskyi, N. hamburgiensis* und eine dritte

Nitrococcus kugelförmig
ein bis zwei Geißeln
lithoautotroph, obligat halophil
Temperaturoptimum zwischen 25 und 30 °C
tubuläre Einstülpungen der Cytoplasmamembran; Carboxyso
men,
PHB, Glycogenartige Granula
Arten: *N. mobilis*

Nitrospina schlanke Stäbchen, sphärische Formen möglich
keine Beweglichkeit festgestellt
Intracytoplasma-Membran nicht vorhanden
lithoautotroph
glykogenartige Einschlüsse
Arten: *N. gracilis*

Nitrospira kommaförmig bis spiralige Gestalt
keine Beweglichkeit festgestellt
Intracytoplasma-Membran nicht vorhanden
lithoautotroph und mixotroph
glykogenartige Einschlüsse
Arten: *N. marina*

Nitrit ist die natürliche Energiequelle der Nitrit-Oxidierer, wobei Nitrobacter als einziger Vertreter auch heterotroph wachsen kann. Auch hier ist die Kopplung zwischen Nitrit-Verbrauch und Wachstum eindeutig, wobei nur rund 8% der freiwerdenden Energie für das Wachstum genutzt werden. Bedeutungsvoll ist, daß die Generationszeiten von *Nitrobacter hamburgiensis* mixotroph halb so groß sind wie die von *Nitrobacter winogradskyi* /BOCK, 1988/.

Die Bilanzgleichung für Nitrobacter sieht folgendermaßen aus:

$$5 \cdot CO_2 + NH_4^+ + 52 \cdot O_2 + 115 \cdot NO_2^- + 2 \cdot H_2O \rightarrow C_5H_7O_2N + H^+ + 115 \cdot NO_3^-$$

Der Ertragskoeffizient für *Nitrobacter* liegt demnach um 0,07 g/g NO_2^-. HAANDEL und MARAIS /1981/ tabellieren auch geringere Werte.

Hemmung der Nitrifikation

Eine unvollständige Nitrifikation kann auf eine Hemmung der Nitrifikanten durch spezielle Abwasserinhaltsstoffe, aber auch auf Substratmangel (vor allem O_2, aber auch CO_2) zurückzuführen sein. In der Literatur (z.B. SCHULZ-MENNINGMANN /1991/) wird letzteres auch unter Hemmung gefaßt, was fraglich ist. Folgende Hemmwirkungen sind möglich: Tabelle 3.8 gibt einen Überblick aus der Literatur über Hemmstoffwirkungen auf Nitrifikanten.

Enzymsystem

Es wird vermutet, daß Aminoverbindungen mit dem Ammoniak in Wettbewerb treten, wodurch die Nitrifikation (kompetitiv) gehemmt wird. Ebenso führt Thio-Harnstoff aufgrund seiner hohen Cu-Komplexbildungsaffinität zu einer (nicht-kompetitiven) Hemmung der Oxidase. Eine Vielzahl von Substanzen können auch unmittelbar das Enzym irreversibel inaktivieren.

Beeinträchtigung der Synthese von Zellbestandteilen

Beispielsweise hemmt Chloramphenicol die Proteinsynthese. Dadurch wird das Wachstum unterbunden, die nicht teilungsaktiven Zellen können jedoch weiterverstoffwechseln (deshalb Vorsicht bei statischen Tests, s. Abschnitt 2.5.1).

Schädigung der Zellmembran oder des Zellmaterials

Phenole, Neutralseifen, oberflächenaktive Stoffe verändern die Struktur der Cytoplasmamembran; Ethanol führt zur Koagulation der Proteine oder lysiert die Zellwände.

Die von ANTHONISEN et al. /1976/ wiedergegebene Darstellung der Hemmung der Nitrifikation in Bild 3.17 außerhalb des gerasterten Fensters muß stark bezweifelt werden, da die lokalen Konzentrationen maßgebend sind; Ammoniak- und Nitrit-Oxidierer wachsen aber nicht unbedingt in unmittelbarer Nachbarschaft. Schließlich gibt es Nitrifikanten, die bis 25.000 mg NH_3/l tolerieren, und auch Nitritoxidierer, die bei 150 mg/l noch keineVerminderung ihrer Oxidationsleistung zeigen /BOCK, 1989/.

Nitrifikationskinetik von Reinkulturen

Die Ammoniak-Oxidanten wachsen optimal bei NH_3-Konzentrationen von 1 bis 10 mmol; sie überstehen lange Hunger- und Trockenperioden, obwohl keine typischen Dauerstadien bekannt sind. Nitrifikanten können ihre Stoffwechselaktivitäten praktisch gegen Null gehen lassen /BOCK, 1989/. Die Generationszeiten varieren zwischen 6 Stunden und mehreren Tagen. Die Biomasseproduktion schwankt aus den oben angegebenen Gründen; für Nitrosomonas werden zwischen 0,04 und 0,15 g oTS pro g NH_4^+-N

Tabelle 3.8 Auszug untersuchter Hemmstoffe und Hemmwirkung /JAEGER, 1988; WAGNER, KAYSER, 1990; WIRKUS, SEKOULOV, 1990/

Substanzen	Konzentration	Hemmung	Nitrifikanten
ATH	2,0	100	*Nitrosomonas*
NaN_3	117,0	100	*Nitrosomonas*
Thioharnstoff	0,67	100	*Nitrosomonas*
Thioharnstoff	0,33	50	*Nitrosomonas*
TCMP	0,2-13,6	100	*Nitrosomonas*
p-Aminoprop.	100	75-100	*Nitrosomonas*
Anilin	100	75-100	*Nitrosomonas*
Benzidin-dihydrochlorid	100	75-100	*Nitrosomonas*
2,2-Bipyridin	100	75-100	*Nitrosomonas*
Dodecylamin	100	75-100	*Nitrosomonas*
Methylanilin	100	75-100	*Nitrosomonas*
l-Naphtylamin	100	75-100	*Nitrosomonas*
KCN	0,32	78	*Nitrosomonas*
Diethyldithiocarbamat	2,25	100	*Nitrosomonas*
Phenanthrolin	9,91	100	*Nitrosomonas*
Methylenblau	35,6	100	*Nitrosomonas*
Methanol	160,2	100	*Nitrosomonas*
Methylthioharnstoff	0,9	100	*Nitrosomonas*
Thiosemicarbazit	0,91	79	*Nitrosomonas*
Nickel	3,0	100	*Nitrosomonas*
Zink	3,0	100	*Nitrosomonas*
Kupfer	4,0	75	*Nitrosomonas*
p-Nitrobenzanilin	100	26	*Nitrobacter*
p-Nitroanilin	100	37	*Nitrobacter*
n-Methylanilin	100	58	*Nitrobacter*
Oligomethylenbiguanid	0,15	50	n.diff.
Alkylbenzyldimethylammoniumchlorid	0,21	50	n.diff.
2-Chlorphenol	0,14	50	n.diff.
3-Chlorphenol	0,27	50	n.diff.
Fe^{2+}	45	20	n.diff.
Al^{3+}	45	50	n.diff.

Die auffällige Beschränkung auf die Nitroso-Gruppe heißt nicht, daß die Nitro-Vertreter nicht gehemmt würden; man hat sie ganz einfach bisher zu wenig untersucht.

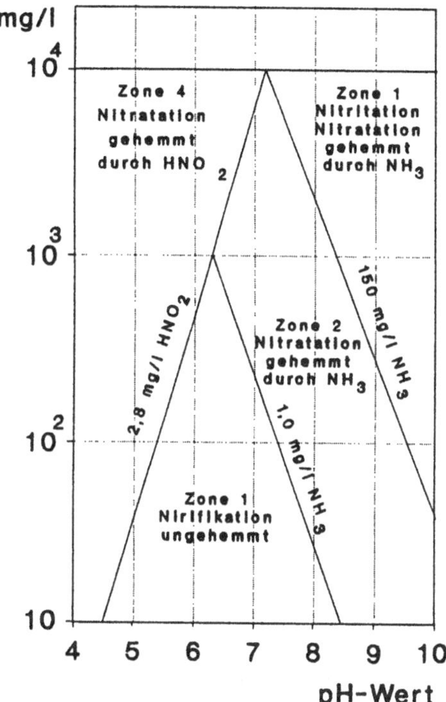

Bild 3.17 Theoretische Hemmwirkung von Ammoniak und salpetriger Säure auf die Nitrifikation in Abhängigkeit vom pH-Wert /ANTHONISEN et al., 1976/

angegeben. Die Nitrit-Oxidanten weisen Generationszeiten von 8 Stunden bis mehrere Tage auf. Zwischen 85 und 115 mol NO_2^- müssen oxidiert werden, ehe 1 mol CO_2 assimiliert werden kann; für Nitrobacter werden 0,02 bis 0,07 g oTS pro g NO_2^--N für die Biomasseproduktion angegeben. Nitrat hemmt als Endprodukt die Nitrit-Oxidation, so daß nur eine begrenzte Zellzahl möglich ist. Durch Zugabe organischer Substanzen läßt sich die Zellzahl um eine Zehnerpotenz steigern /BOCK, 1988/. Die langsame Vermehrung und die geringe Neigung zur Flockenbildung führt leicht zur Auswaschung der Nitrifikanten aus submersen Systemen.

In der Literatur besteht Einigkeit, daß das Wachstum der Nitrifikanten mit dem Ansatz von MONOD /1950/ beschrieben werden kann:

$$dC_X/dt = \mu_N \cdot C_X$$

$$\mu_N = \mu_{maxN} \cdot [C_N/(K_N + C_N)]$$

C_X Konzentration an Nitroso- bzw- Nitro-Bakterien [mg/l]
C_N Konzentration an Ammoniak bzw. Nitrit [mg/l]
μ spezifische bzw. maximale Wachstumsrate [g/g·d]
K_N Monod-Konstante (halbmax. Wachstumsrate [mg/l]

Die Kinetik ist streng temperaturabhängig; HAANDEL und MARAIS (1981) nennen eine Verdopplung bei 6 °C Temperaturerhöhung (Von DOWNING et al. (1964) wurde nachstehende Temperaturabhängigkeit der Wachstumsrate auf der Basis diverser kinetischer Untersuchungen formuliert:

$$\mu_{maxN,T} = \mu_{maxN,20} \cdot (1{,}123)^{(T/Grad)-20}$$

In der Literatur werden für $\mu_{maxN,20}$ Werte zwischen 0,17 und 1,0 d^{-1} genannt /HAANDEL, MARAIS, 1981/. Die beobachteten Wachstumsraten μ der nitrifizierenden Bakterien liegen bei 20 °C bei *Nitrosomonas* um 0,34 d^{-1} und *Nitrobacter* um 0,14 d^{-1}. Auch die Monod-Konstante ist temperaturabhängig:

$$k_{N,T} = k_{N,20} \cdot (1{,}123)^{(T/Grad)-20}$$

Hier werden über Werte für $k_{N,20}$ zwischen 0,2 und 1,0 berichtet. Mit abnehmender Temperatur muß also die Verweilzeit der Nitrifikanten im System zunehmen. Weiterhin muß noch die Absterbekinetik berücksichtigt werden (0,04 und 0,07 für $d_{delN,20}$):

$$d_{delN,T} = d_{delN,20} \cdot (1{,}029)^{(T/Grad)-20}$$

Maßgeblich für die Kinetik des Gesamtvorganges sind die Kinetiken der Teilsysteme, die durch die physikalischen, chemischen und biologischen Mechanismen beeinflußt werden (z.B. durch die Temperatur, den pH-Wert, die Carbonat-Konzentration und die Verweildauer der Bakterien im System). Da unter natürlichen Bedingungen *Nitrobacter* günstigere Wachstumsbedingungen vorfindet als *Nitrosomonas*, ist die Ammoniak-Oxidation der geschwindigkeitsbestimmende Schrittder Nitrifikation.

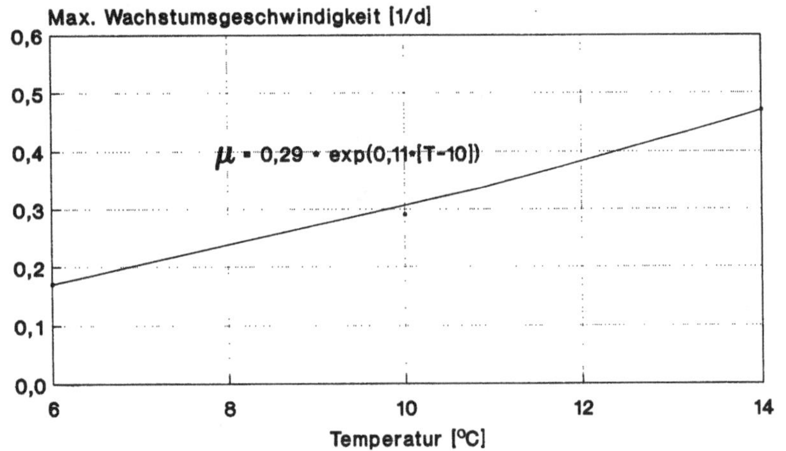

Bild 3.18 Maximale Wachstumsgeschwindigkeit der Nitrifikanten als Funktion der Temperatur /nach GUJER, 1976/

Kinetik der Denitrifikation

Die Denitrifikation soll hier nur am Rande gestreift werden: Es handelt sich ebenfalls um eine Kinetik, die mit der MONOD-Gleichung beschrieben werden kann. In der Praxis stellt sie eine Reaktion 0. Ordnung in Bezug auf die Nitrat-Konzentration dar, weil die Monodkonstante im Bereich von 0,1 mg pro l Nitrat liegt /EPA, 1975/. D.h., daß über 1 bis 2 mg pro l NO_3^--N die Reaktionsgeschwindigkeit von der Nitratkonzentration unabhängig ist.

Da die Affinität der Elektronen zum molekularen Sauerstoff sehr viel größer ist als zum Nitratsauerstoff, kann eine wirkungsvolle Denitrifikation nur bei weitgehender Abwesenheit von gelöstem Sauerstoff stattfinden. Die Reaktionskinetik der Nitratreduktion ist unmittelbar von der Atmungsaktivität der Heterotrophen abhängig; damit bestimmt die Umsetzungsgeschwindigkeit der Heterotrophen die Reaktionsgeschwindigkeit in einer Denitrifikationszone. Als typischer Wert konnte die endogene Atmung zu 10 mg O_2 pro g TS·h und eine Nitratrespirationsrate von 4 mg NO_3^--N pro g TS·h gemessen werden /HELMER, SEKOULOV, 1977/. KIENZLE /1987/ berichtet von Maximalwerten um nur 20 mg NO_3^--N pro g oTS·d, abhängig von der Verfügbarkeit an Elektronendonatoren. In eigenen Untersuchungen /HILLENBRAND, BÖHM, KUNZ, 1991/ wurden nach einer kurzen reduktiven Umsetzung nur noch sehr geringe Nitratatmungsgeschwindigkeiten ermittelt, die in der Größenordnung der endogenen Atmung liegt.

3.2.4 Nitrifikation und Denitrifikation in Abwassersystemen

Im Vergleich zu Betrachtungen an Reinkulturen, wobei es gerade bei Nitrifikanten besonders schwer ist, mit Reinkulturen zu arbeiten, sind Beobachtungen und deren Interpretationen an Abwassersystemen mit den unterschiedlichsten Stoffkomponenten und deren dynamischen Änderungen oft im Bereich der Spekulation angesiedelt. Daran sollte man denken, wenn man die vielen, mittlerweile unüberschaubar gewordenen Untersuchungsergebnisse zu interpretieren versucht.

Der Praktiker steht vor dem Problem, daß er in seiner Kläranlage eine stabile Nitrifikation (und zukünftig weitgehende Denitrifikation) erreichen muß; der Forscher andererseits kann jedoch in einem großtechnischen System nie nur einen Parameter verändern, um dessen Wirkung zu studieren. Geht der Forschende nun auf ein Modellsystem über, ist nach allem, was zuvor über die Nitrifikanten zusammengefaßt wurde, nicht damit zu rechnen, daß dieselbe Population im Modellsystem wie im Abwassersystem etabliert werden kann. Die Übertragbarkeit in die Abwasserpraxis ist von daher nicht so ohne weiteres gegeben.

Bemerkenswert ist auch, daß Nitrifikanten in Mischkulturen in Habitaten beobachtet werden, in denen sie in Reinkulturen nicht existieren können. Man muß sogar davon ausgehen, daß die Nitrifikanten in Gegenwart von Pseudomonaden nicht von Bakterienfressern dezimiert werden, weil die Pseudomonaden Stoffe absondern, die Proto- und Metazoen vertreiben. Schließlich werden auch in extremen Biotopen (z.B. Teeböden: pH 4,6) Nitrifikanten gefunden. Ihre Adaptationsfähigkeit wird auf häufig beobachtete hohe Plasmidgehalte zurückgeführt.

Modell der Mischpopulation

Die biologische Abwasserreinigung in den heute üblichen einstufigen Belebungsanlagen (submerse Kultur) beinhaltet eine mikrobielle Lebensgemeinschaft von meist schneller wachsenden, heterotrophen Kohlenstoff-Oxidierern und eben den Nitrifikanten. Trotz einer durchaus hohen Artenvielfalt nitrifizierender Bakterien werden in Abwassersystemen i.a. nur zwei bis drei Arten gefunden /BOCK, 1989/. Dies spricht für eine extreme Spezialisierung. Für die Abwassertechnik bedeutet dies, daß z.B. ein Ammoniak-Oxidierer der Kläranlage A sich in einer Kläranlage B nicht etablieren können muß, selbst wenn ähnliche Belastungsverhältnisse vorliegen.

Es ist auch bekannt, daß in Abhängigkeit von der Temperatur des Abwassers der nitrifizierende Schlamm in einer submersen Mischpopulation eine Verweildauer von ca. 10 Tagen benötigt, damit sich im jeweiligen Abwasserreinigungssystem bemerkbar Nitrifikanten entwickeln können. Viele Nitrifikanten werden in den konventionellen Klärsystemen nicht zurückgehalten, weil sie partikulär bleiben und damit über Absetzsysteme nicht abgetrennt werden können.

In Bild 3.19 ist schematisch gezeigt, wie man sich die ökologischen Bedingungen der Nitrifikanten in einem Mischsystem in einer biologischen Kläranlage vorzustellen hat: Bekommt die Schlammflocke organische Nährstoffe ab, werden die Heterotrophen wachsen, die Nitrifikanten überwuchern und damit deren Zugang zum gelösten Sauerstoff im Abwasser verschlechtern. Auf der anderen Seite werden aber beim heterotrophen Wachstum auch CO_2-Moleküle abgegeben, die die Baustoffquelle der Nitrifikanten sind. Gleichzeitig erwärmen die Heterotrophen die Belebtschlammflocke, was die Wachstumschancen der Nitrifikanten ebenfalls begünstigt (aber die Sauerstofflöslichkeit lokal herabsetzt).

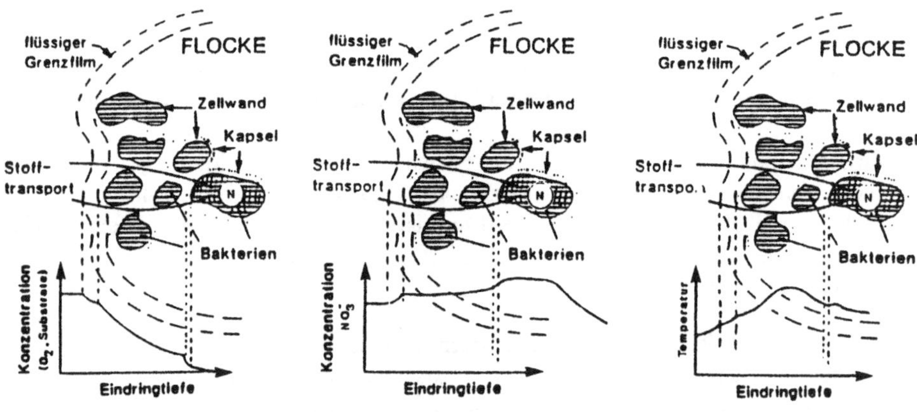

Bild 3.19 Modell des Belebtschlammsystems aus Nitrifikanten und Kohlenstoff-Oxidierern

Ein wesentlicher Nachteil des submersen Abwasserbehandlungsverfahrens ist, daß infolge Feststoffeintrags über den Zulauf und heterotrophes Mikroorganismenwachstum dem System immer wieder Überschußschlamm entzogen werden muß. Damit werden aber auch die benötigten Nitrifikanten immer wieder entfernt.

Nährstoffe und ökologische Randbedingungen

Mit Bild 3.19 vor Augen kann man bestimmte Interpretationen von Meßergebnissen in der Literatur ein wenig differenzierter betrachten: Im allgemeinen wird behauptet, daß Nitrifikanten sehr empfindlich auf schwankende BSB_5-Belastungen, rasche Temperaturwechsel und Veränderungen ihrer Milieubedingungen reagieren. Wie oben gezeigt, muß es sich jedoch bei zurückgehenden Umsatzgraden nicht um Hemmungen der Nitrifikanten handeln, sondern vielmehr können auch einfach Substrate, wie O_2 oder CO_2 fehlen.

Wenn die Nitrifikanten Sauerstoff bekommen (nach JAEGER /1988/ liegen die halbmaximalen Sauerstoff-Monod-Konstanten zwischen 0,3 und 0,5 mg O_2/l), wird in der Belebtschlammflocke Nitrat produziert, da Ammonium immer verfügbar ist. Dieses Nitrat steht natürlich den zur Denitrifikation befähigten Heterotrophen in der Flocke als Ersatz-Energiequelle zur Verfügung. Deren Stoffwechselprodukt CO_2 liefert dann wieder den Kohlenstoff für das Nitrifikanten-Wachstum. In der Praxis liegen die gemessenen Werte für den Sauerstoffverbrauch zur Nitrifikation um 3,8 g O_2 pro g NH_4^+-N. Auch ist nicht die Temperatur des Abwassers, sondern die des Schlammes maßgebend (die Temperatur des Abwassers kann niedriger sein). Die Heterotrophen produzieren etwa 12 J/gCSB Wärme.

Bei der Nitrifikation (Bildung von salpetriger Säure) wird die Alkalinität herabgesetzt. In der Literatur /z.B. HAANDEL, MARAIS, 1981/ werden pro mg oxidiertem Kjehldahl-Stickstoff (TKN) Werte zwischen 5,4 und 7,4 mg $CaCO_3$ genannt. Die Säurekapazität eines vorgeklärten kommunalen Abwassers liegt etwa bei 300 und 800 mg $CaCO_3$/l /KAPP, 1983/, so daß bei einem erforderlichen Rest-Carbonatgehalt von 100 mg/l zwischen nur 25 und 85 mg TKN/l oxidiert werden könnten. Bei geforderter Phosphatelimination kann dieser Wertebereich noch kleiner aussehen, wenn die simultane Phosphatfällung gewählt wird. Durch Denitrifikation wird das Puffervermögen wieder angehoben.

Für die Abwasserreinigungstechnik ist es im Grunde vorteilhaft, daß die Nitrifikanten mit einer relativ kleinen Bakterienanzahl (d.h. auch geringe Überschußschlammproduktion) hohe Stoffumsätze erzielen können (zwischen 15 und 30 g NH_3 werden für die Synthese von 1 g *Nitrosomonas* (Biotrockenmasse) benötigt). Einige Bakterien können jedoch auch ohne Aufbau von Zellsubstanz die Substrate oxidieren. Dieser Vorteil wird aber zum Nachteil, wenn das System gestört wird: Es dauert eben auch sehr lange, bis sich nach einer Störung das System wieder erholt und ursprüngliche Stoffumsatzraten erreicht werden. Da wie weiter oben erläutert wurde, jeweils nur wenige Nitrifikantenarten vorhanden sind, kann das zur Folge haben, daß ein Störstoff die gesamte Spezialisten-Population hemmt oder abtötet. Damit muß man aber nicht grundsätzlich rechnen, weil die Nitrifkanten häufig im Inneren der Belebtschlammflocken oder in Biofilmen angesiedelt sind, was den Hemmstoff-Stofftransport genauso wie den Substrattransport limitiert. Merkliche Leistungseinbußen beim Stickstoffumsatz werden aber laufend beobachtet.

3.2.5 Umsetzung in technische Systeme

Die Grundlagen und Merkmale biologischer Abwasserreinigungssysteme sind ausführlich von KUNZ /1992/ aus reaktionstechnischer Sicht und unter dem Gesichtspunkt der Optimierung der Verfahrensführung beschrieben, so daß im folgenden lediglich auf die Spezialitäten biologischer Stickstoffeliminationssysteme abgehoben werden soll. Bild 3.20 soll den Fließweg des Abwassers am Beispiel einer kommunalen Kläranlage verdeutlichen; Bild 3.21 am Beispiel einer Industriekläranlage. Die Hintergründe für die unterschiedliche Kombination der Becken werden im folgenden diskutiert.

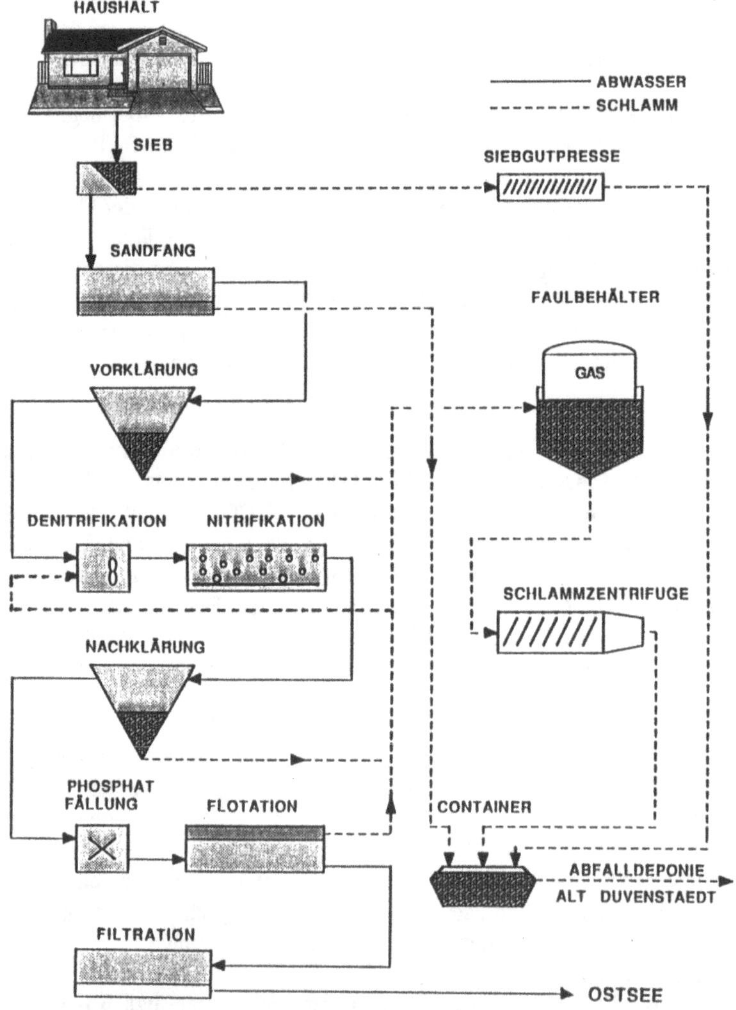

Bild 3.20 Fließweg des Abwassers in einem kommunalen Klärwerk mit weitergehender Reinigung (am Beispiel des Klärwerks Eckernförde /PREUSSNER, 1989/

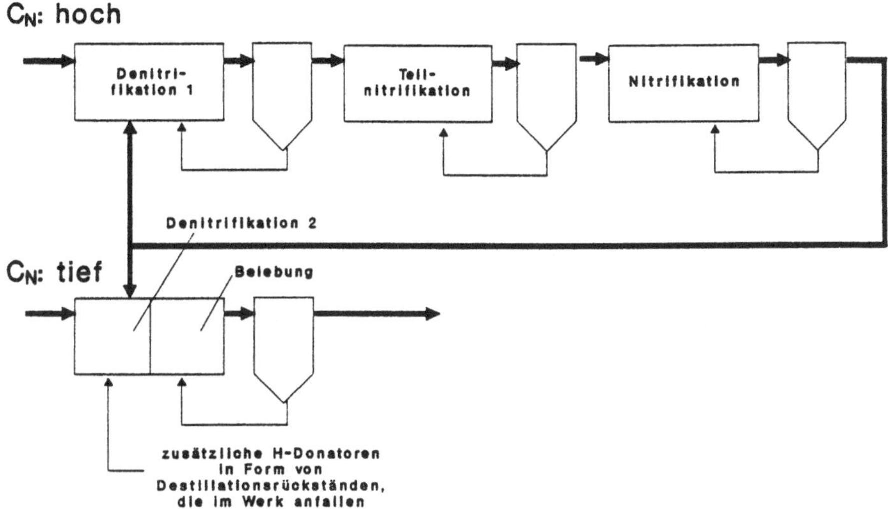

Bild 3.21 Mehrstufige und parallele Behandlung des Abwassers in einem industriellen Klärwerk am Beispiel einer Raffinerie /nach KLEINERT,1989/

Wie aus den zuvor dargelegten Grundlagenuntersuchungen bekannt ist, kann man die Stickstoff-Elimination in guter Näherung stöchiometrisch betrachten. Im Gegensatz zur siedlungswasserwirtschaftlichen Literatur sollte man jedoch den Bilanzraum allein um die biologisch wirksamen Reaktoren (vgl. Bild 3.22) legen, weil im gesamten Fließweg weitere Stoffumsetzungen möglich sind, die zu mehr oder weniger starken Abweichungen führen können.

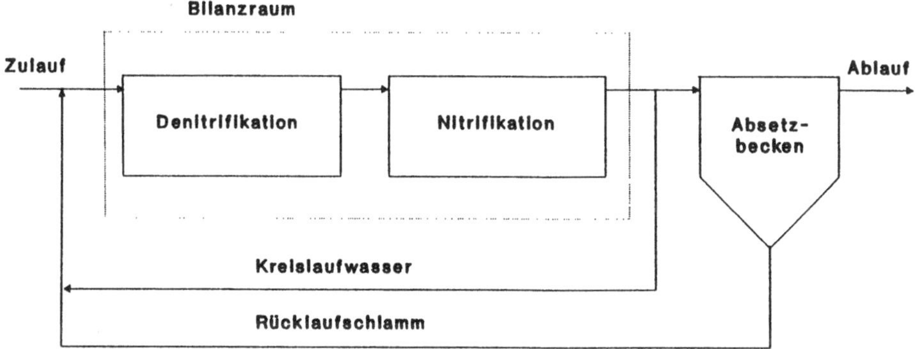

Bild 3.22 Fließbild und Darstellung des Bilanzraumes einer Stickstoffeliminationsanlage mit vorgeschalteter Denitrifikation (der Kreislaufwasserstrom wird eingerichtet, wenn die hydraulische Belastung/ Trennflächenbelastung des Phasentrenners zu groß wird)

Nitrifikation in Abwassersystemen

Die Nitrifikation in submersen Belebungssystemen war bisher Gegenstand der Betrachtung, weil sie den häufigsten Fall darstellt. Man weiß allerdings schon sehr lange /s. RHEINHEIMER et al., 1988/, daß Nitrifikanten zu den sessilen Mikroorganismen zählen und sich bevorzugt auf Trägern ansiedeln. Von daher liegt es nahe, sich mit immobilisierten Nitrifianten auf Festbettreaktorsystemen zu beschäftigen (s. Abschnitte 2.5.4 und 2.61) In der Praxis werden bislang im Rahmen von Tropfkörper-, Tauchkörper- und Wirbelschichtanlagen Kunststoff-Träger verschiedener Firmen in verschiedenen Verfahren und Kohlearten, wie Aktiv- oder Braunkohle oder Anthrazit oder Rückstände aus anderen Prozessen eingesetzt.

Nachteilig ist, daß feste Einbauten nur über die Sauerstoff-Zufuhr beeinflußt werden können und schon häufiger anstelle von Nitrifikanten Nitrifikanten-Fresser auf den Tauchkörper-Elementen gefunden wurden. Schließlich zeigt auch die Erfahrung, daß Wirbelschicht-Reaktoren nicht beliebig hoch mit Trägermaterial beaufschlagt werden können und damit einer etwaigen Reservehaltung für den Notfall Grenzen gesetzt sind. Nachteilig bei den suspendierten Trägern, wie Kunststoffwürfeln oder Kohlepartikeln, ist, daß diese mikrobiell zersetzt oder abgerieben werden und ersetzt werden müssen. Ein Teil des Abriebes gelangt in den Ablauf, ein Teil in den Klärschlamm. Wesentlicher ist aber, daß die Träger im Verlauf des Durchgangs durch die Abwasserreinigungsanlage von einem Bakterienschleim überzogen werden, der die ursprünglichen Merkmale des Trägermaterials in den Hintergrund treten läßt.

Nitrifikationskapazität

Unter der Nitrifikationskapazität ist per Definition die aktuell umsetzbare Stickstoffmenge in einer definierten Zeiteinheit in einem biologisch wirksamen Reaktorraum zu verstehen (kg N pro $m^3 \cdot h$). Ist sie bekannt, kann man aus den Zuflußkonzentrationen an Stickstoff ermitteln, ob der Reaktionsraum ausreicht, um vollständig zu nitrifizieren, oder ob gegebenenfalls. ein Teil des Zuflußes zwischengespeichert werden muß.

Aus einer Input-Output-Messung ließe sich die aktuelle Nitrifikationsleistung des jeweiligen Klärsystems bestimmen, sofern der TKN kontinuierlich gemessen werden kann oder sichergestellt ist, daß quantitativ nur noch Ammonium als oxidierbare Stickstoff-Verbindung vorliegt. Über die aktuelle Konzentrationsbestimmung kann dann nämlich in Verbindung mit den aktuellen Zuflußmengen (und vorher ermittelter Verweilzeitcharakteristiken) die aktuelle Nitrifikationsrate in g NH_4-N pro $m^3 \cdot h$ angegeben werden. Über eine kontinuierliche Trockensubstanz-Messung im biologischen Reaktor wäre darüberhinaus die spezifische Nitrifikationsrate in g NH_4-N pro g TS.hanzugeben.

Allerdings ist heute noch keine kontinuierliche, reproduzierbare TKN-Messung für Zulaufverhältnisse verfügbar. Weiterhin sind zum heutigen Zeitpunkt noch nicht alle Zusammenhänge hinsichtlich der Nitrifikationskapazität einer Abwasserreinigungsanlage aufgeklärt: Zwar kann man schwankende Ammoniumablaufwerte auf interne Stoßbelastungen aus dem Bereich der Schlammbehandlung oder auf hydraulische Verlagerungen des Schlammes in die Nachklärung bei Regenwasserzuflüssen zurückführen, doch müssen auch Generationsfragen der Nitrifikanten-Population und die Leistungsbandbreite der Nitrifikanten in Biofilmen/Belebtschlammflocken insgesamt berücksichtigt werden. Hierzu gibt es in Mischkulturen jedoch noch wenig Informationen.

Aufgrund der kinetischen Betrachtungen muß man allerdings annehmen, daß angesichts der in kommunalen Kläranlagen herrschenden Konzentrationsverhältnisse die Nitrifikationsleistung nicht vom einzelnen Nitrifikanten abhängt, sondern nur von der verfügbaren Nitrifikanten-Anzahl (Reaktion 0. Ordnung!). Technisch kann man von daher die Nitrifikation nur steigern, wenn man die vorhandenen Nitrifikanten besser nutzt und ihnen bessere Lebensbedingungen bietet. Möglichkeiten sind:
- kleinere Flocken, um den Sauerstoff zum Nitrifikanten zu bringen,
- höhere Sauerstoffkonzentrationen, um im Innern siedelnde Nitrifkanten zu versorgen,
- mehr Schlamm in den aktiven Zonen, um die Masse zu erhöhen.

Diesen technischen Möglichkeiten sind bekanntermaßen Grenzen durch die maximale Aufkonzentrierbarkeit in Sedimentern bzw. Belüfterkapazität gesetzt.

Denitrifikation in Abwassersystemen

Zur Stickstoff-Elimination muß das Abwasser noch - wie erwähnt - in einen anaeroben (anoxischen) Reaktor geleitet werden, damit das gebildete Nitrat reduziert werden kann. Hierfür gibt es in der Praxis zwei Verfahrensweisen:

- Zum einen kann man nitrathaltiges gereinigtes Abwasser in einen Reaktor einleiten, dem Elektronendonatoren zugesetzt werden.
- Zum anderen kann man die im Abwasser vorhandenen oxidierbaren Komponenten (C-Komponenten) nutzen.

Letztere Verfahrensweise wird am häufigsten angewandt, und zwar in Form einer vorgeschalteten Denitrifikation (s. Bild 3.20): Der Rücklaufschlamm enthält ohnehin Nitrat, die Rücklaufschlamm-Menge kann erhöht werden, bis die Hydraulik in der nachgeschalteten Phasentrennung zum Schlammabtrieb über den Klarlauf führt; dann kann man aber vor der Phasentrennung einen Kreislaufwasserstrom abziehen; insgesamt verkürzen aber alle diese Maßnahmen die Zeit, in der das Abwasser im oxidierenden Reaktor verweilt (Reaktionszeit der C- und N-Umsetzung). Deshalb werden auch Verfahren angewandt, die als simultan oder alternierend beschrieben werden, bei denen im Hauptstrom denitrifiziert wird (s. Bild 3.23). Da das Konzentrationsgefälle bzw. die Verfügbarkeit organischer Verbindungen aber nach einem oxidativen Stoffumsatz nicht mehr so groß ist, wie direkt nach dem Eintritt des Abwassers in das biologische Reaktionssystem, muß man ggf. größere Reaktionsräume, längere Abwasserverweilzeiten oder höhere Konzentrationen an Denitrifikanten (endogene Atmung führt auch zu Denitrifikatiion) hierfür vorsehen.

Nachgeschaltete Denitrifikationszonen (s. Bild 3.21) bedürfen der Dosierung eines leicht abbaubaren Substrates, wie Methanol oder der Einleitung eines unbehandelten Abwasserzufluß-Teilstromes. Hierzu ist aber eine extrem hoher Meß- und Regelaufwand notwendig, um unzulässige Restverschmutzungen zu vermeiden.

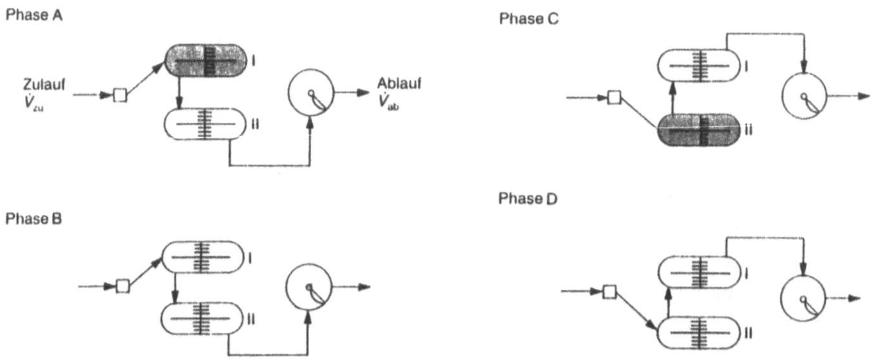

Bild 3.23 Alternierende Nitrifikation-Denitrifikation, BIODENITRO

3.2.6 Bekannte Regelungen und Steuerungen

Mit der Forderung nach Stickstoff-Elimination halten verstärkt Prozeßmeßgeräte Einzug in die Kläranlagen, weil die niedrigen geforderten Grenzwerte nur über eine abgestimmte Prozeßführung eingehalten werden können. Allerdings helfen auch Prozeßmeßgeräte nicht, wenn keine oder nicht ausreichend Nitrifikanten im System sind. Die Nitrifikation gilt aufgrund der oben genannten Zusammenhänge als der Flaschenhals der Stickstoff-Elimination. Von Ausnahmen abgesehen, gilt deshalb das regelungstechnische Bemühen, der Umsetzung von TKN in Nitrat.

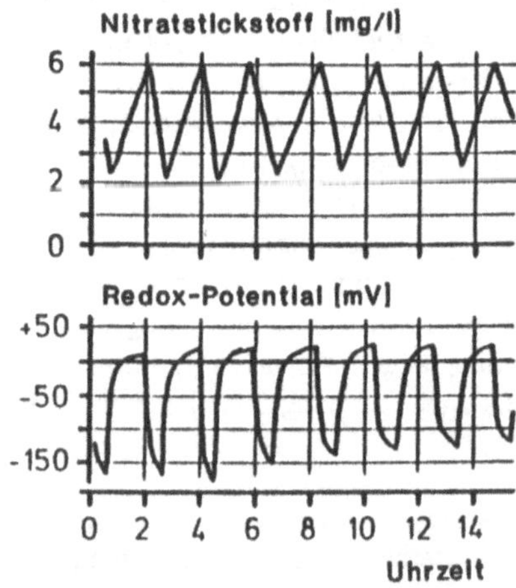

Bild 3.24 Nitratgehalt und Redox-Potential bei intermittierender Belüftung /KAYSER, 1989/

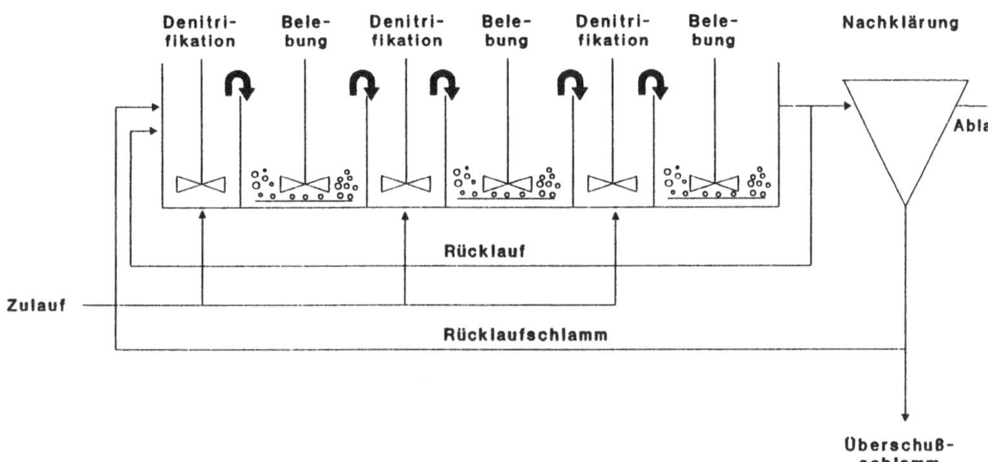

Bild 3.25 Kaskaden-Nitrifikation und Denitrifikation

Wie Bild 3.24 zeigt, besteht ein enger Zusammenhang zwischen Nitratbildung und dem Redox-Potential im Abwasser. Deshalb kann man in Kläranlagen mit geringer Belastung (Schwachlastanlagen mit Reinigungsgeschwindigkeiten unter 0,1 kg BSB5/kg TSd) über das Redox-Potential die Sauerstoff-Versorgung ein- und ausschalten und damit in einem Becken oxidieren und reduzieren, was dem in Bild 3.25 gezeigten räumlichen Prinzip zeitlich entspricht. Wo immer dieses Prinzip anzuwenden geht, sollte man es ob seiner Einfachheit anwenden. Bild 3.26 zeigt zum Vergleich die aufwendige MSR-Technik für eine gesteuerte Kaskadenanlage.

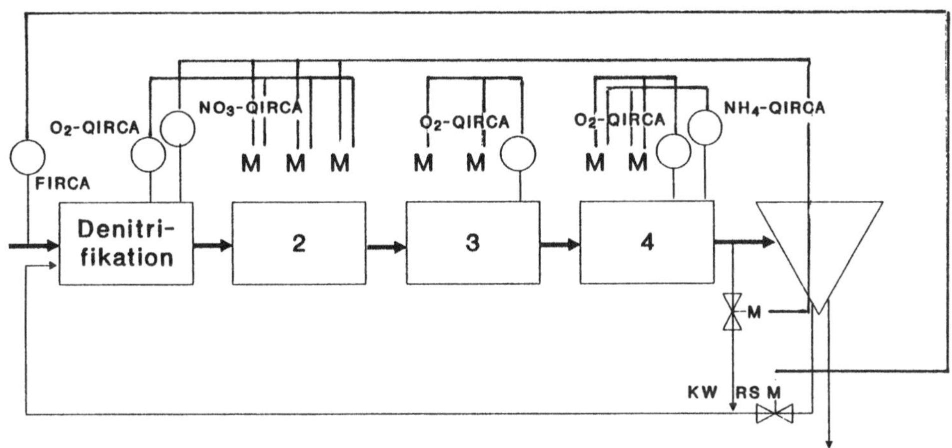

Bild 3.26 Beispiel für ein Meß-, Steuer- und Regel-Schema für die Optimierung von Nitrifikations- und Denitrifikationsprozessen/ BÖHM, KUNZ, 1986/

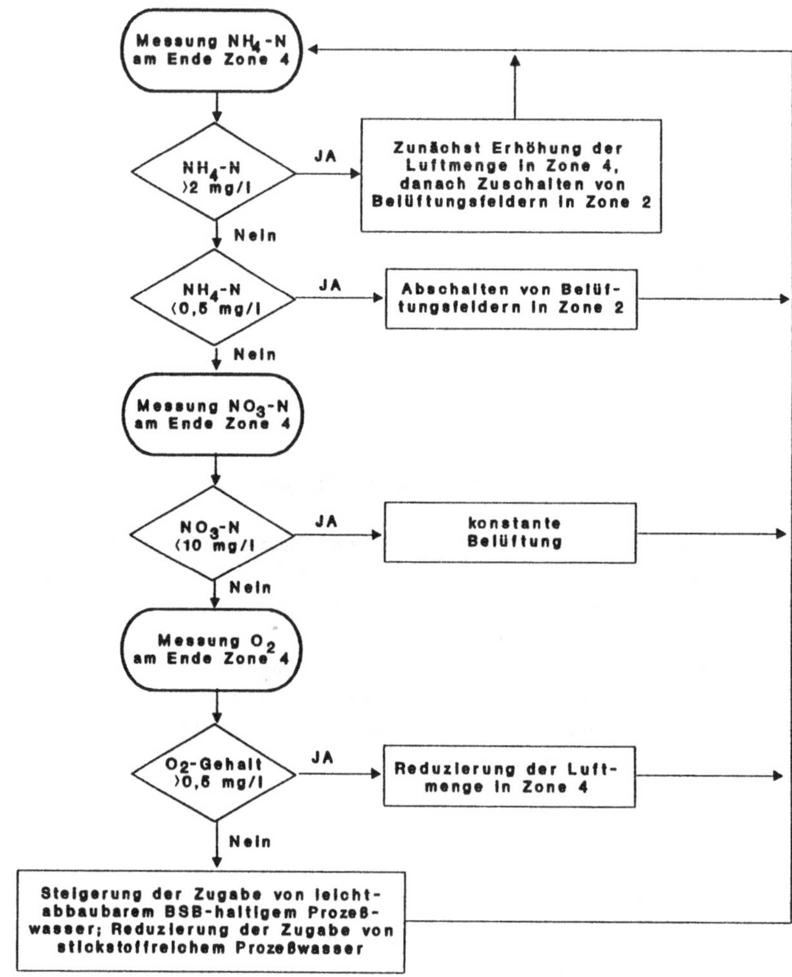

Bild 3.27 Ablaufdiagramm einer Belüftungssteuerung für eine Vierfachkaskade aus Anaerob-anaerob/aerob-aerob-aerob-Becken /KALTE, NOLTING, 1991/

Will man allerdings über den Input an Stickstoff den Reinigungsprozeß steuern und gegebenenfalls über den Output regelnd eingreifen, wird das Verfahren in erster Näherung recht aufwendig und vor allem teuer (vgl. Bild 3.27). Vereinfachend kann man aber mit einem Meßgerät auskommen, wenn man es in der Nähe des Zulauf- und Rücklaufstromes so anbringen kann, daß einmal Zulauf- und ein anderes Mal Rücklaufwasser dem Sensor zugeführt werden kann. Da in den filtrierten Proben der Kreislaufwasser- oder Rücklaufschlammströme die gleichen Konzentrationen herrschen müssen wie im Ablauf, kann man diese stellvertretend für den Ablauf verwenden. Mit dieser Verfahrensweise stehen mit einem Meßgerät dann Eingangs- und Endkonzentrationen für steuer- und regeltechnische Eingriffe zur Verfügung /KUNZ, BÖHM, 1986/.

Beispielhaft ist nachstehend ein Ablaufdiagramm (Bild 3.27) wiedergegeben, das einerseits die Steuerung der zugeführten Luftmengen zum Gegenstand hat, andererseits die Entscheidung, ob ein Becken reduzierend oder oxidierend betrieben werden soll. Darüber hinaus kommt noch die Erhöhung des Sauerstoffpartialdruckes in Betracht, um auch in den Belebtschlammflocken sitzende Nitrifikanten mit Sauerstoff zu versorgen und damit den Stoffumsatz zu erhöhen.

3.2.7 Bedarfsabhängig gesteuerte Nitrifikation und Denitrifikation in Abwasserreinigungsanlagen

Nitrifikanten-Fermenter

Angesichts der oben geschilderten Problematik der Kultivierung von Spezialbakterien mit langen Generationszeiten neben Mikroorganismen mit kurzen Generationszeiten, Fresser-Organismen und der potentiell größeren Gefahr der Wirkung von Störsubstanzen hat der Verfasser /KUNZ, 1989/ eine Lösung für eine Industrieabwasser-Behandlungsanlage entwickelt, die im Falle zurückgehender Nitrifikationsraten greifen und die Stabilität der Nitrifikationsleistung erhöhen sollte. Aus biotechnologischer Sicht kam hierfür nur ein

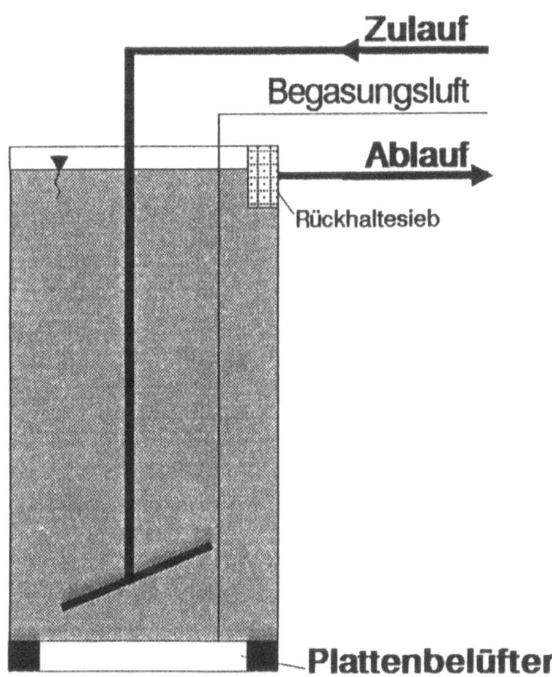

Bild 3.28 Prinzipschaubild des Nitrifikanten-Fermenters

Fermenter in Betracht, in dem unter prozeßnahen Bedingungen standorteigene Spezialisten, in diesem Falle Nitrifikanten, regelrecht gezüchtet werden. Diese können dann nach einer Störung, die sich durch steigende Ammoniumkonzentrationen im Ablauf anzeigt, der eigentlichen Abwasserbehandlung zugeführt werden und die Aufgabe der gehemmten oder abgetöteten Nitrifikanten übernehmen.

Im Fermenter befinden sich Schwebekörper (Braunkohle, regenerierte Aktivkohle, Akadolit/Dolomitgestein), die über eine Blasenbegasung in Schwebe gehalten werden. Dem Fermenter werden lediglich gereinigtes Abwasser und Ammoniumsalze oder Ammoniak zugeführt. Bild 3.28 zeigt das Prinzip, Bild 3.29 seine Einbindung in den Klärprozeß. Mit der Zeit siedeln sich die im gereinigten Abwasser mitschwimmenden Nitrifikanten auf dem Trägermaterial an und vermehren sich. Da so gut wie keine organischen Substanzen in den Fermenter gelangen, besteht die Population auf den Trägern aus überwiegend Nitrifikanten.

Beachtenswert ist nun, daß Materialien, die einem Abrieb unterliegen, ständig vom Fermenter in die Abwasserreinigungsanlage ausgeschleust werden. Auf diese Weise gelan-

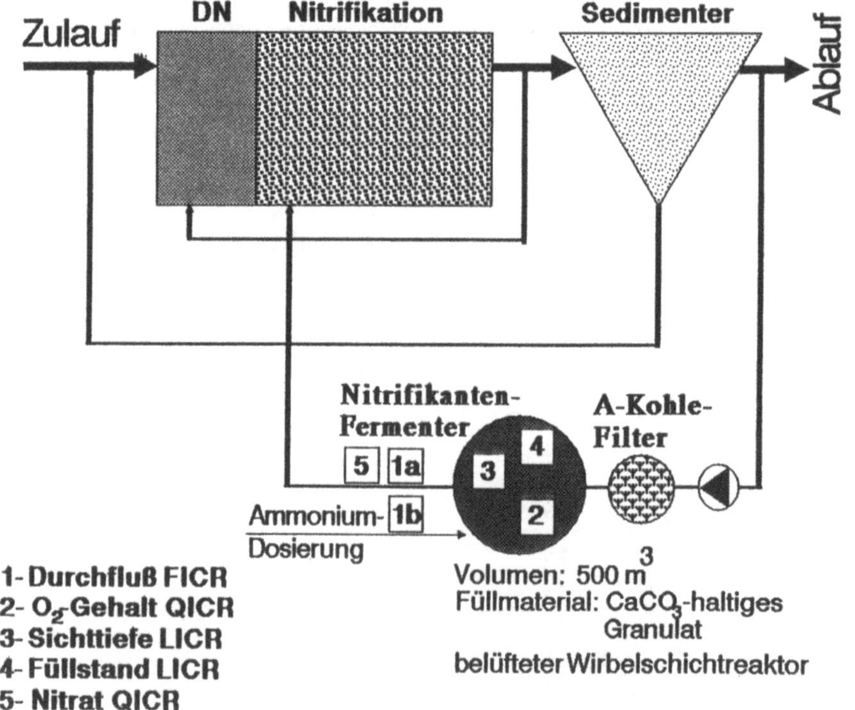

Bild 3.29 Fließbild der Kläranlage nach Installation des Nitrifikanten-Fermenters /KUNZ, RHODE, SCHULZ, 1991/

gen permanent Nitrifikanten in das Klärsystem und ergänzen die in der biologischen Stufe vorhandene Population (vgl. Bild 2.30). Auf dieser Verfahrensweise basierend konnte in der bestehenden Bausubstanz vollständige Nitrifikation erreicht werden. Die weitere Nutzung dieses Prinzips sieht vor, daß entsprechend dem Zulauf an Ammonium Nitrifikanten aus dem Fermenter zudosiert werden und auf diese Art und Weise die Nitrifikationskapazität der Anlage bei Bedarf erhöht wird.

Auf ein bei dieser Verfahrensweise auftretendes Problem, das auch an anderer Stelle bereits diskutiert wird /KROOS, 1990/ sei hingewisen: Extern, durchaus mit dem speziellen Abwasser angezogene Mikroorganismen können eventuell ihre Funktion in der eigentlichen Abwasserbehandlungsanlage nicht voll entfalten, weil sich die Lebensbedingungen zwischen Neben- und Hauptstrombiologie zu stark unterscheiden. Dieses Vorgehen ist auch technisch-wirtschaftlich betrachtet noch nicht optimal: Man nimmt nämlich in Kauf, daß die gezüchteten Spezialbakterien auch ständig verlorengehen, weil sie mit dem Träger über den Überschußschlamm ausgeschleust werden.

Spezialisten-Recycling-Anlage

Wenn man die Konkurrenzsituation der schnell- und langsamwachsenden Mikroorganismen bzw. die Problematik der unterschiedlichen Generationszeiten von Abwasserbakterien ausschalten und trotzdem in einem einstufigen System verbleiben will, muß man den Spezialisten - bildhaft gesprochen - einen Käfig bauen, damit man sie, wenn man sie nun schon einmal kultiviert hat, immer wieder nutzen kann. Dies gilt für Nitrifikanten, aber auch für andere Spezialisten, die meist in industriellen Kläranlagen benötigt werden. Da der in einem Abwassersystem auf Trägern (s. Abschnitt 2.6.1) kultivierte Mikroorganismus vom Zufluß und den sonstigen Systemrandbedingungen determiniert wird (s. Abschnitt 2.5.4), lag die Idee nahe, diesen "Käfig" nicht im Abwassersystem zu belassen, sondern ihn vielmehr herauszuholen, die darin und darauf wachsenden Spezialisten zu reaktivieren (da sie mit Sicherheit von heterotrophen Bakterien überwachsen werden, wenn sie im Mischabwasser sind) und wieder zum Wachstum anzuregen. Diese Spezialisten-Recycling-Anlage ist in Bild 3.30 im Fließschema gezeigt.

Die Nitrifikanten werden bevorzugt auf einen Träger gebracht, der erstens ein Milieu schafft unabhängig vom Milieu in der Behandlungsanlage und zweitens wieder aus dem wäßrigen System herausgenommen werden kann. Dieser Träger kann aus carbonathaltigen Materialien (z.B. Schlämme aus der Entcarbonisierung und Enteisenung in Wasserwerken) und Eisenspänen sowie Klärschlamm zusammengemischt, granuliert und gebrannt oder in ähnlicher Weise hergestellt werden, so daß er ein Schüttgewicht zwischen 100 und 800 kg pro m^3 aufweist. Darüberhinaus kann der Träger vor Immobilisierung mit den Spezialbakterien in wachstumsfördernde oder enzymaktivierende Medien getaucht werden, die bei normalen Wassertemperaturen fest werden (Gelatine plus Nährlösungsbestandteile, vgl. Abschnitt 3.1.7 und Bild 3.31).

Die Herausnahme der Träger kann bei Dotierung mit Eisenspänen magnetisch erfolgen, indem das Gemisch aus gereinigtem Abwasser und Schlamm, das den Überschußschlamm ausmacht, an einem Elektromagneten vorbeigeführt wird. Noch eleganter läßt sich der Träger über ein Rollsieb entfernen, bei dem bereits die an der Oberfläche der

Träger gewachsenen heterotrophen Biofilme abgeschert werden. Anschließend gelangen die Träger noch in einen Wäscher, der ein günstiges Milieu für die Spezialisten, aber ein ungünstiges für die übrigen Heterotrophen abgibt. Ein Teil der Träger wird mit Sicherheit aus dem System in die Schlammbehandlung ausgeschleust, da nicht alle Träger magnetisch erfaßt werden oder durch Volumenänderung durch den Sieb fallen. Dies ist aber gar nicht ungünstig (abgesehen davon, daß die Träger umweltneutral sind), da auf diese Weise auch die Spezialisten-Population erneuert wird.

Die zurückgeführten und auch neue, noch unbenutzte Träger werden in einen Fermenter gegeben, der nun aber im Gegensatz zur vorher beschriebenen Technik nicht mehr submers betrieben werden soll, sondern nur noch bei extremer Luftfeuchtigkeit. Dieser Fermenter wird mit Brunnenwasser, behandeltem Abwasser oder auch mit Rohwasser über ein Sprühsystem feucht gehalten. Der Vorzug von Rohwasser besteht darin, daß die Träger bereits mit dem Wassermilieu in Berührung kommen, dem sie später ausgesetzt werden. Dies ist aber nicht so wesentlich, weil bei diesem Verfahren das Milieu der Spezialisten durch das Trägermaterial determiniert wird bzw. die Träger immer wieder mit dem

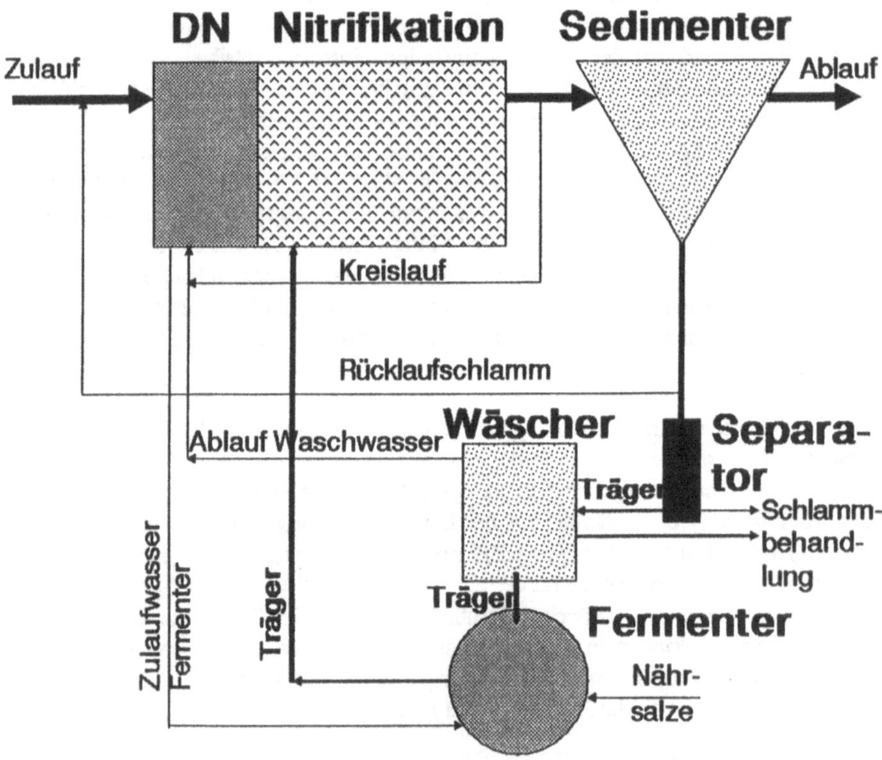

Bild 3.30 Fließschema der Spezialisten-Recycling-Anlage

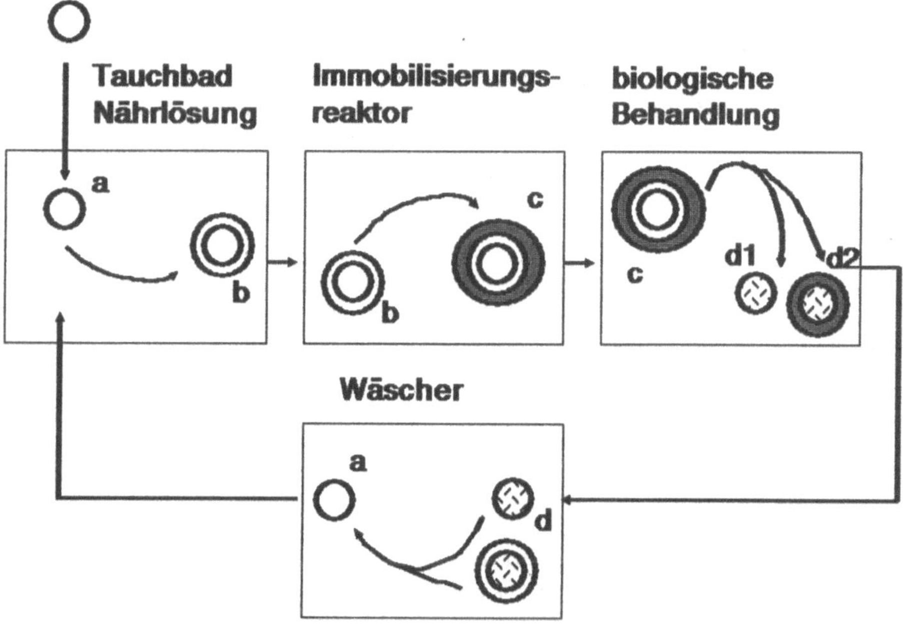

Bild 3.31 Schema der Entwicklung eines Trägers mit Nährbodenüberzug

Abwasser in Berührung kommen. Die Wasserzufuhr zum Fermenter kann sich auf wenige Liter pro Tag beschränken (Verdunstungsverluste).

Der Nitrifikanten-Fermenter oder ein ähnlich gearteter Spezialisten-Fermenter wird allein mit den Stoffen versorgt, die die Spezialisten in der biologischen Behandlungsanlage umsetzen sollen. Im Falle der Stickstoffoxidation sind das Ammoniumsalze.

Der wesentliche Unterschied und Vorteil des beschriebenen Verfahrens gegenüber allen bisher bekannten Verfahren zur Oxidation von Stickstoff im Rahmen der Stickstoff-Elimination aus Wasser ist darin zu sehen, daß die mit großem Aufwand kultivierten Spezialisten nicht mit dem übrigen Schlamm aus dem System ausgetragen werden und verloren gehen, sondern ständig im Kreislauf gefahren werden können. Wie vorgestellt, werden sie dabei so behandelt, daß sie sich regenerieren können. Ein weiterer entscheidender Vorteil des Verfahrens ist, daß die Nitrifikanten nahezu ungestört in ihrem Kultivationsmilieu auf dem Träger verbleiben und daß der Träger seinerseits eine Carbonatquelle ist, die das Milieu stark puffert.

Mit diesem Verfahren hat man somit jederzeit die Spezialisten parat, wenn im Zulauf höhere Belastungen auftreten als die, die entsprechend der Nitrifikations- oder der sonstigen Spezialistenkapazität im System oxidiert werden könnten. Gleichzeitig muß die betreffende Anlage nicht mehr auf die genannten geringen Schlammbelastungen ausgebaut werden, da dasSchlammalter der Belebtschlammflocken nicht mehr 10 Tage betragen muß.

Das Verfahren ist im übrigen - und hier schließt sich wieder der Kreis zu den anfänglichen Ausführungen zu diesem Abschnitt- auch geeignet für die Trinkwasser-Aufbereitung, wenn Denitrifikation mit speziellen Mikroorganismen gefordert ist, weil die Denitrifizierer mit dem Träger im Kreislauf gefahren werden können. Es ist weiterhin geeignet für die biologische Altlastensanierung in Off-site-Reaktoren (s. Abschnitt 3.6).

Gesteuerte Denitrifikation

Abschließend soll hier bereits ein Ergebnis aus Abschnitt 3.4 vorweggenommen werden: Einige Untersuchungen mit kontinuierlich aufzeichnenden Meßgeräten zeigen, daß die Denitrifikation nicht in dem Maße erfolgreich abläuft wie geplant. Dies ist insbesondere nachts der Fall, wenn von außen in die Anlage minimale Reduktionsäquivalente eingeleitet werden. Deshalb denkt man vielerorts bereits in kommunalen Klärwerken darüber nach, externe Kohlenstoffquellen einzusetzen, die jedoch teuer sind (Methanol, Ethanol).

In Kläranlagen gibt es aber eine interne Kohlenstoffquelle, die man bislang noch nicht verfügbar gemacht hat: Die Zellen im Überschußschlamm. Wenn die Zellhüllen geknackt werden, fließt das Cytoplasma heraus und kann - separat von den Zellhüllen oder auch mit ihnen zusammen - in die Denitrifikation zudosiert werden, je nachdem wieviel Nitrat reduziert werden soll /KUNZ, 1992/. Selbstverständlich muß zu diesem Zweck eine entsprechende Online-Meßtechnik (CSB, BSB) installiert werden.

3.2.8 Biologische Phosphorelimination

Im Zulauf von Kläranlagen sind aus menschlichen Ausscheidungen, aus Waschmitteln und industriellen Quellen Phosphate in den unterschiedlichsten Bindungen vorhanden (organisch und anorganisch gebundenes Phosphat, Polyphosphate). Vor der Umstellung auf phosphatarme Waschmittel emittierte jeder Einwohner täglich ca. 3 bis 5 g Phosphor; knapp 2 g sind aufgrund des menschlichen Stoffwechsels unvermeidlich. Diese Menge reicht i.d.R. aus, um den mikrobiellen Stoffwechsel bei der Abwasserbehandlung nicht zu begrenzen (C:N:P-Verhältnis von ca 100:10:1; Phosphorsäure wird beim Energiestoffwechsel und für die Energiespeicherung benötigt.), wenn nicht industrielle Abwässer mit hohen C:N-Werten und geringen P-Gehalten mitbehandelt werden. Die meisten Phosphor-Verbindungen werden im Kanal und in den Vorbehandlungsstufen hydrolisiert, so daß im Zulauf zu den biologischen Stufen der größte Anteil als allein mikrobiell nutzbares ortho-Phosphat vorliegt.

In jeder Kläranlage werden also auf diesem Wege biologisch Phosphate - und dadurch eben Phosphor - aus dem Abwasser entnommen: Jeder aus dem Abwasser entfernte Mikroorganismus nimmt quasi einen Teil des eingeleiteten Phosphates mit. Zu berücksichtigen ist dabei allerdings, daß über die bei der Schlammbehandlung in anaeroben Schlammfaulanlagen (s. Abschnitt 3.4) freigesetzten Trübwässer, in denen das gebundene Phosphat wieder zurückgelöst ist, ein Kreislauf mit der biologischen Behandlungsstufe entsteht, wenn die Trübwässer nicht einer separaten Behandlung unterzogen werden, was heute noch die Ausnahme darstellt.

Unter biologischer P-Elimination versteht man deshalb einVerfahren, bei dem durch die Art der Prozeßführung eine erhöhte Phosphataufnahme durch die Mikroorganismen stattfindet. Dabei wird darauf geachtet, daß das auf diese Weise entnommene Phosphat nicht mehr zurück in die biologische Stufe gelangt.

Mikrobiologischer Hintergrund

Während die Bakterien im aeroben Milieu zunächst bevorzugt gelöste Substrate aufnehmen, begünstigen anaerobe Verhältnisse vermutlich stark die Hydrolyse von hochmolekularen zu niedermolekularen Verbindungen, was man an einer Zunahme des BSB_5 und der Phosphat-Konzentration beobachten kann. Die für die Stoffaufnahme benötigten Polyphosphate, die Voraussetzung für die Vermehrung der Mikroorganismen sind, werden von den zur Phosphorakkumulation befähigten Organismen ausschließlich unter aeroben Milieubedingungen aufgenommen.

Bild 3.32 zeigt das Prinzip: Das Abwasser wird zunächst in einen anaeroben Reaktor geleitet und dort mit dem Rücklaufschlamm vermischt. Für die mit dem Rücklaufschlamm in den ersten Reaktor eingetragenen Organismen stellt diese Vorgehensweise eine Streßsituation dar, da im Abwasserzulauf ein - meist hohes - Nährstoffangebot besteht, das sie nicht nutzen können, weil ihnen die Oxidationsmittel fehlen; es sei denn, sie verfügen über Energiereserven. Einige Mikroorganismen sind nun in der Lage aus einer Art "Erhaltungsstrategie" heraus bei nächster Gelegenheit Energiespeicher anzulegen, um für derartige Situationen gerüstet zu sein. Energiespeicher können aber nur in aerobem Milieu angelegt werden. In einer Denitrifikationszone zur Verfügung gestellter gebundener Sauerstoff reicht hierfür nicht aus.

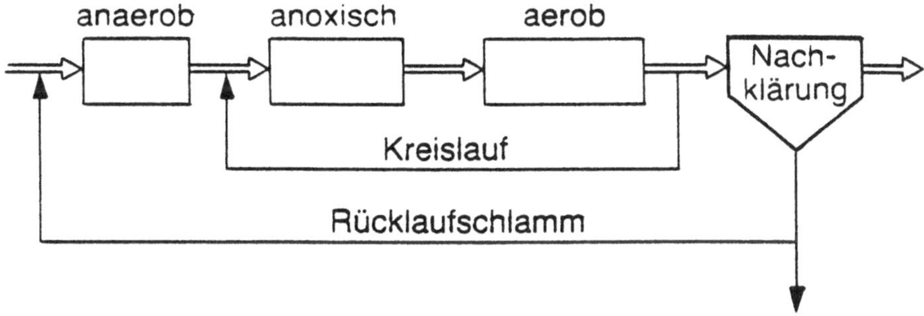

Bild 3.32 Verfahrensprinzip der biologischen P-Elimination

Die verstärkte Aufnahme von Phosphat aus dem Abwasser kann man an den eingelagerten Polyphosphatgranula der Mikroorganismen beobachten, die über diese Erhaltungsstrategie (P-Spezialisten) verfügen. Auf dem Weg durch die anaerobe Stufe "verlieren" sie allerdings wieder den größten Teil des aufgenommenen Phosphates. Der abgezogene Überschußschlamm ist aber P-angereichert, sofern er nicht zu lange in der sauerstofflosen Nachklärung oder in Eindickern gespeichert wird, weil diese ja auch anaerob sind und über die endogene Atmung ein Zehrungspotential besteht. Das Trübwasser aus Eindickern und anderen anaeroben Schlammbehandlungsstufen muß somit separat behandelt werden.

Da in Absetzern immer anaerobe Zustände herrschen, sollten zur Abscheidung von P-angereicherten Überschußschlämmen Flotationsanlagen vorgesehen werden, da bei ihnen immer Sauerstoff eingetragen und die Anaerobie vermieden wird.

Der Grad der biologischen P-Elimination hängt ab von der Schlammproduktion und damit implizit vom Schlammalter und der Phosphorakkumulationsneigung des Belebtschlammes. Die Abnahme der P-Konzentration, die man als Kriterium für die Auswahl einer der möglichen Verfahrensvarianten verwenden kann, ergibt sich aus einer Input-Output-Betrachtung und einer Massenbilanz. Ergebnis der biologischen Phoshorelimination ist eine Restkonzentration im behandelten Abwasser nach dem Bioreaktor von durchaus unter 1 mg P/l; nach der Nachklärung liegt sie aber - wie erklärt - höher, weshalb dann eine chemische Nachbehandlung erforderlich wird (Grenzwerte bei 1 und kleineren Anlagen bei 2 mg P/l).

3.2.9 Ausblick

In Zukunft wird die biologische Abwasserreinigung mit Sicherheit dahingehend verändert werden, daß eher verfahrenstechnische und biochemische Merkmale berücksichtigt werden. Die Verfahrenstechnik hält eine Vielzahl von Lösungen bereit, mit denen einseitig zusammengesetztes Abwasser oder schwer abbaubare Verbindungen behandelt werden können. Vereint mit den Kenntnissen der Mikrobiologen und der Biochemiker wird man in Zukunft in der Lage sein, biologische Klärsysteme auch wirklich nach biologisch-technischen Gesichtspunkten zu betreiben.

Hierzu wird man in breiterem Umfang als heute "Beobachter" in Form von Online-Sonden einsetzen, um mehr über die aktuelle Leistungt der Systeme zu erfahren (Beispiel: Nitrifikationskapazität). Gegebenenfalls wird man die Leistungsfähigkeit durch separat gezüchtete Bakterienpräparate erhöhen können (s. Abschnitt 2.5.3); dazu ist dann aber ein Anforderungsprofil notwendig, aus dem hervorgehen muß, welcher "Typus" gerade ergänzt werden soll, weil er vielleicht durch Einleitung eines Störstoffes aus dem System eliminiert wurde. Sicherlich wird diese Art der Zuführung von Spezialisten die Ausnahme bleiben. Wohlgemerkt ist zu prüfen, was eigentlich erreicht werden soll: In einer Vielzahl von Fällen wird es darum gehen, die autochthone (am Standort gewachsene) Lebensgemeinschaft zu fördern oder wieder rasch aufzubauen.

Viel eher wird man zukünftig auf die Fermentation von standorteigenen Organismen im Seitenstrom zurückgreifen, weil hier die Chance besteht, an das spezielle Abwasser bereits angepaßte Organismen zu selektieren. Hierzu kann es notwendig sein, Mikroorganismen-unterstützende Präparate und Trägersysteme oder auch Abbau-unterstützende Maßnahmen zusätzlich vorzunehmen (s. Abschnitte 2.5.3 und 2.5.4).

3.3 Anaerobe Sulfidfällung zur Immobilisierung von Schwermetallen

Die anaeroben Prozesse sind - wie bereits in Abschnitt 2.1 ausgeführt - extrem instabil: Gründe dafür sind die im Vergleich zu aeroben Prozessen geringe Energieausbeute der Anaerobier und die notwendige Vergesellschaftung verschiedener Bakterienarten, die sich symbiontisch ergänzen. Über die anaerobe Abwasserbehandlung wird in der Literatur sehr viel berichtet. Dies liegt mitunter daran, daß die Begeisterung für eine End-of-pipe-Technik, bei der man noch etwas Wertvolles, nämlich Biogas, gewinnen kann, sehr groß ist. Schließlich setzt man diese Technik schon seit Anfang diesen Jahrhunderts erfolgreich zur Stabilisierung von Klärschlämmen ein (s. Abschnitt 3.4).

In einigen (aber immer noch verhältnismäßig wenigen) Betrieben der Nahrungs- und Genußmittelindustrie (Brauereien, Stärke- und Zuckerfabriken), in der Papier- und Zellstoffproduktion sowie der chemischen Industrie wird die anaerobe Behandlung des Abwassers inzwischen großtechnisch, meist als erste Stufe zum Abbau hoher Substratkonzentrationen im Rahmen einer mehrstufigen Kombinationslösung, eingesetzt. Anaerobe Verhältnisse erfordert auch der Prozeß der Denitrifikation (Abschnitt 3.2.4) bzw. das Verfahren der biologischen Phosphorelimination (Abschnitt3.2.8). Schließlich kann nach dem bisheriger Wissensstand Tetrachlorethen (oder auch umgangssprachlich Per genannt) nur anaerob mikrobiell abgebaut werden.

3.3.1 Grundlagen des anaeroben Abbauprozesses

Trotz Ausschlusses von gelöstem und gebundenem Sauerstoff sind einige Mikroorganismen in der Lage, höhermolekulare Kohlenstoffverbindungen vorwiegend zur Deckung ihres Energiebedarfes zu verstoffwechseln (s. Abschnitt 2.1). Dazu hydrolysieren überwiegend fakultative Anaerobier über Exoenzyme zunächst die in der Lösung vorhandenen organischen Makromoleküle zu Zuckern, Aminosäuren, Glycerin und höheren Fettsäuren, die danach durch die Zellhülle hindurch transportiert werden können (Kettenlänge ca 15 C-Atome). Intrazellulär werden daraus Ethanol und niedere Fettsäuren, wie Propion-, Butter-, Milch-, Valerian- und Essigsäure, die diese Mikroorganismen nicht weiter metabolisieren können (etwa 10% des Kohlenstoffs werden dabei zu CO_2 umgesetzt). Die Umsetzung hängt stark vom Wasserstoffpartialdruck ab: Bei höheren Graden werden mehr Propion- und Buttersäure und weniger Essigsäure und CO_2 gebildet als bei geringeren.

$$C_6H_{12}O_6 \rightarrow CH_3CH_2COOH + CH_3\text{-}COOH + CO_2 + H_2$$

Höhere und niedere Fettsäuren werden dann von acetogenen Bakterien, die auch Aromaten metabolisieren können, weiter zu Essigsäure umgesetzt:

$$CH_3CH_2COOH + 2 \cdot H_2O \rightarrow CH_3COOH + CO_2 + 3 \cdot H_2$$

Wasserstoff und Kohlendioxid entweichen gasförmig, woraus sich einige autotrophe, methanogene Bakterien versorgen:

$$4 \cdot H_2 + CO_2 \rightarrow CH_4 + 2 \cdot H_2O$$

Einige Methanbakterien sind nur, manche aber auch in der Lage, Essigsäure heterotroph umzusetzen:

$$CH_3COOH \rightarrow CO_2 + CH_4$$

Dieser dreistufige Prozeß wird in Bild 3.33 in einer Übersicht dargestellt. Er läuft im übrigen nur ab, wenn die beiden letzten Bakteriengruppen miteinander vergesellschaftet sind. Das hängt damit zusammen, daß die Umsetzung der acetogenen Mikroorganismen bei Normalbedingungen im anaeroben Milieu endergon ist und von einer exergonen Reaktion "gezogen" werden muß /THAUER et al., 1977/. Symbiontisch unterstützen sich dabei die acetogenen und methanogenen Bakterien: Die Methanbildner senken den Wasserstoffpartialdruck, woduch der Abbau der organischen Verbindungen exergon wird, dafür liefern die Essigsäure-Produzenten das Substrat. Es ist also zu vermuten, daß der Wasserstofftransfer von den acetogenen zu den methanogenen Bakterien ein limitierender Faktor des Prozesses ist.

3.3.2 Methanisierung

Ein weiterer Flaschenhals dieses Prozesses ist die extreme Sauerstoffempfindlichkeit der Methanbildner. Das Redox-Potential für die Methanbildner sollte unter -300 mV liegen, der neutrale pH-Bereich ist für sie ideal; der Methanisierungsprozeß läuft aber auch bei niedrigeren pH-Werten, die sich immer wieder aufgrund der Versäuerungsreaktionen einstellt. Bild 3.34 zeigt zwei Temperaturoptima für die Gasproduktion in Schlammfaulanlagen bei 30 und 50 °C. Im ersten Fall handelt es sich um mesophile, im zweiten um thermophile Spezies.

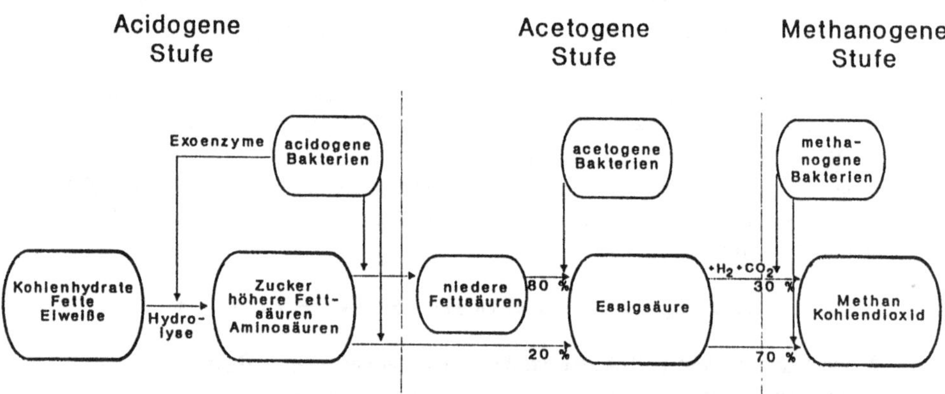

Bild 3.33 Schematischer Ablauf des anaeroben Stoffwechsels /nach VCI, 1986/

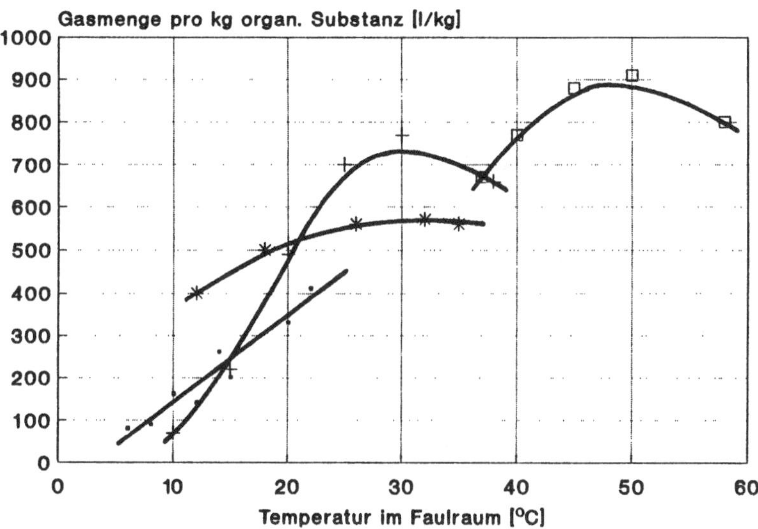

Bild 3.34 Einfluß der Temperatur auf die erzeugte Gasmenge /nach ROEDIGER et al., 1990/

Energetisch betrachtet können die Methanbildner nur aus vier Molekülen Essigsäure ein Molekül ATP bilden /MOSEY, 1981/. Die Methanisierung gilt im übrigen auch als der langsamste Schritt in der oben genannten Stoffwechselkette. In der Literatur /s. WIESMANN, 1988/ werden Ertragskoeffizienten $Y_{oTS/CSB}$ der Methanbildner von 0,03 genannt (1 g Essigsäure entspricht 1,07 g CSB bzw. 1 mol entspricht 64 g). Im Vergleich dazu liegen die Ertragskoeffizienten der heterotrophen Aerobier um rund eine Zehnerpotenz darüber (ungefähr 0,4 g oTS/g CSB). Aus einem mol Essigsäure entstehen 22,4 Normliter Methan, entsprechend 0,35 Normkubikmeter Gas pro kg CSB. Das produzierte Gas weist je nach Methananteil einen Heizwert zwischen 20 und 25 MJ/m^3 auf.

Als maximale Wachstumsraten werden μ_{max} um 0,017 1/h angegeben. Daraus (μ_{max} dividiert durch die Bakterienmasse) resultieren unter Maximalvoraussetzungen ähnlich große Abbauraten wie unter aeroben Bedingungen: 13,3 versus 18 g CSB/g oTS und Tag bei den aeroben Prozessen /WIESMANN, 1988/. Ausschlaggebend für eine hohe Stoffumsatzleistung unter anaeroben Bedingungen ist also eine hohe aktive Biomassenkonzentration.

Rund 20 verschiedene methanbildende Bakterien, die sich morphologisch als Stäbchen, Spirillen, Kokken und Sarcinen unterscheiden lassen, wurden in Reinkulturen isoliert. Fast alle Arten können Wasserstoff als einzige Energiequelle und CO_2 als Kohlenstoffquelle und Elektronenakzeptor verwerten, viele auch Formiat (Ameisensäure). *Methanosarcinen* sind in der Lage auf Methanol, Methyl-, Dimethyl- und Trimethylamin sowie auf Essigsäure zu wachsen. Vergleicht man aber die freie Enthalpie der Essigsäure-

Umsetzung (-32 kJ) mit der der autotrophen Reaktion (-138,9 kJ) wird klar, daß die Essigsäureumsetzung erst in zweiter Linie ablaufen wird.

Trotzdem werden rund 70% des Methans aus der langsamen Reaktion des Essigsäureabbaus gebildet. Erhebliche Veränderungen der Milieubedingungen können jedoch zu einer Anhäufung von Essigsäure führen, wodurch die Methanbildner geschädigt werden. Ihre Aktivität limitiert den Prozeß in der Regel. Es kann aber auch vorkommen, daß die Hydrolyse des Substrates sehr langsam vonstatten geht. Dann ist eine Trennung in einen zweistufigen Reaktor mit vorgeschalteter Hydrolyse angezeigt.

3.3.3 Anaerobe Sulfidfällung

Wie aus Bild 3.35 hervorgeht, nimmt das Redox-Potential erst ab, wenn die Nitrat- und Sulfatatmung stattgefunden haben. Ähnlich wie bei der in Abschnitt 3.2.4 beschriebenen Denitrifikation durch Denitrifikanten sind Desulfurikanten (Sulfatreduzierer) in der Lage, unter niedrigen Redox-Spannungen den Sauerstoff des Sulfations für oxidative Prozesse zu nutzen. Sie benötigen dazu Wasserstoff und stehen damit in Konkurrenz um den Wasserstoff der Methanbakterien.

Da im anaeroben Milieu das Oxidationsmittel Sauerstoff nicht unmittelbar zur Verfügung steht, reduzieren - wie oben ausgeführt - fermentative, fakultativ anaerobe Bakterien die organische Ausgangssubstanz in niedrige Fettsäuren, Alkohol, H_2 und zu CO_2. Bei Anwesenheit von Sulfat sind nun Desulfurikanten in der Lage, ihre zum Leben benötigte Energie durch die Oxidation dieser Substrate zu beschaffen - unter Reduktion des Sulfates zum terminalen Elektronenakzeptor Schwefelwasserstoff. Die Endprodukte sind CO_2 und H_2O.

In Bild 3.36 wird gezeigt, wie der Abbau der Cellulose durch zwei Vertreter der Sulfatreduzierer abläuft. Beim Abbau von 1 g Cellulose entstehen im übrigen 630 g H_2S. Bei der Sulfatreduktion von Essigsäure kann der Organismus -41 kJ/mol an freier Enthalpie beziehen (im Vergleich aerob: -837 kJ/mol). Für das Wachstum der Sulfatreduzierer ist ein Redox-Potential unter -200 mV erforderlich.

Obwohl Sulfatreduzierer in der Konkurrenz um den Wasserstoff eine günstigere Energiebilanz aufweisen und obwohl sie auch schneller wachsen als die Methanbildner, kommt es in Mischkulturen nicht zu einer Überwucherung. Der Grund dafür ist, daß ihr Wachstum durch andere Faktoren begrenzt wird: Hier dürfte zum Beispiel die Verfügbarkeit von Eisen eine Rolles pielen (Desulfurikanten benötigen 10 bis 15 mg Fe pro g CSB). Und damit hat es eine ganz besondere Bewandtnis: Viele Metalle bilden schwerlösliche Sulfide, werden also in Gegenwart von Sulfidionen gefällt, zum Beispiel HgS, AgS, FeS). Diese Verbindungen sind um Zehnerpotenzen schlechter löslich als die hydroxidischen Fällungsprodukte (s. Abschnitt 4.3). Damit steht also den Desulfurikanten nur ein geringes Angebot an Eisen zur Verfügung und ihr Wachstum bleibt begrenzt.

Sind keine Metallionen mehr vorhanden, findet sich im austretenden Biogas Schwefelwasserstoff (H_2S), das in höheren Konzentrationen die Methanbildung hemmt. In Gasverwertungsanlagen führt es zur Korrosion derAnlagenteile.

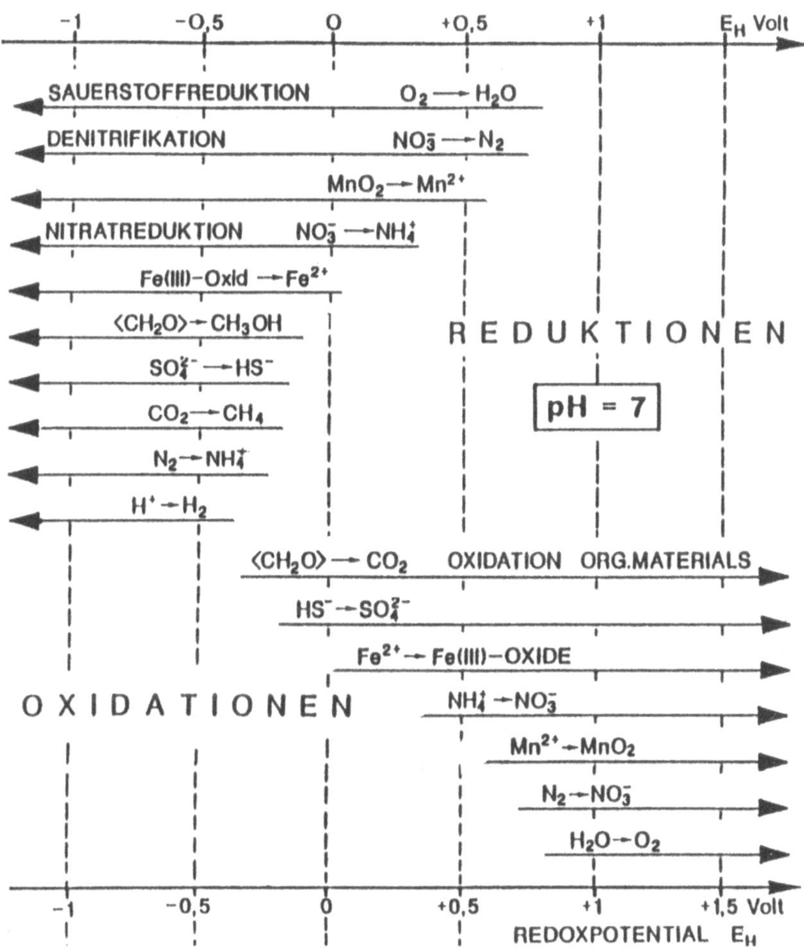

Bild 3.35 Redox-Potentiale im wässrigen Milieu /nach SIGG, STUMM, 1992/

3.3.4 Technische Umsetzung

Wie erwähnt haben die Anaerobier extrem lange Generationszeiten, weshalb die Anfahrzeiten eines Anaerobreaktors bzw. die Ausfallzeiten nach einer Störung lang sind. Die Auslegung von Anlagen erfolgt meist empirisch im Bereich von Schlammfaulanlagen (ca. 15 Tage Verweildauer); bei einseitig zusammengesetztem Industrieabwasser werden in der Regel Vorversuche gefahren, weil das zusätzlich erforderliche Substratspektrum unter praktischen Randbedingungen ermittelt werden muß (Bild 3.37).

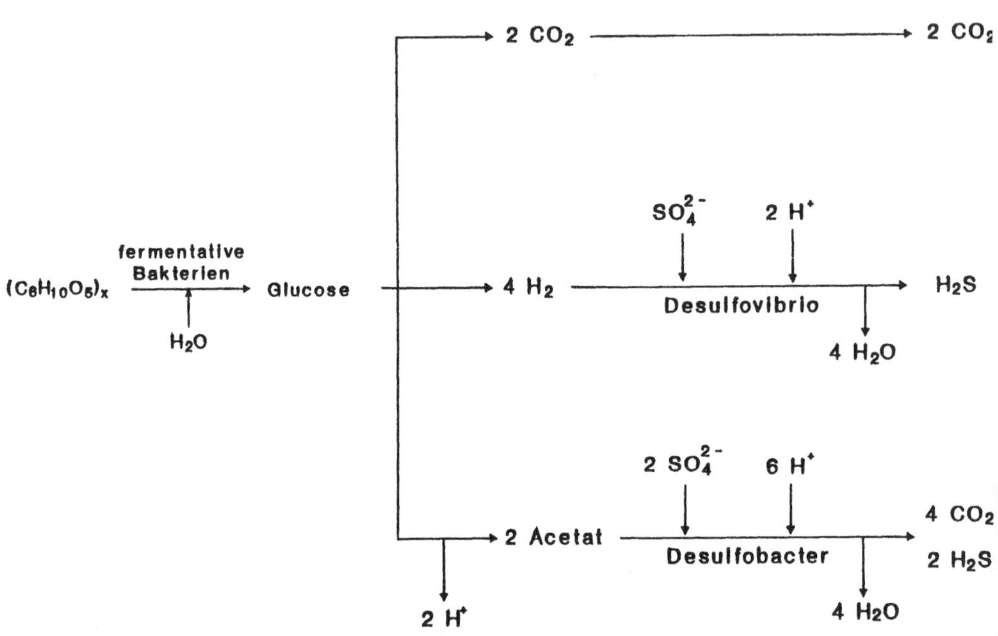

Bild 3.36 Anaerober Celluloseabbau bei Anwesenheit von Desulfurikanten /nach CORD-RUWISCH et al., 1987/

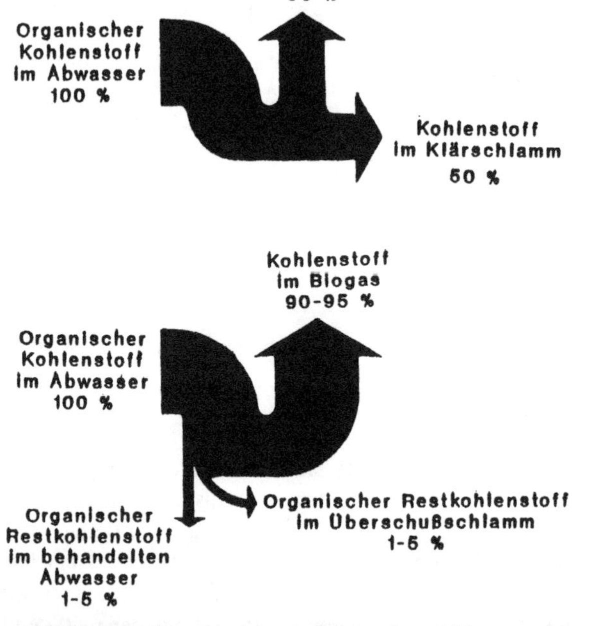

Bild 3.37 Kohlenstoffbilanzen eines aeroben und anaeroben Abbauprozesses

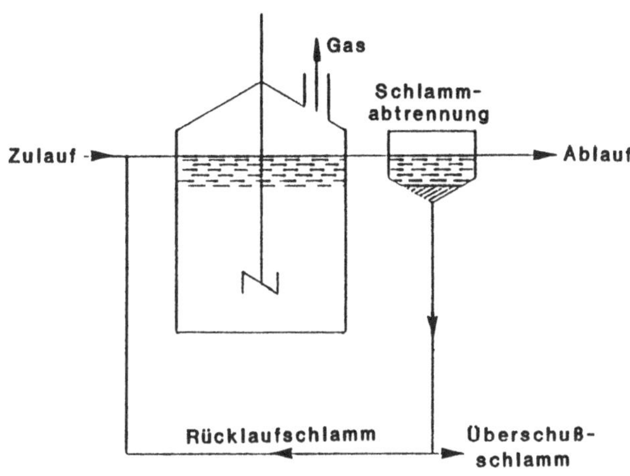

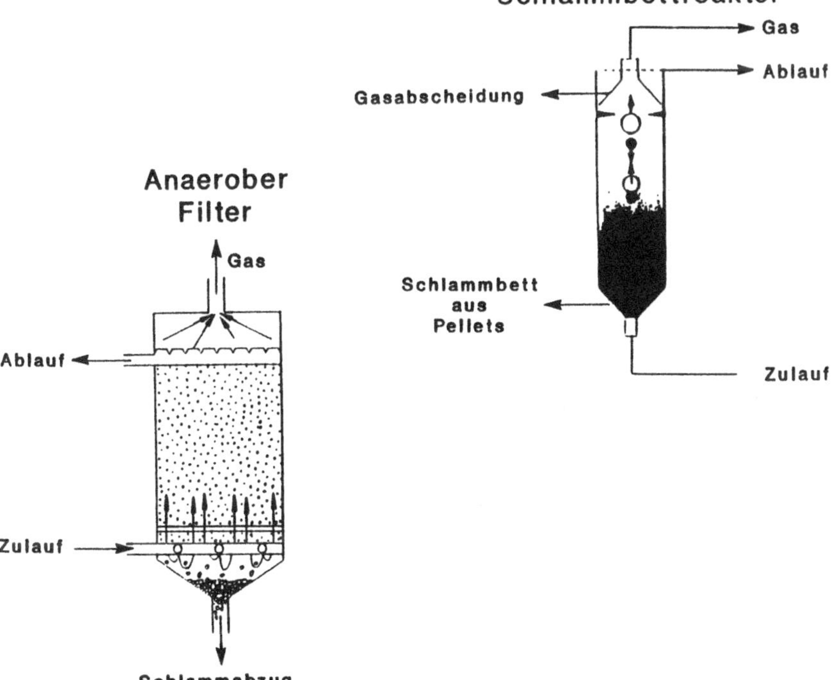

Bild 3.38 Prinzipschaubilder anaerobe Reaktorsysteme (**oben:** Kontaktverfahren, **darunter:** Aufwärtsdurchströmter Reaktor mit Schlamm-Pelletbildung; **unten:** Anaerober Festbettreaktor in Form eines Filters)

Ausschlaggebend sind auch hier der Stofftransport und die Anzahl aktiver Mikroorganismen.

- Damit möglichst viele Mikroorganismen im System gehalten werden können, arbeitet man bei der anaeroben Abwasserreinigung inzwischen mit den sogenannten anaeroben Filtern (Bild 3.38) oder man immobilisiert sie auf festen Flächen. Systeme mit Aufwuchsflächen oder weitgehender Biomasserückführung erlauben dann auch kürzere Abwasserverweilzeiten.
- Der Stofftransport und die Stoffwechselleistung sind temperaturabhängig: In Mitteleuropa betreibt man die Anaerob-Reaktoren fast ausschließlich mit mesophilen Bakterien (bis rund 38 °C; es finden aber auch Prozesse statt, bei denen psychrophile (um 10 °C) und thermophile (um 55 °C) Mikroorganismen gefördert werden, beispielsweise in offenen Schlammteichen, landwirtschaftlichen Biogasanlagen oder mehrstufig aerobe-anaeroben Schlammfaulungsanlagen).

Bild 3.37 zeigt beispielhaft die Kohlenstoffbilanz eines aeroben und eines anaeroben Abbauprozesses. Erkennbar ist, daß im Ablauf noch 1 bis 5% des Kohlenstoffinputs erwartet werden, so daß eine Weiterbehandlung des Abwassers in der Regel erforderlich ist.

3.4 Minimierung von biologisch erzeugtem Klärschlamm

Zunächst denkt man unwillkürlich beim Thema "Klärschlamm-Minimierung" an ein Verfahren der mechanischen Schlamm-Wasser-Abtrennung oder an eine thermische Behandlung. Das Thema muß aber zunächst grundsätzlicher problematisiert werden. Das Problem des Klärschlammes liegt heute in seiner enormen Menge: Je mehr Abwasser gereinigt wird, desto mehr Schlamm fällt an.

Das Problem Klärschlamm besteht darin, daß heute aus einer konventionellen Schlammbehandlung ein Produkt herauskommt, das in günstigen Fällen 40% Feststoff- und 60% Wassergehalt aufweist. Es soll daher zunächst die Frage geklärt werden, warum ist das so. Daran anschließend läßt sich diskutieren, ob dies so sein muß.

Ziel dieses Abschnittes ist es, die bisherigen Ansätze zur Klärschlamm-Behandlung unter dem Gesichtspunkt erfolgreiche Bearbeitung einer Reststoffminimierungsaufgabe einzuordnen und Perspektiven für eine drastische (auf rund ein Viertel des bisherigen Anfalles) Massen- und Volumenverminderung aufzuzeigen.

3.4.1 Überblick: Was ist Klärschlamm?

Klärschlamm ist die wesentliche Senke für die bei der Abwasserbehandlung umgesetzten und aus dem Abwasser eliminierten Stoffe. Eine weitere Senke ist die Restverschmutzung im Ablauf der Abwasserreinigungsanlage. Der Klärschlamm ist zunächst eine braune, trübe Flüssigkeit mit geringem Feststoffgehalt, der immer stärker aufkonzentriert werden muß, wenn er entsorgt werden soll. Bislang stand hier die Rückführung der organischen und Düngestoffe in die Natur im Vordergrund, zukünftig wird Klärschlamm nur noch als nahezu vollständig mineralisierte Masse (< 5% organische Trockensubstanz; aus industriellen Quellensogar < 1%, TA Abfall wird diesbezüglich diksutiert) deponiert werden dürfen .

Bei der Beschreibung der stofflichen Zusammensetzung des Klärschlammes muß man eigentlich detailliert die einzelnen Komponenten - insbesondere unterschieden nach ihrer Herkunft - diskutieren. Im folgenden soll jedoch nur jener Klärschlamm betrachtet werden, der bei der biologischen Abwasserreinigung "produziert" wird. Ansatzpunkte für andere Schlämme werden beispielsweise von KUNZ /1988/ diskutiert.

Aus Bild 3.39 wird deutlich, daß der aus einer Abwasserreinigungsanlage stammende Klärschlamm sich aus ein heterogenes Gemisch aus gelösten und ungelösten Verbindungen, aus Mikroorganismen und höheren Organismen, neben Wasser, darstellt. In Kläranlagen mit Vorklärung (meist Sedimenter, selten Flotationsanlagen) findet zunächst eine Sortierung nach sedimentierbaren Feststoffen in den Primär- und schwebenden Stoffen in den Sekundärschlamm statt. Letzterer wird mit Biomasse aus der mikrobiellen Umsetzung der organischen (und teilweise anorganisch inkorporierten) Abwasserinhaltsstoffe angereichert. Beide werden aber vielfach im Rahmen der Schlammbehandlung zusammengeführt, so daß man beide - im folgenden als Rohschlamm bezeichnet - gemeinsam bilanzieren kann.

Der Rohschlamm (Bild 3.39) setzt sich also aus einem Mix aus

- "viel" Wasser und
- anorganischen (ungelöste: Sand, Tone, Salze, Hydroxide usw. sowie gelöste: Metall-, Phosphat-Ionen usw.) sowie
- organischen Stoffen (ungelöste: lebende und tote organische, partikuläre Substanzen sowie gelöste: Polysaccharide, Proteine usw.)

zusammen. Bestimmt man die Trockensubstanz dieses Rohschlammes nach den Deutschen Einheitsverfahren (DEV), entfernt man das gesamte Wasser und erhält im wesentlichen (wasserdampfflüchtige Verbindungen können entweichen) die Summe der gelösten und ungelösten Stoffe; durch Glühen der Trockensubstanz erfaßt man deren mineralischen Anteil (Glührückstand: GR), die Differenz tellt den organischen Anteil dar (Glühverlust: GV).

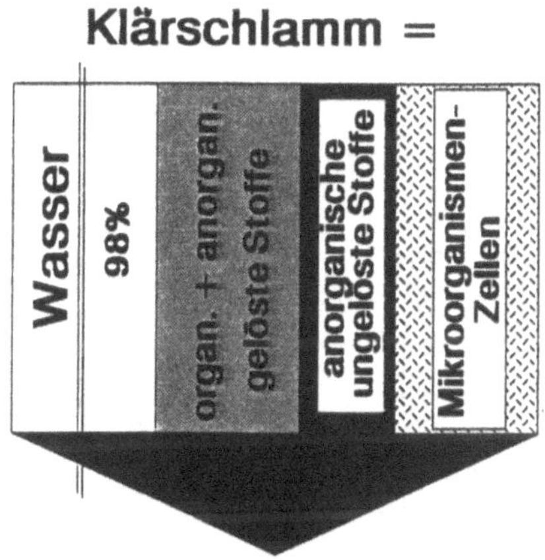

Bild 3.39 Qualitative Darstellung der Struktur der Inhaltsstoffe im Klärschlamm

Die klassische Literatur auf dem Gebiet der Klärschlammbehandlung weist aus (Bild 3.40), daß rund zwei Drittel der Trockensubstanz im Rohschlamm organisch sind (Glühverlust). Und zwar liegt der Hauptteil dieser Organika in den heute betriebenen schwachbelasteten Kläranlagen in Form von Mikroorganismen vor, da aufgrund langer Schlamm-Aufenthaltszeiten (bei Nitrifikation um 10 Tage) eine weitgehende Mineralisierung der extrazellulären organischen Verbindungen bis hin zu den Exopolymeren der Zellen erfolgt. In geringerem Umfang ist noch mit organischen Verbindungen zu rechnen, die mikrobiell nicht oder noch nicht zersetzt werden konnten.

Analysiert man die Qualität des Rohschlammes mikrobiologisch, findet man in den meisten Fällen, daß in den konventionellen Klärsystemen fakultative Anaerobier selektiert werden (obligate Aerobier wachsen nur bei Anwesenheit von Sauerstoff, obligate Anaerobier bei Abwesenheit). In den heute üblichen Verfahren (Schlammalter von 10 Tagen und mehr) werden nur fakultativ anaerobe Mikroorganismen den häufigen Wechseln von aerob/anaerob überstehen können. Gibt man diesen Rohschlamm in eine anaerobe Faulung, werden die fakultativen Anaerobier, da sie mit und ohne Sauerstoff leben können, im wesentlichen nicht absterben. Unter anaeroben Bedingungen gibt es im übrigen auch keine Bakterienfresser. Demzufolge finden sich im ausgefaulten Schlamm (s. Bild 3.40) - auch nach langen Verweildauern - noch erhebliche Anteile an organischer Substanz. Im allgemeinen rechnet man im ausgefaulten Schlamm mit etwas unter 50% organischem Anteil an der Feststoffkonzentration.

Der ausgefaulte Schlamm wird meist anschließend chemisch konditioniert (mit polymeren Flockungsmitteln oder Kalkmilch sowie Eisensalzen), um ihn überhaupt maschinell weiterbehandeln zu können. Selbst beim Einsatz von Kammerfilterpressen mit Polymerkonditionierung ist man aber schon zu frieden, wenn der Klärschlammkuchen 40% Trockensubstanz- und "nur" 60% Wasseranteil aufweist. Aufgrund der obigen Erläuterungen ist klar, daß die 60% Wasseranteil das zellgebundene Wasser sein müssen.

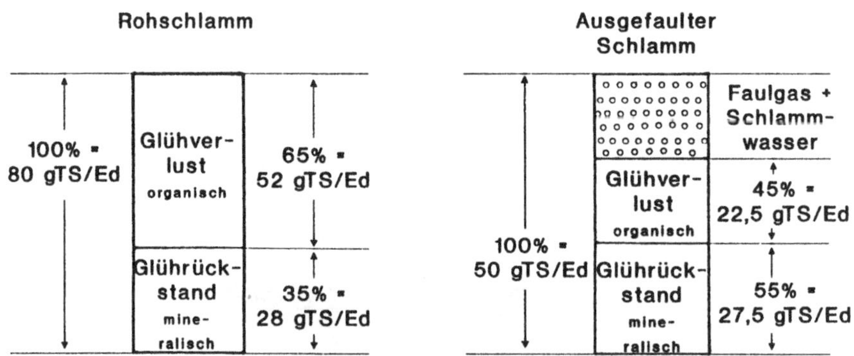

Bild 3.40 Zusammensetzung von Roh- und ausgefaultem Schlamm /MÖLLER, 1985/

3.4.2 Konventionelle Schlammbehandlung

Die Art der Schlammbehandlung steht in enger Beziehung zur Art des Abwasserreinigungsverfahrens, da je nach Verfahren andere Schlammstrukturen entstehen. So wird beisielsweise beim Belebungsverfahren der Schlamm mit abnehmender Schlammbelastung mineralisiert und damit in seiner Struktur verändert. Erstaunlich ist, daß über die Strukturveränderungen bei den diversen Schlammbehandlungstechniken nur sehr spärliche Kenntnisse vorliegen.

Die folgenden Ausführungen dienen dazu, die bisher ergriffenen Techniken der Klärschlammengen-Verminderung in kurzen Merkmalsübersichten vorzustellen. Im überwiegenden Fall handelt es sich dabei um Verfahren zur Wasserabtrennung aus dem Klärschlamm.

Flockenbildung und -zerfall
Die Aggregation von suspendierten Teilchen im Abwasser ist bereits die erste Stufe der Schlammbehandlung. Flockenwachstum und -größe werden stark von den technischen Einrichtungen und dem Quotienten aus externer Belastung zu vorhandener Biomasse geprägt. Diese "Behandlung" des Schlammes wirkt sich vornehmlich im Verbrauch von Konditionier- und Flockungsmitteln sowie auf die Größe der benötigten Entwässerungsaggregate und auf das Bauvolumen aus. Für die spätere Eindickbarkeit und Entwässerbarkeit ist die Stabilität der Belebtschlammflocken von Bedeutung. Von Einfluß hierauf dürfte sein, welche Fädigkeit die Belebtschlammflocke aufweist und wie aktiv die Biopolymere an der Zelloberfläche sind.

Eindickung
Die große Bedeutung der Eindickung liegt darin, daß mit wenig Aufwand eine große Volumenverminderung erreicht werden kann, sofern die vorausgegangene "Behandlung" des Schlammes die Struktur der Flocken nicht nachteilig verändert hat. Besonders die Erhöhung des Anteils kolloidaler Partikel beim Transport des Schlammes vergrößert das Wasserbindungsvermögen der Schlämme. Mit der Volumenverminderung ändert sich auch die Schlammbeschaffenheit.

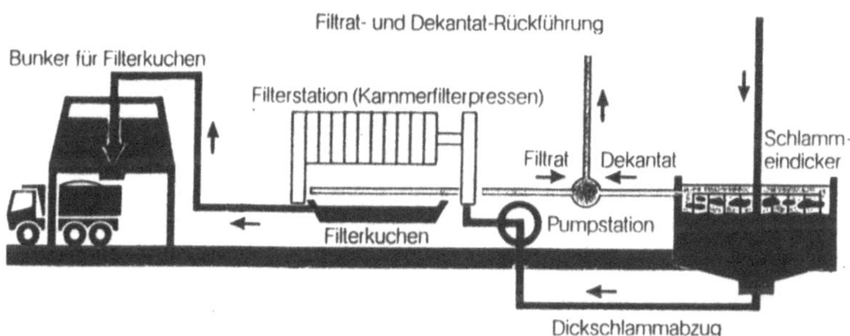

Bild 3.41 Beispiel für eine Art der Schlammbehandlung in der Industrie

Von ausschlaggebender Bedeutung für die durch Eindickung unter Schwerkraft, durch Auftrieb oder maschinell in Dekantierzentrifugen bzw. Siebtrommelreaktoren erzielbaren Feststoffgehalte (bzw. resultierenden Schlammvolumina) ist die Beschaffenheit des Schlammes, die durch

- die Aufenthaltszeit des Schlammes im Eindicker (durchAnfaulen und Gasbildung vermindert sich der Kompressionsdruck),
- die Art und Häufigkeit der Schlammförderung und
- eine fallweise Vorkonditionierung (meist mit Polyelektrolyten als Flockungshilfsmittel)

beeinflußt wird. Unter Berücksichtigung der Energiekosten, der erzielbaren Feststoffgehalte und der Rückbelastung der Abwasserreinigungsanlage ist die Flotation des Überschußschlammes im Bereich der heute üblichen Schlammbelastungen das wirtschaftlichste Eindickverfahren; für besonders hohe Feststoffgehalte und schlecht entwässerbare Schlämme hat die maschinelle Eindickung betriebswirtschaftliche Vorteile.

Konditionierung/ Stabilisierung

Vor eine Schlammentwässerung wird in aller Regel eine Konditionierung, d.h. eine physikalische, biologische oder chemische Vorbehandlung (biologisch = Stabilisierung) zur Erleichterung des Wasserentzugs vorgeschaltet. Durch die Konditionierung werden die oberflächenchemischen Eigenschaften der Schlammbestandteile noch einmal so verändert, daß einerseits das restliche, durch die Eindickung nicht abgetrennte Zwischenraumwasser besser abfließen bzw. das Haft- oder Adhäsionswasser überhaupt abfließen kann. Das Wasserbindungsvermögen der Schlammsuspension wird von den Inhaltsstoffen bestimmt: organische Inhaltsstoffe haben ein sehr großes, die kolloidalen und gelartigen Bestandteile in Belebtschlämmen ein extrem großes Wasserbindungsvermögen). Das Verfahren der thermischen Schlammkonditionierung muß als gescheitert angesehen werden (der Klärschlamm wurde gekocht), weil mit der thermischen Einwirkungen unkontrollierbare Reaktionen abgelaufen sind, die eine weitere biologische Behandlung in Frage stellten und zu erheblichen Abluftreinigungsmaßnahmen führten.

Die benötigten Chemikalienmengen hängen von der Art und Struktur des Konditioniermittels (anorganische Metallsalze, organische Polyelektrolyte, Kalk, Flugasche, Kohle bei Verbrennung), besonders aber von der Schlammbeschaffenheit, von der zu flockenden Oberfläche und vom Feststoffgehalt ab. Mit zunehmendem Feinanteil der Schlammpartikel in der Suspension werden wachsende Mengen Flockungsmittel benötigt.

Der Zweck der Stabilisierung des Schlammes, die aerob oder anaerob, aber auch chemisch durch Naßoxidation bzw. chemisch-physikalisch mittels Branntkalk oder thermisch durch Verbrennung erfolgen kann, ist die Mineralisierung der organischen Substanz, so daß anschließend biologische oder chemische Umsetzungsprozesse nur noch sehr begrenzt und sehr langsam ablaufen. Durch die Verminderung der organischen Anteile wirdder Schlamm auch konditioniert, da - wie erwähnt - die organischen Bestandteile ein hohes Wasserbindungsvermögen aufweisen. Der Grad der Stabilisierung wird bei der anaeroben Behandlung am Gehalt an organischer Trockensubstanz (oTS) und an den organischen Säuren beurteilt. Eine Vielzahl von kombinierten Verfahren werden in der Literatur eingehend beschrieben (aerob-thermophile Vorbehandlung plus mesophile anaerobe Hauptbehandlung; zweistufig mesophile anaerobe Behandlung usw.).

Als Standardverfahren der Schlammstabilisierung ab mittleren Kläranlagenausbaugrößen kann die mesophile Faulung angesehen werden. Es gibt noch in kleineren Ausbaugrößen das Verfahren der aeroben Stabilisierung, bei der in den Schlamm Sauerstoff eingetragen wird und dabei - vergleichbar der Kompostierung - eine exotherme Reaktion von thermophilen Bakterien abläuft, die Temperaturen über 60 °C ermöglichen. Dieses Verfahren wird mancherorts auch in Kombination vor eine Faulung geschaltet. Bei der mesophilen Faulung vermindert sich der Feststoffgehalt im Faulschlamm gegenüber dem Rohschlamm um rund ein Drittel durch Umwandlung der ungelösten organischen Substanz in gelöste und gasförmige (CH_4, CO_2) Verbindungen. Bei einer Kalkbehandlung (rund 350 g CaO/kg TS) wird die Verminderung des Feststoffgehalts wieder aufgehoben. Problematisch bei allen biologischen Stabilisierungsverfahren ist jedoch, daß die im Zuge der Abwasserbehandlung bzw. Eindickung entstandenen Flocken durch den mikrobiellen Abbau der Feststoffe teilweise wieder zerstört werden, weil die Bindeglieder (Biopolymere) abgebaut werden.

Entwässerung/ Komprimierung

Die mechanische Flüssigkeitsabtrennung aus Klärschlämmen wird im wesentlichen durch die Größe und Dichte der suspendierten Teilchen beeinflußt. Die Abtrennung wird mit kleiner werdenden Teilchen (geringere Porosität des Kuchens) bzw. geringeren Dichteunterschieden zwischen Feststoff und Flüssigkeit schwieriger.

Voraussetzung für einen hinreichend hohen (d.h. wirtschaftlichen) Abscheidegrad ist jedoch eine ausgewogene Größenverteilung, hohe Porosität und hohe Festigkeit der Agglomerate. Eine dichte Packung des Schlammkuchens kommt nur zustande, wenn schon zu Beginn der Kuchenbildung der Aufbau eine hohe Porosität aufweist, damit das abgetrennte Wasser auch abfließen kann. Mit zunehmender Festigkeit der Agglomerate ist ein geringer Filtrationswiderstand auch bei großer Druckdifferenz gewährleistet. Die Abscheideleistung ist nur so lange gut, wie die Agglomerate in der Nähe des Filtermaterials den hohen Scherbeanspruchungen standhalten. Bei den maschinellen Entwässerungsprinzipien, die in Bandfilter-, Kammerfilterpressen und Dekantierzentrifugen angewendet werden, spielen die drei genannten Parameter eine unterschiedliche Rolle, weshalb nicht jedes Aggregat für jeden Schlamm gleichermaßen geeignet ist.

Trocknung und Verbrennung

Durch Trocknung des Schlammes kann man auf über 90% Trockensubstanzanteil kommen. Vor einer Verbrennung - heute überwiegend in Wirbelschichtöfen, ggf. kombiniert mit Etagenöfen - wird man edoch die Trocknung nur bis etwa 50% TS betreiben, um das Trockengut überhaupt noch in die Brennkammer fördern zu können. Etwa 10% der Trockensubstanz bleiben als Rückstände aus Rauchgasentstaubung und -entschwefelung/-entstickung noch zu deponieren.

3.4.3 Problem: Die Mikroorganismen-Zellhülle

Wie aus den beiden vorigen Abschnitten ersichtlich wurde, finden bei der konventionellen Schlammbehandlung an zwei Stellen Massenverminderungen statt (bei der Stabilisierung und der Verbrennung) und sonst im wesentlichen Volumenverminderungen durch Abtrennung des Wassers. Berücksichtigt man das in Bild 3.40 global beschriebene Ergebnis einer biologischen Stabilisierung, wird deutlich, daß das Klärschlamm-Problem sich nur dadurch lösen läßt, daß man die Mikroorganismen-Zellhüllen zerstört, damit auch das in der Zelle in Form von Cytoplasma gebundene Wasser abfließen kann und die von den lebenden Zellen ausgehende Erhaltung der Wasserbindung abgeschwächt wird.

Im Klärschlamm finden sich in unterschiedlichen Anteilen Gram-positive und Gram-negative Mikroorganismen (die Unterscheidung rührt her, von einer von GRAM durchgeführten Färbung mit einem Kristallviolett-Jod-Komplex und einer anschließenden Entfärbung mit Alkohol: Bei Gram-positiven Bakterien findet zunächst nämlich keine Entfärbung statt, während Gram-negative Bakterien sich rasch entfärben lassen). Allen Bakterien gemeinsam ist das molekulare Grundgerüst aus Polysaccharidketten, die über Peptidketten quervernetzt sind (Mureinsacculus genannt). Bei den grampositiven Bakterien ist das Mureinnetz etwa 40 Schichten dick, was dazu führt, daß diese Mikroorganismen extremen mechanischen Belastungen standhalten können. Der Aufbau der Zellwand Gram-negativer Bakterien ist demgegenüber einfacher gestaltet (meist nur eine Mureinschicht).

Bild 2.11 veranschaulicht, daß die Zellhülle ein extrem elastisches Gebilde ist, das sich einer äußeren Beanspruchung - in gewissen Grenzen natürlich - anpassen kann. Von daher ist nicht zu erwarten, daß einfache Druckschwankungen oder Scherfelder einer Zelle größeren Schaden zufügen können. Aus verschiedenen Beobachtungen weiß man, daß Zellen unter permanenter Scherwirkung bei Anwesenheit von leicht abbaubarem Substrat verstärkt Zellwandpolymere aufbauen, was die Biomasseneubildungsrate vermindert. Dies hat man fälschlicherweise als Zellzerstörung gedeutet. In Versuchen mit einem Hochdruckhomogenisator /BÜCHELER, 1991/ mußten Drücke über 600 bar aufgebracht werden, um einen quantitativen Effekt des Zellaufbruches beobachten zu können (zum Vergleich: In Kammerfilterpressen arbeitet man mit Drücken unter 20 bar).

Erfahrungen mit der Zellhüllen-Zerstörung

Der Gedanke, die Zellhüllen zu zerstören, ist im übrigen nicht neu: Bei der thermischen Schlammkonditionierung hat man das gleiche Prinzip angewendet, auch bei der aerob-thermophilen Schlammbehandlung werden die Organismenzellen thermisch beansprucht, so daß Bindungen aufbrechen und die Zellflüssigkeit abfließen kann. In einem neueren Verfahren zerstört man die Zellen durch Ansäuern mit Schwefelsäure. Man könnte - allerdings ohne oxidierende Wirkung - auch den Schlamm mit Natronlauge behandeln und auf diese Weise einen osmotischen Schock auf die Zelle wirken lassen. Man setzt auch Enzyme ein, die die Bakterienzellwände lysieren (Lysozym, Cellulasen usw.). Neuerdings laufen auch Versuche mittels Ultraschall.

Bemerkenswert ist, daß man - abgesehen von der thermischen Schlammbehandlung - bislang nur wenig von alternativen Verfahren der Zellenvorbehandlung gehört hat, was - angesichts des ständig diskutierten Klärschlamm-Problems - nicht auf einen durchschlagenden Erfolg schließen läßt. Aus der thermischen Schlammkonditionierung weiß man, daß dabei Reaktionsprodukte entstehen, die einer weiteren Behandlung schwer zugänglich sind. Es werden hier Temperaturen über 55 °C genannt, die nicht überschritten werden dürfen. Die chemische Behandlung bringt eine hohe Aufsalzung mit sich, die wohl nur an der Nordsee tolerabel ist; über die Ultraschall-Behandlung weiß man aus dem Labormaßstab, daß sie funktioniert, sich aber in der Biotechnologie zumindest nur in Randbereichen großtechnisch umsetzen ließ und die enzymatische Klärschlammbehandlung ist mit hohen Kosten verbunden, weil - zumindest bislang - die Enzyme mit dem Behandlungsgut verloren gehen.

Auf der Basis dieser Erfahrungen wurde deshalb nach einem Verfahren gesucht, das in ausreichendem Maße die Zellhüllen zerstört, ohne daß eine wesentliche chemische Veränderung der Schlammbestandteile stattfindet. Aufgrund dieses Anforderungsprofiles kommt nur ein mechanisches Verfahren in Betracht. An drei verschiedenen Stellen in den alten Bundesländern wurde unabhängig zur gleichen Zeit das Klärschlammproblem angegangen: Am Institut für mechanische Verfahrenstechnik in Braunschweig aus dem Blickwinkel der Diversifizierung der Anwendung der nachstehend beschriebenen Rührwerkskugelmühlen, an der TFH Berlin und der FHT Mannheim aufgrund eines Anforderungsprofiles in oben beschriebener Weise.

Die Technik des mechanischen Zellaufschlusses gibt es - wie erwähnt - bereits schon lange in der Biotechnologie. Es wird angewandt, wenn es um die Gewinnung intrazellulärer Produkte aus Mikroorganismenzellen geht: Mittels Hochdruck-Homogenisation (HDH) oder Rührwerkskugelmühle (RKM) werden Zellhüllen so schonend aufgebrochen, daß Proteine, Enzyme oder sekundäre Stoffwechselmetaboliten mit hoher Ausbeute isoliert werden können. Über eine Kühlung des Mediums wird sichergestellt, daß auch die thermische Einwirkung, die ebenfalls zu einer Denaturierung führen kann, in Grenzen bleibt. Die kritische Temperatur der Klärschlammmetabolisierung kann auf jeden Fall unterschritten werden.

3.4.4 Mechanische Aufschlußanlagen im Detail

Die Rührwerkskugelmühle (Bild 3.42a) besteht aus einem horizontal oder vertikal gestellten, zylindrischen oder konischen Mahlraum, in dem ein Rührer Mahlkugeln und aufzuschließende Suspension in Bewegung setzt. Modellvorstellungen besagen, daß die

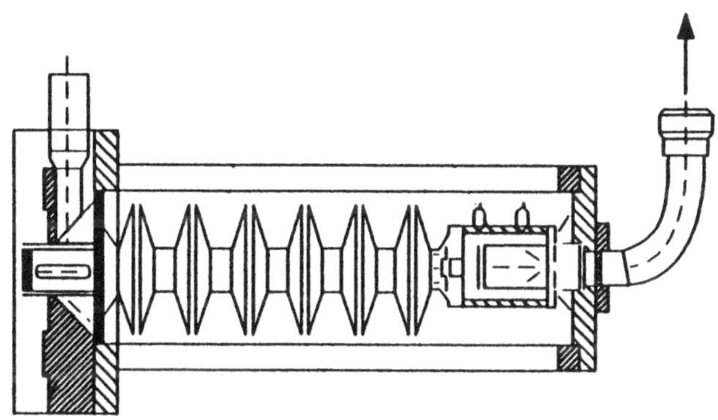

Bild 3.42a Querschnitt eines Mahlraumes einer Rührwerkskugelmühle /NETZSCH/

Mahlkugeln in Schichten aufeinander abströmen und über die Geschwindigkeitsdifferenz der Schichten und über Rotation Scherspannungen induziert werden, die die Zellwand-Verbindungen aufbrechen.

Der Hochdruck-Homogenisator - ursprünglich wie der Name sagt zur Homogenisation in der Lebensmittel- und Chemietechnik eingesetzt - besteht aus einer Druckerhöhungspumpe (Drücke bis 1000 bar) und einem Homogenisierventil (Bild 3.42b), in dem die Suspension auf eine Prallplatte gelenkt und dabei auf Umgebungsdruck entspannt wird. Nach dem ersten Hauptsatz der Thermodynamik findet im Homogenisierspalt eine starke Abnahme des Druckes aufgrund der sehr starken Beschleunigung der Suspension statt: Beim Unterschreiten des Dampfdruckes der Flüssigkeit entstehen Dampfblasen. Beim Zerplatzen der Kavitationsblasen werden aus den Zellhüllen Zellwandbruchstücke herausgerissen.

Für beide Techniken gilt gleichermaßen, daß in einem Durchgang nur ein Teil der Zellen aufgeschlossen werden kann, so daß ein mehrfacher Durchgang erforderlich wird. Schleißende Körper machen in einer Hochdruck-Homogenisation größere Probleme als in einer Kugelmühle. Kugelmühlen weisen Durchsatzleistungen bis mehrere hundert Liter pro Stunde auf; Homogenisatoren gibt es bereits für Durchsätze von mehreren Kubikmetern pro Stunde. Die üblichen Trockensubstanzgehalte sind für einen Aufschluß geeignet; je höher konzentriert, desto wirtschaftlicher ist derVorgang.

3.4.5 Technische Einbindung des Desintegrationsverfahrens

Bei der Desintegration (mechanische Zellwandzerstörung) der Belebtschlammzellen wird also zunächst nur die Zellhülle aufgebrochen, so daß die Zellflüssigkeit abfließen kann. Das freigesetzte Cytoplasma besteht aber nicht nur aus Wasser, sondern aus einer Vielzahl von niedermolekularen Bestandteilen. Da sich Wasser und diese Bestandteile nicht einfach voneinander trennen lassen, muß nach der Desintegration noch ein Stoffumsatz stattfinden. ELBING /1991/ verwendet hierzu die freigesetzten Enzyme. KUNZ und GSCHWANDTNER /1990/ sahen in der anaeroben Faulung den idealen Prozeß, weil

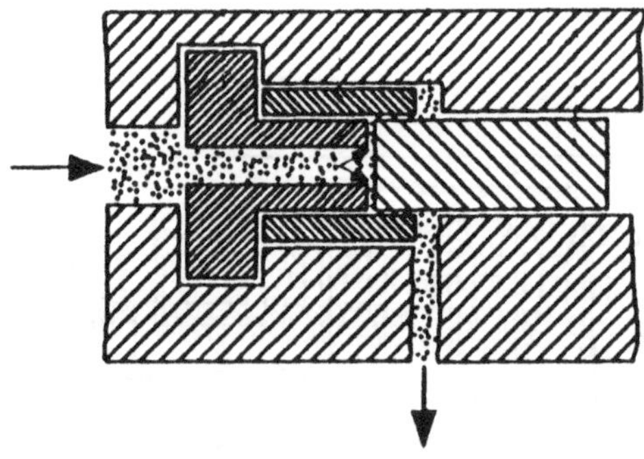

Bild 3.42b Prinzipschaubild eines Hochdruckhomogenisier-Ventils

anaerobe Bakterien über den Zellaufschluß in die Lage versetzt werden, jene organischen Stoffe noch zu verstoffwechseln, die ihnen bei intakten Zellhüllen nicht zugänglich wären.

Abgesehen von den verminderten Kosten für die Entsorgung des weitgehend mineralisierten Klärschlammes und die vergrößerte Faulgasproduktionsmenge läßt sich auch eine gezielte Faulgasproduktion verbunden mit der Bereitstellung definierter Gasmengen zu bestimmten Zeiten (Faulgasanfall-Steuerung) realisieren, so daß die Amortisationszeiten für die eingesetzten Gasmotoren-Anlagen verkürzt und Wirtschaftlichkeit gegeben ist.

Weiterhin kann es aus heutiger Sicht sinnvoll sein, die Zellhüllen über ein Separationsverfahren einer Faulung, die Zellflüssigkeit aber einer Denitrifikationsstufe zuzuführen (s. Abschnitt 3.2.7). Es hat sich nämlich gezeigt, daß die eingerichteten Denitrifikationsstufen wegen fehlender organischer Substanzen nicht wie erwünscht funktionieren und man deshalb in einigen Kläranlagen bereits daran ist, organische Substanzen für diesen Zweck zu kaufen. Hier kann also intern - allerdings unter Verzicht auf eine gesteigerte Gasproduktion - eine Kohlenstoffquelle angezapft werden. In kleineren, vor allem aber industriellen Anwendungen der biologischen Abwasserreinigung läßt sich der aufgeschlossene Schlamm elegant wieder im selben Verfahren zum Mengenausgleich einsetzen.

Da zunächst niemand davon zu überzeugen war, daß der geschilderte Ansatz tragfähig ist, wurde ein dreistufiger Nachweisplan erarbeitet:
1. Bestimmung des Zellaufschlußgrades
2. Überprüfung des Prinzips über eine Biogasproduktion
3. Bestimmung des Restvolumens des desintegrierten und behandelten Klärschlammes.

Zu 1.: Der Aufschlußgrad wurde aus Gründen der Anschaulichkeit über die Indikatormethode "Sauerstoffzehrung" in einer Testapparatur bestimmt. Bild 3.43 zeigt die Abnahme der Sauerstoffkonzentration an einem exemplarischen Fall über die Zeit bei unterschiedlichen Durchgängen durch den Hochdruckhomogenisator. In einer sterilen Probe, d.h. 100%iger Zerstörung aller lebenden Zellen, müßte die Kurve parallel zur Abszisse verlaufen.; In der Praxis sind jedoch stets Ausgasungen zu verzeichnen; ganz abgesehen davon, daß Sterilität nie erreicht werden kann. Bild 3.43 macht aber trotzdem deutlich, daß mittels Hochdruckhomogenisation in drei Durchläufen das Ziel eines vollständigen Aufschlusses recht gut erreicht ist. Die nicht-aufgeschlossenen Zellen wurden zumindest geschädigt.

In einer Untersuchung von MÜLLER /1991/ wurde der Überstand des desintegrierten Schlammes nach Abzentrifugierung auf den CSB hin untersucht. Je mehr Zellen aufgeschlossen werden, desto größer muß der CSB werden. In Bild 3.44 kommt dies zum Ausdruck. Hier wird gezeigt, daß mit zunehmender Mahldauer und kleinen Mahlkugeln in einer Rührwerkskugelmühle der CSB gewaltig ansteigt.

Zu 2: Trotz einiger Probleme mit der Temperierung und Homogenisierung der Faulbehälterinhalte (Totalausfälle, die über externe Maßnahmen nur teilweise kompensiert werden konnten), konnte auch die Frage der Mineralisierung der organischen Feststoffe im Belebtschlamm geklärt werden. Im Rahmen der Modulklärtechnik an der FHT Mannheim

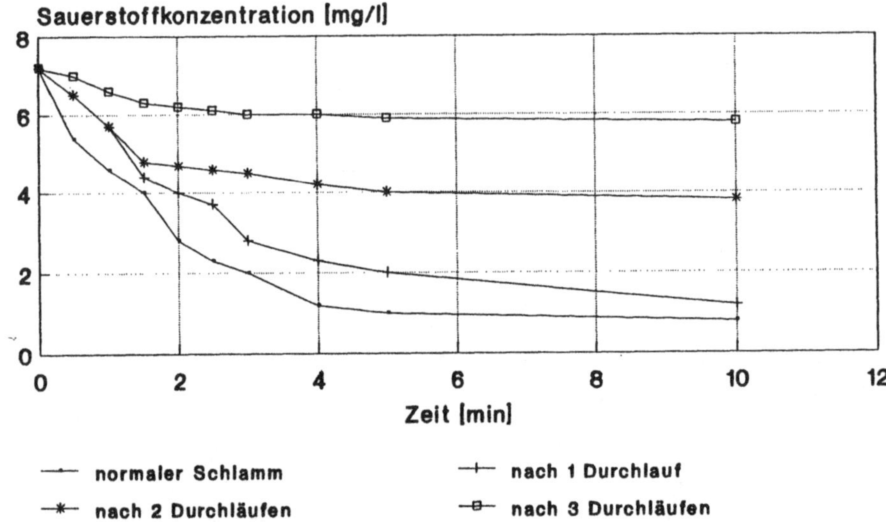

Bild 3.43 Abnahme der Sauerstoffkonzentration über die Zeit als Maß für die Zehrung des gelösten Sauerstoffs durch in der Probe noch vorhandene Belebtschlamm-Organismen bei verschiedenen Durchgängen durch die Hochdruckhomogenisation /APV-GAULIN, BÜCHELER, 1991/

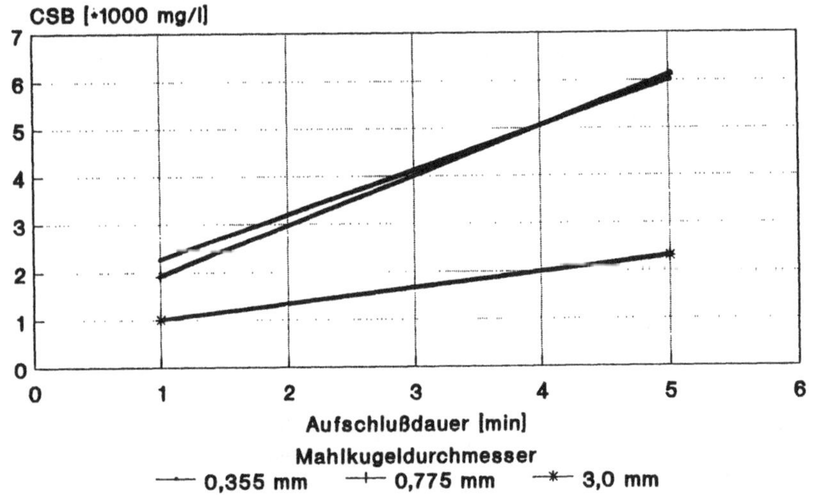

Bild 3.44 CSB-Werte des jeweiligen Überstandes nach Desintegration in einer Rührwerkskugelmühle /NETZSCH/ bei unterschiedlichen Mahlkugeldurchmessern und Verweilzeiten des Schlammes im Mahlraum /MÜLLER, 1991/

/KUNZ, 1990/ wurden dazu drei anaerobe Reaktoren mit Faulschlamm Aus der Kläranlage der Stadt Mannheim eingefahren, mit einer Nährlösung auf ihre Gasproduktion hin getestet und mit Belebtschlamm aus dem Eindicker einer industriellen biologischen Abwasserreinigungsanlage nach entsprechender, nachstehend beschriebener Vorbehandlung beschickt. Da der von der Firma APV-GAULIN (Lübeck) leihweise zur Verfügung gestellte Hochdruckhomogenisator MC-4 eine Grobfiltration vorsah, wurde der gesamte Belebtschlamm filtriert. Jeweils ein Drittel des Belebtschlammes wurde mit dem oben genannten Hochdruckhomogenisator und mit der von der Firma KRUPP-BUCKAU (Grevenbroich) zur Verfügung gestellten Aufschlußeinheit SUPRATON S-100 behandeldelt; ein Drittel blieb unbehandelt. Diese drei Belebtschlämme wurden anschließend in die vorbereiteten drei anaeroben Reaktoren gegeben. Die Versuche wurden modifiziert mehrfach durchgeführt.

Bild 3.45 gibt die relative Gasbildung der beiden Reaktoren mit desintegriertem Klärschlamm in Bezug auf den Reaktor an, der unvorbehandelt blieb. Was bereits aus den Zehrungsversuchen deutlich geworden war, zeigten auch die Faulversuche: Wenn die Zellhüllen der Organismen weitgehend zerstört waren, konnte selbst bei Temperaturen um 20 °C bis zu 40% mehr Faulgas produziert werden. Die aus Einfach- und Robustheitsgründen gewählte zweite Aufschlußeinheit war hingegen nur unwesentlich in der Lage, die Zellwände der Belebtschlamm-Organismen aufzubrechen. Effekte, die nicht näher untersucht werden konnten, führten sogar in Parallelversuchen zu einer geringeren Faulgasausbeute.

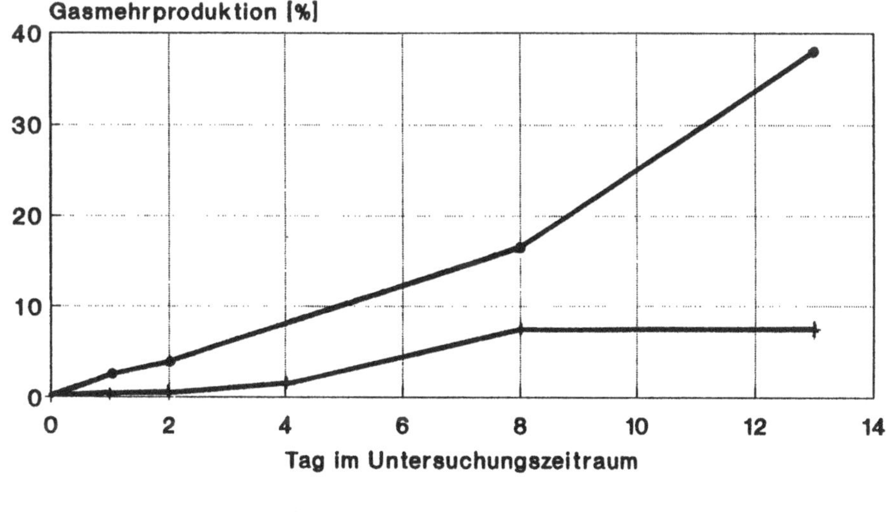

Bild 3.45 Relative Gasmehrproduktion durch Desintegration des Belebtschlammes durch die (HD) Hochdruckhomogenisation /APV-GAULIN/ bzw. (S) Aufschlußeinheit /KRUPP-BUCKAU/ /nach BÜCHELER, 1991/

Bild 3.46 zeigt nun, daß eben auch ausgefaulter Schlamm nach Desintegration noch einen höheren Faulgasertrag bringt als unbehandelter Schlamm. In einem nicht optimierten Desintegrationsversuch konnten 32% höhere Faulgasausbeuten erreicht werden /GSCHWANDTNER, 1990/; MÜLLER /1991/ berichtet sogar von noch größeren Faulgassteigerungsraten (vgl.Bild 3.47).

Zu 3: Der quantitative Nachweis, auf welches Klärschlamm-Volumen reduziert werden kann, wenn der Schlamm zuvor desintegriert und anaerob umgesetzt werden kann, wird derzeit im halbtechnischen Maßstab untersucht.

3.4.6 Nebenwirkungen des Zellaufschlusses

Über die Zerstörung der Zellen und den anaeroben Abbau der aufgebrochenen Zellfragmente bzw. des Cytoplasmas werden die meisten Zellbestandteile in Lösung gehen (gelöst bzw. kolloidal). Durch den Aufschluß werden zwar wie gewünscht die organischen Verbindungen einer Mineralisierung zuführbar, aber auch die anorganischen Verbindungen (bspw. aus einer biologischen Phosphorelimination) werden freigesetzt.

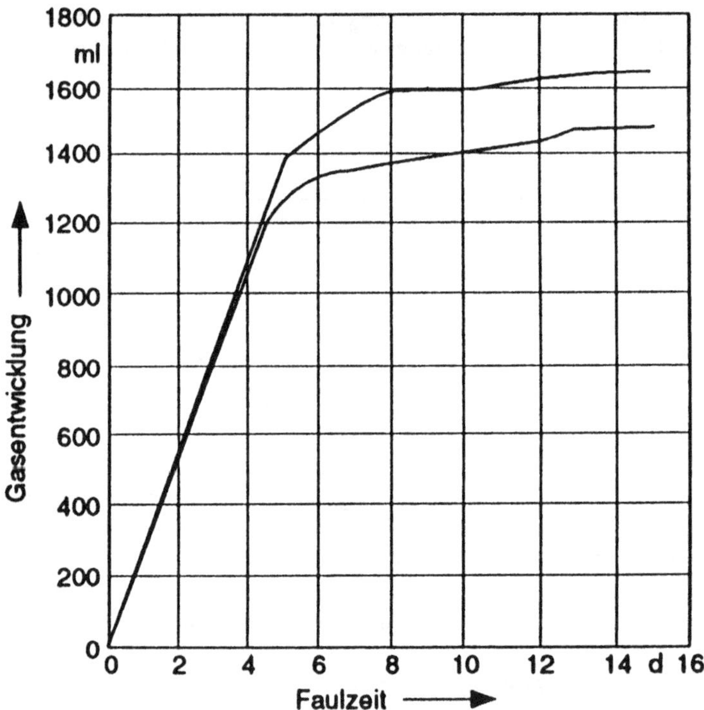

Bild 3.46 Faulgasertrag nach Desintegration mittels einer Labor-Rührwerkskugelmühle /IMA/ eines ausgefaulten Schlammes nach nochmaliger Faulung im Vergleich zu einem nicht desintegrierten Schlamm /GSCHWANDTNER, 1990/

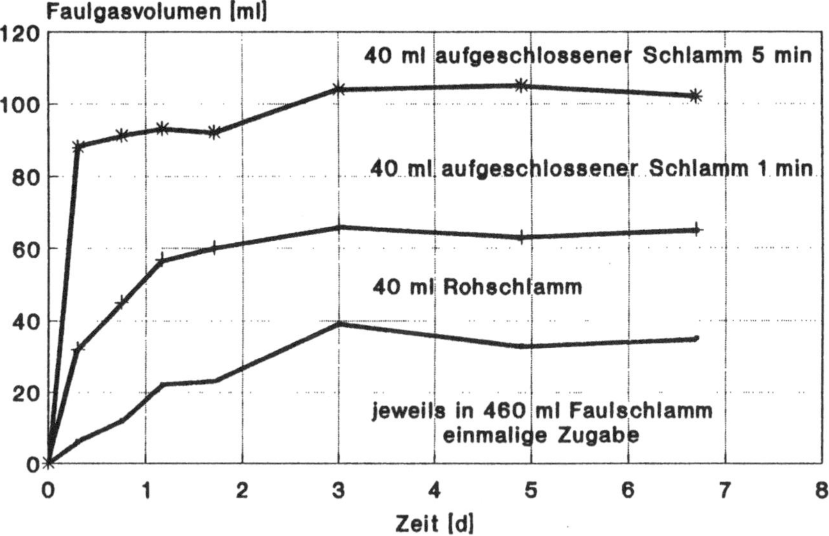

Bild 3.47 Erhöhte Faulgasproduktion (Vergleich Sekundärschlamm mit aufgemahlenem Sekundärschlamm bei unterschiedlichen Einstellungen) /MÜLLER, 1991/

In Kläranlagen wird man deshalb nicht umhinkommen, die Metallionen und Nährsalze (Ammonium- und Phosphationen) an irgendeiner Stelle separat auszuschleusen. In Betracht käme hierfür z.B. die Herstellung eines Ammon-Phosphat-Düngers nach der anaeroben Behandlung. Möglicherweise enthaltene Schwermetallionen werden hierin zwar eingebunden; sie dürften aber in sulfidischer Form ausgefällt sein, so daß sie nicht mehr bioverfügbar sind. Da auch im Rohphosphat Schwermetallionen enthalten sind, wäre zu untersuchen, ob die Konzentrationen im Ammon-Phosphat-Dünger aus dem Klärwerk nicht geringer sind. Bei höheren Schwermetallgehalten kann die Suspension auch extraktiv behandelt werden, um die Schwermetalle separat aufzukonzentrieren. Hierzu sind mit Sicherheit noch weitere Konzepte zu untersuchen.

Der Ammoniumanteil im Ablauf des Desintegrationsverfahrens liegt in etwa in der Größenordnung von 10% über dem, was schon heute an Rückbelastungen in die Kläranlage gelangen, so daß man diesen Anteil auch über die Denitrifkation nach vorangegangener Nitrifkation eliminieren kann. Die gezielte Phosphatelimination muß aber in einem gezielten Schritt im Ablauf dieses Verfahrens erfolgen.

3.4.7 Perspektiven für die Praxis

Mit einer robusten Aufschlußanlage können auf mechanischem Wege die Zellhüllen der Belebtschlammorganismen zerstört werden. Die freigesetzten Zellbestandteile können anaerob zu Faulgas mineralisiert oder zur gezielten Denitrifikation eingesetzt werden. Ergebnis ist in beiden Fällen weitgehend mineralisierte Substanz (CH_4 und CO_2); das bisher zellgebundene Wasser kann besser ablaufen. Neben den Verfahren der Klärschlamm-Hydrolyse und -Chemolyse bietet dieses Verfahren die Chance, die Klärschlamm-Mengen aufgrund einer Massenverminderung der organischen Trockensubstanz sowohl in ihrer Masse als auch in ihem Volumen drastisch zu reduzieren. Die vielfach vorhandenen Schlammfaulanlagen können sinnvoller genutzt werden; eine Klärschlamm-Trocknung oder -Verbrennung können sich erübrigen oder wesentlich kleiner ausgelegt werden, wenn der Prozeß optimiert ist. Bei 5% geforderter organischer Trockensubstanz im zu deponierenden Schlamm liegt allerdings derzeit eine Grenze dieses Konzeptes, die erst noch bioverfahrenstechnisch durchbrochen werden muß, wenn man ohne Verbrennung dahin kommen will.

3.5 Kompostierung von Naßmüll

Angesichts wachsender Probleme bei der Entsorgung von Hausmüll (man spricht bereits von Entsorgungsnotstand) scheint die Ausschleusung organischer Hausmüllbestandteile eine interessante Perspektive zu haben. Allerdings bereitet bereits die derzeitige Abfallgesetzgebung enorme Schwierigkeiten, diesen Weg zu beschreiten: Ein organischer Reststoff wird zum Wirtschafsgut, wenn er kompostiert wird; allerdings unterliegt die Genehmigung der Kompostierung in Form eines Mietenverfahrens anderem Recht (Baurecht) als die in Form eines geschlossenen Systems mit prozeßtechnischer Optimierungsmöglichkeit (Abfallrecht /GRABBE,1991/; Bild 3.48).

Grundsätzlich muß man in folgende drei Bereiche unterscheiden, wenn man organische Abfälle kompostieren will:

1. Eigenkompostierung (z.B. von Pflanzenabfällen, die nicht von Dritten angenommen werden).
2. Kompostierung sortierter organischer Rückstände (wie Festmist von Rindern etc.; Gülle; aber auch Trester oder andere Nahrungsmittelproduktionsrückstände; Sägemehl, Papier, Karton usw.).
3. Kompostierung von gemischtem Rest- oder Naßmüll; sogenannte Bioabfallkompostierung getrennt gesammelter Küchen- und Gartenabfälle.

Die Eigenkompostierung bedarf keiner abfallrechtlichen Genehmigung. Die Kompostierung spezieller Rückstände kann unter dem strikten Blickwinkel des Abfallrechtes /AbfG,1986/ als Vermeidung angesehen werden, wenn der Kompost vermarktet wird, so daß eine Genehmigung eines Gewerbebetriebes zur Kompostierung angeraten erscheint. Die Kompostierung von Naßmüll ist dahingegen schon wesentlich komplexer und führt bereits zu Planfeststellungsverfahren, in denen Belange des Naturschutzes entsprechend berücksichtigt sein müssen.

Natürlich führt dies zu der Frage, warum ein derartiger Verwaltungsaufwand getrieben wird, wenn es doch um ein "natürliches" Verfahren geht und hehre Absichten der Deponieflächeneinsparung damit verbunden sind? Hintergrund für die Aufsichtsbehörden ist, die Kompostmenge nur so groß werden zu lassen, wie es ökologisch vernünftig ist: Denn neben hygienischen Belangen, der Emission von Geruch, Staub und Sickerwässern darf die Problematik der organischen und anorganischen Schadstoffe nicht außer acht gelassen werden. Wurde früher z.B. zur Einstellung des Wassergehaltes bei der Hausmüllkompostierung komunaler Klärschlamm zugesetzt, ist man heute gänzlich davon abgekommen, weil die Schwermetallgehalte dadurch angehoben werden. GRABBE /1991/ formuliert denn auch sinngemäß, daß

- biogene Reststoffe nach Herkunft sauber getrennt werden müssen,
- die Aufbereitung zu Kompost biotechnisch definiert sein muß und sogar
- die Verwendung nach fachlich fundierten Gesichtspunkten zu erfolgen hat,

wenn die Kompostierung in den Rang eines ökologisch orientierten Entsorgungssystems gehoben werden soll.

3.5.1 Mieten- und Rottetechnik

Die Kompostierung ist ein Behandlungsverfahren zur Verwertung organischer Abfälle (Hausmüll, Klärschlamm, Rinde, Laub). Bei der Kompostierung werden die organischen Bestandteile durch aerobe Mikroorganismen und Kleinlebewesen als Baustoff- und Energiequelle genutzt; das Endprodukt sind Kohlendioxid und Wasser sowie minerali

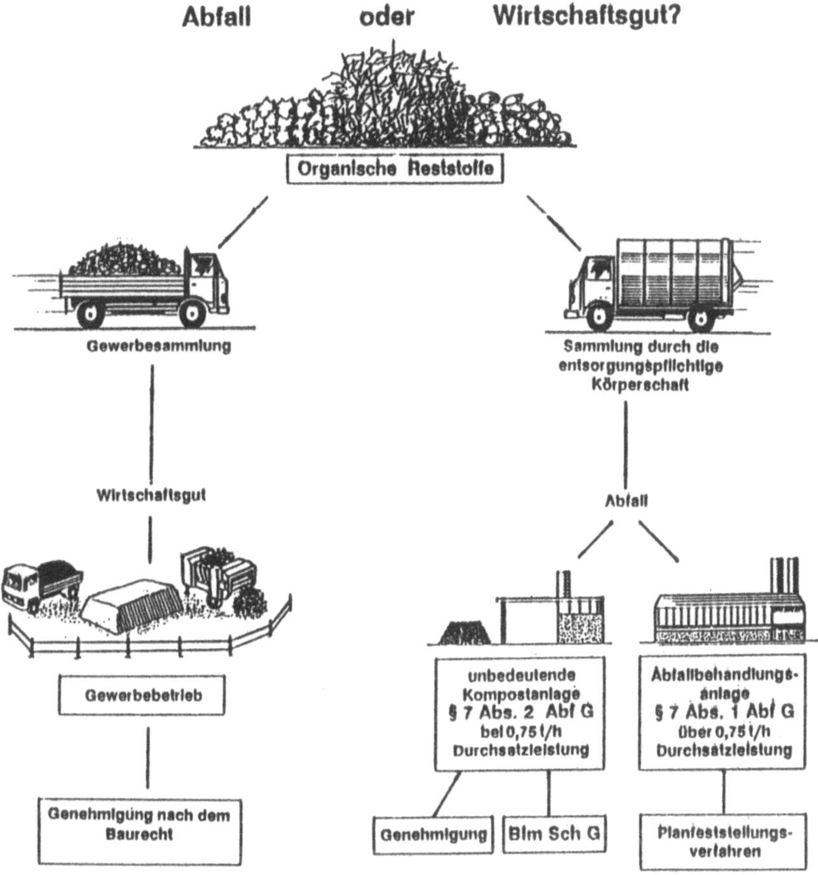

Bild 3.48 Kompost: Abfall oder Reststoff? /nach FRANSSEN, ALBRECHT, 1989/

sche Bestandteile (Nitrat, Phosphat), neben einem organischen Restgehalt, der die humose Struktur darstellt. Dadurch entsteht ein brauchbares Bodenverbesserungsmittel. Voraussetzung für einen guten Kompost ist eine entsprechende Vorbehandlung des Gutes (Siebung, Metallabscheidung, Zerkleinerung usw.), die im folgenden nicht im Detail angsprochen werden. Hinzu kommen Maßnahmen, die den mikrobiellen Prozeß erst ermöglichen: Wasser und ein ausreichendes Nährstoffverhältnis.

Wesentlich ist, daß die Kompostierung zu einer Volumen- und Massenverminderung im Endeffekt führt:

- Massenverminderung: Organischer Kohlenstoff geht als Kohlendioxid in die Gasphase und infolge der exothermen Reaktion verdunstet ein Großteil des Wassers.
- Volumenverminderung: Durch den Abbau werden die Gerüststrukturen abgebaut, es kommt zurVerdichtung.

Kompostierungsprozeß

Die Kompostierung erfolgt meist in zwei wesentlichen Schritten: einer Vorrotte und einer Nachrotte. Bei der Vorrotte entwickeln sich Temperaturen weit über 50 °C beim Abbau der leicht abbaubaren Stoffe; hierbei treten häufig Gerüche auf, weil nicht genügend Sauerstoff in das Rottegut eintreten kann. Häufig treten in diesem Stadium auch Sickerwässer auf, die schnell anaerob werden. Je nach Volumen des Rottekörpers kann es passieren, daß er im Innern wegen der hohen Temperaturen austrocknet, während im äußeren Bereich infolge Kondensation die Feuchtigkeit zu hoch ist. Entsprechend der Temperatur in der Rotte findet eine Hygienisierung statt. Die Vorrotte ist etwa nach längstens sechs Wochen abgeschlossen. Die Reifung oder Nachrotte dauert etwa ebenso lange und geht meist in eine Lagerung über, da der Kompost überwiegend im Frühjahr und Herbst ausgebracht wird.

Anlagentechnik

Zur Kompostierung werden im wesentlichen zwei Systeme eingesetzt, wobei in der Literatur vielfach die dafür verwendeten Begriffe Miete und Rotte synonym gebraucht werden:

- Mietenkomposte (offene Komposte, in heute meist überdachten Hallen, 1,5 bis zu 4 m Basisbreite, ca. 4 bis7 Monate Reifezeit) und
- Rottezellen (Gärtrommeln, -türme, ca 1 Tag bis 3 Wochen).

Pro Tonne Grünabfall sind bspw. 0,5 bis 1 m^2 Mietenfläche zuzuglich peripherer Erschließungsflächen erforderlich (Bild 3.49).

Bei der Mietenkompostierung kann man sich den häuslichen Komposthaufen vorstellen; man spricht dabei von Boxenkompostierung. Daneben gibt es noch Dreiecks- oder Walmenmieten, Tafelmieten, Brikollare. Je nach dem, ob eine mechanische (oder manuelle) Umschichtung des Materials erfolgt, bezeichnet man das Verfahren als statisch oder dynamisch. In den Rottezellen findet eine sehr intensive Umschichtung statt; Walmenmieten werden hingegen tage- oder wochenweise umgesetzt. Voraussetzung zur Kompostierung ist nämlich die verfügbare Substratmenge für die Mikrorganismen und eine ausreichende Volumenausdehnung: Nur im "Haufen" kann die Massenentwicklung der Organismen günstig ablaufen, weil das Oberflächen- zu Volumenverhältnis günstig sein muß (Auskühlung, Entfeuchtung und Sauerstoff-Zufuhr).

Während bei der Dreiecks- oder Walmenmiete noch genügend Sauerstoff über die Oberfläche zutreten kann, muß bei der Tafelmiete (2 m Schichthöhe, endliche Ausdehnung der Tafel) das Rottegut künstlich belüftet werden. In der Praxis wird das Rottegut häufiger umgesetzt, um Zonenbildung und die oben angesprochenen Probleme zu vermeiden. Der Vorteil liegt natürlich im größeren Durchsatz pro Flächeneinheit. Das Brikollare-Verfahren ist eigentlich ein Element der Vorrotte. Nach intensiver Zerkleinerung wird das Rottegut zu 30 kg schweren Preßlingen abgepreßt und auf Paletten gestapelt. Infolge der sofort einsetzenden Temperaturentwicklung findet eine starke Entwässerung statt. Die Formlinge können danach sogar im Freien gelagert werden, ohne Wasser aufzunehmen.

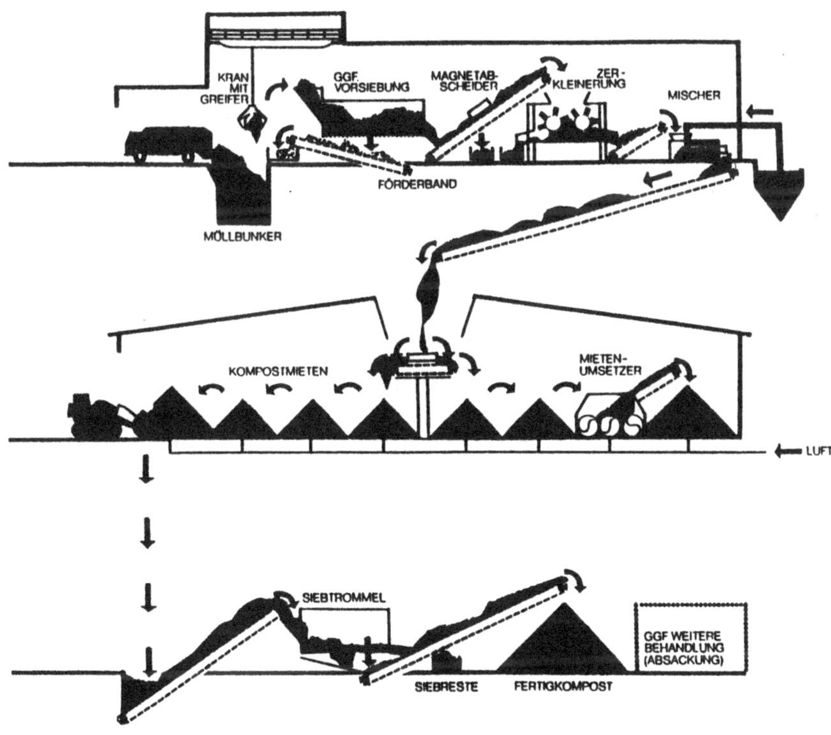

Bild 3.49 Schaubild einer Kompostieranlage

Der Kompostierung in dynamischen Rottezellen liegt die Überlegung zugrunde, daß der in der Zeit ablaufende Prozeß am besten überwacht werden kann, wenn man ihn auch räumlich nacheinander ablaufen läßt. Gleichzeitig erhofft man sich dadurch eine bessere Prozeßführung, beispielsweise durch gezielte Nachlieferung von Wasser, eine bessere Sauerstoff-Versorgung und Zufuhr essentieller Verbindungen.

In der Rottetrommel wird das Material ständig schraubenlinienartig über zwei bis drei Tage vorwärts bewegt; fallweise wird sie im Gegenstrom belüftet. Durch die Drehbewegung wird das Material noch zerkleinert, meist werden trockene organische Stoffe (Papier, Holzhäcksel) zudosiert, um einer Teigbildung entgegenzuwirken. In Rottetürmen wird das Rottegut etagenweise abgearbeitet, wobei auch hier Luft und Material im (Papier, Holzhäcksel) zudosiert, um einer Teigbildung entgegenzuwirken. In Rottetürmen wird das Rottegut etagenweise abgearbeitet, wobei auch hier Luft und Material im Gegenstrom geführt werden. Bei den Biozellenreaktoren wird das Rottegut in geschlossenen Behältern bis 60 m^3 Fassungsvermögen gestapelt, zwangsbelüftet und mit Zusatzstoffen - aufgrund der kompakten Größe optimal - versorgt. Der Prozeß läuft dabei über sieben bis 12 Tage.

3.5.2 Verfahrensparameter

Das Ziel einer Kompostierung ist die Erfüllung der Qualitätskriterien, die von der Bundesgütegemeinschaft Kompost eV vorgelegt wurden (Tabelle 3.9). Voraussetzung dafür ist ein geeigneter Materialaufschluß und die Einstellung günstiger Reaktionsparameter:

- Ausreichender Feuchtegehalt zwischen 45 und 55% sowie
- Sicherstellung der Sauerstoffzufuhr zu allen rottefähigen Bestandteilen und
- Richtige Auswahl von organischen Materialien, um ein günstiges C:N-Verhältnis von etwa 30:1 bis 35:1 herzustellen,
- Neutraler pH-Wert.

Bei der Müllkompostierung handelt es sich um ein sehr heterogenes Gemisch gesammelter kompostierbarer Stoffe bezüglich Korngrößenstruktur, Wassergehalt, Anteil an Schad- und Störstoffen; demgegenüber sind normale Grünabfälle sehr einseitig, zum Beispiel was den Stickstoff anbelangt, zusammengesetzt.

Die intensive Mischung rottefähiger Ausgangsstoffe (Biomasse, Stickstoff) kann beim Zerkleinerungsvorgang und dem anschließenden Umgang mit dem Rottegut erfolgen. Die Art und Durchführung der Rotte beeinflußt die Qualität des Kompostes (pH-Wert, Struktur, Inhaltsstoffe etc.).

Die Kompostierung ist ein exotherm verlaufender biologischer Oxidationsprozeß. Der Temperaturverlauf - es werden Temperaturen von 70 bis 75 °C erreicht - gibt einen guten Maßstab für die Intensität seines Ablaufs. Ebenso kann man den Kohlendioxid-Gehalt in der Abluft messen. Für den Abbau von 1 g organischer Substanz sind etwa 0,9 g Sauerstoff erforderlich, je kg müssen also 40 bis 60 l Sauerstoff zugeführt werden. Ist das Rottegut zu feucht, kann kein Sauerstoff herantreten und der Rotteprozeß dauert entsprechend länger. Für die Verarbeitung von Mengen über 1000 t/a sind belüftete Rotteflächen mit integriertem Entwässerungssystem vorzuziehen.

Tabelle 3.9 Qualitätskriterien für Kompost (Bundesgütegemeinschaft Kompost eV, Bonn)

1. Frei von keimfähigen Samen und Pflanzenteilen, Seuchenhygiene
2. Frei von Verunreinigungen, wie Kunststoff, Glas, Metall
   Gesamtinhalt an Verunreinigungen > 2 mm: max 0,1 Gew.-% in der TS
   praktisch frei bedeutet kleiner 0,5%
3. Maximaler Anteil an Steinen in den einzelnen Qualitäten: max. 5 Gew.-%
   Korndurchmesser: > 5 mm
4. Nachweis der Pflanzenverträglichkeit in Form eines Keimpflanzentests auch im Hinblick auf die Stickstoffdynamik
5. Mindest-Rottegrad: Rottegrad IV oder V des Merkblattes 10 der LAGA
6. Wassergehalt: für lose Ware: max. 45 Gew.-%/ für Sackware: max. 35 Gew.-%
7. Mindestgehalt an organischer Substanz: 20 Gew.-% in der Trockensubstanz
8. Richtwerte für Schwermetalle in mg/kg TS

Zink	400	Blei	150
Kupfer	100	Chrom	100
Nickel	50	Cadmium	1,5
Quecksilber	1,0		

9. Deklarationspflichtige Parameter: Salzgehalt, pH-Wert, organische Substanz als Glühverlust, Rohdichte, Pflanzenverträglichkeit, Maximalkorn, sachgerechte Anwendung, Rottegrad, Art und Zusammensetz. des Materials, Basis wirksamer Stoffe

3.5.3 Müllvergärung

In gleicher Weise, wie organische Abfallbestandteile aerob in Rotteprozessen mineralisiert werden können, besteht auch die Möglichkeit der anaeroben Fermentation mit Biogasgewinnung. Vom Prozeß her gibt es eigentlich ikeine Bedenken, lediglich von der Handhabung und der Rückstandsbeseitigung bestehen in der Fachwelt erhebliche Meinungsunterschiede, da wasserarme Abfallstoffe verflüssigt werden müssen, um den Prozeß ablaufen lassen zu können. Außerdem erhält man als Endprodukt einen "Teig", der so nicht deponiert oder als Bodenverbesserungsmittel, wie Kompost, veräußert werden kann.

Aus Frankreich wird von einem Verfahren berichtet, bei dem nach Aussortierung von Holz, Kunststoffen und Textilien der Abfall anaerob fermentiert wird und das Digestat zu einem trockenen, krümeligen Produkt aufbereitet wird, während die dabei abgeschiedenen Inertstoffe (Glas, Metalle) noch recycliert werden können.

3.6 Bodensanierung mit in-situ-Verfahren

Die meisten Betriebe, die mit den sogenannten gefährlichen Stoffen (s. Wasserhaushaltsgesetz /WHG, 1986/: Als gefährlich gelten jene Stoffe, die wegen der Besorgnis einer Giftigkeit, Langlebigkeit, Anreicherungsfähigkeit oder einer krebserzeugenden, fruchtschädigenden oder erbgutverändernden Wirkung als gefährlich zu bewerten sind) Umgang hatten, haben eine Kontamination dieser Stoffe im Untergrund. Gleichgültig ob der

Betrieb selbst Verursacher war oder das Gelände erst zu einem späteren Zeitpunkt erworben hat, gilt der Besitzer des Grundstücks, in dem die Bodenverunreinigung liegt, als Zustandsstörer. Dieser hat die Reinigung des Bodens zu veranlassen und zu bezahlen. Da eine Bodenverunreinigung meist mit einer Grundwasserverunreinigung gekoppelt ist, ist Eile geboten, den Schaden zu beseitigen, um Folgekosten zu minimieren.

Rechtsnormen mit unmittelbar bodenschützendem Inhalt gibt es mittlerweile in einzelnen Bundesländern, daneben sind das Abfallgesetz /AbfG, 1986/ und die Klärschlammaufbringungsverordnung /KlärAufbV, 1992/ zu nennen, in denen die zukünftige Bodenbelastung berücksichtigt wird; ein Sanierungsgesetz gibt es bislang noch nicht.

Umgangssprachlich faßt man alle Bodenbelastungen als "Altlasten" auf; einige Quellen differenzieren in Altlasten und Altablagerungen, um quasi zwischen unbeabsichtigt eingetretenen Schäden und Folgewirkungen aus ungeordneten/geordneten Deponierungen zu unterscheiden. Faktisch unterscheiden sich die beiden Altlastenformen dadurch, daß in Deponien eingebaute Schadstoffe wie in einem Flickenteppich verteilt sind, während aus einem Tank oder einer Pipeline ausgelaufene Flüssigkeiten (Bild 3.50) eine entsprechende Verteilung im Boden erfahren, wobei hier der Boden in gewissem Umfang heterogen aufgebaut sein kann.

Die Verunreinigungen in Boden und Grundwasser bestehen meist aus Mineralölen, aromatischen Lösungsmitteln (Benzol, Toluol, Xylol) und chlorierten Kohlenwasserstoffen (Per, Tri, Methylenchlorid). Die Verteilung der eingedrungenen Stoffe im Boden erfolgt abhängig von

- den chemisch-physikalischen Eigenschaften des Stoffes,
- den physiko-chemischen Eigenschaften des Erdreichs und
- den hydrologischen und hydrogeologischen Eigenschaften des Bodens.

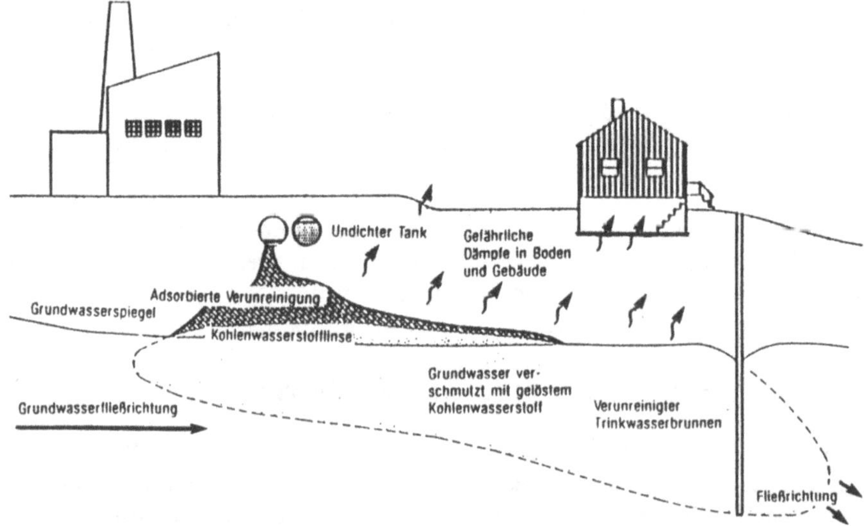

Bild 3.50 Ausbreitung von Mineralöl-Kohlenwasserstoffen /nach RISSING,1989/

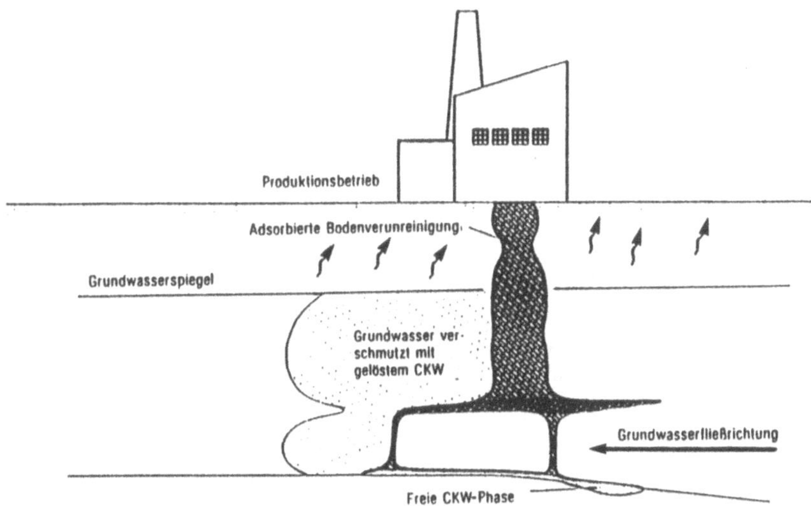

Bild 3.51 Ausbreitung chlorierter Kohlenwasserstoffe /nach RISSING,1989/

An weniger permeablen Schichten und im Übergang gesättigte und ungesättigte Zone (Grundwasser-Oberfläche) finden horizontale Ausbreitungen statt, entsprechend ihrer Dichte dringen die Stoffe unterschiedlich tief in den Untergrund. Das Bodenmaterial wirkt adsorbierend, feine Poren werden zunächst mit diesen Stoffen abgesättigt. Bei Mineralöl-Kohlenwasserstoffen ist zu beobachten, daß die Mineralöle auf der Grundwasseroberfläche schwimmen und sich in Grundwasserfließrichtung bewegen (s. Bild 3.50). Chlorierte Kohlenwasserstoffe setzen aufgrund ihrer höheren Dichte die Wanderung in den Untergrund fort (Bild 3.51). Hier kann es sogar dazu kommen, daß die Verunreinigung entgegen der Fließrichtung des Grundwassers läuft.

Bei einer Altlast ist immer mit allen drei Phasen zu rechnen: Die Stoffe finden sich in freier Phase in den Porenräumen des Bodens, in gelöster Phase im Grundwasser und entsprechend ihres Dampfdruckes auch in der Gasphase.

3.6.1 Chlorkohlenwasserstoffe und deren Abbaumechanismen

Nach den Exkursen zum Abbau von organischen Verbindungen in Abschnitt 3.2 und 3.3 unter aeroben und anaeroben Bedingungen soll dieser Abschnitt sich speziell mit den chlorierten Kohlenwasserstoffen (CKW) beschäftigen. Grundsätzlich gilt, daß sie von Mikroorganismen nur über die flüssige Phase aufgenommen werden können; d.h., der Abbau ganz allgemein von der Wasserlöslichkeit der Verbindung abhängt.

Wenig bekannt ist, daß die zu den "Xenobiotika" (nicht natürlich vorkommende Stoffe) gerechneten CKW auch natürlichen Ursprungs (z.B. aus marinen Algen) stammen können: COOK et al. /1988/ haben eine Liste von Haloaliphaten (Tabelle 3.10) zusammengestellt, die dies belegt. Deshalb läßt sich vermuten, daß es bereits sehr lange biologische Mechanismen für die Dehalogenierung geben muß.

Tabelle 3.11 Eine Auswahl der natürlich vorkommenden Haloaliphaten /COOK et al.,1988/; mengenmäßig wichtige Substanzen sind fettgedruckt.

CH_3Cl	CH_3Br	CH_3I
CH_2Cl_2	CH_2Br_2	CH_2I_2
$CHCl_3$	**$CHBr_3$**	CHI_3
CCl_4		
FCH_2COOH		
$Br_2C{=}CHCHBr_2$		

Die Dehalogenierung kann thiolytisch, hydrolytisch, oxidativ oder reduktiv erfolgen; letztere setzt strikt anaerobes Milieu voraus. Bei der reduktiven Dehalogenierung wird das Halogenatom durch Hydrierung (Ersatz durch Wasserstoff) oder Dehydrierung (Entzug von Wasserstoff) entfernt. Von methanogenen Bakterien wird z.B. Tetrachlorethen reduktiv zu Trichlorethen dehalogeniert (vgl. Bild 3.52). Dehalogenierungen durch Hydrierung wurden sowohl bei aliphatischen als auch aromatischen Kohlenwasserstoffen beobachtet (Pentachlorphenol zu Phenol zu Methan und Kohlendioxid /MÜLLER, LINGENS, 1987/).

Bei der reduktiven Dehalogenierung wird das Halogenatom zusammen mit einem Wasserstoffatom des benachbarten Kohlenstoffs abgespalten und eine Kohlenstoff-Doppelbindung gebildet (Bild3.53). Es können auch zwei Halogene von benachbarten Kohlenstoffatomen gemeinsam unter Bildung einer Doppelbindung abgespalten werden (Hexachlorethan zu Tetrachlorethen).

$$Cl_2C{=}CCl_2 + H_2 \longrightarrow Cl_2C{=}CHCl + HCl$$

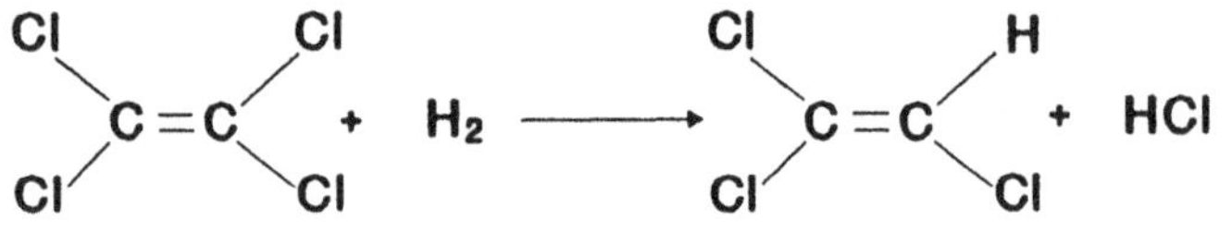

Bild 3.52 Umsetzung von Tetrachlorethen (auch bezeichnet als Tetrachlorethylen, Perchlorethylen, PER, PCE oder TETRA) zu Trichlorethen (auch bezeichnet als Trichlorethylen, Ethylentrichlorid oder TRI, TCE)

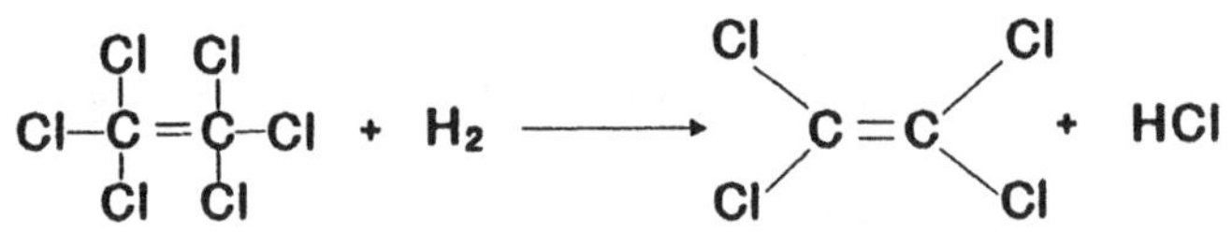

$$Cl_3C{=}CCl_3 + H_2 \longrightarrow Cl_2C{=}CCl_2 + HCl$$

Bild 3.53 Umsetzung von Hexachlorethan zu Tetrachlorethen

BOUWER und McCARTY /1983/ beobachteten als erste einen Abbau von PER zu TRI

BOUWER und McCARTY /1983/ beobachteten als erste einen Abbau von PER zu TRI unter methanogenen Bedingungen bei Anwesenheit von Acetat als Primärsubstrat. PARSON et al. /1984/ bestätigten diese Untersuchungen und fanden als weitere Abbauprodukte cis- und trans-1,2-Dichlorethen, 1,1-Dichlorethen und Vinylchlorid (VC). Dies sind auch nachweisbare Produkte von CKW-belasteten reduzierten (ohne nachweisbaren Sauerstoff) Grundwasserleitern. BARRIO-LAGE et al. /1987/ konnten die Acetat-Verwertung nicht wiederfinden; dafür stellten sie fest, daß Sulfat vollständig reduziert wurde. Von VOGEL und McCARTY /1985/ stammt der in Bild 3.54 gezeigte Abbauweg zum Kohlendioxid. Die beiden Autoren fanden radioaktives CO_2, nachdem sie PER radioaktiv markiert hatten. BRAUCH et al. /1987/ fanden als Abbauprodukt von VC unter anaeroben Bedingungen Ethen.

Die Untersuchungen zum anaeroben Abbau von CKW sind noch lange nicht abgeschlossen; aus heutiger Sicht ist nur bekannt, daß PER anaerob abgebaut werden kann. Obwohl Kohlendioxid als Abbauprodukt unter anaeroben Bedingungen nachgewiesen wurde, stellt man in reduzierten Grundwasserleitern VC fest, das aus PER und/oder TRI entstanden sein muß. Da VC wesentlich toxischer ist als TRI und PER, müssen alle technischen Lösungen unter diesem Gesichtspunkt ausgewählt werden. Es wäre fatal, wenn man im blinden Glauben an die biologischen Möglichkeiten den Teufel mit dem Beelzebub austreiben würde.

3.6.2 Mikrobielle Bodensanierungsverfahren

Grundsätzlich muß man bei einer Bodensanierung, den Boden, die Luft **und** das Grundwasser behandeln. Die Techniken für die Behandlung der Luft und des Wassers sind, soweit sie biologisch sind, in den vorangestellten Abschnitten 3.1 und 3.2 bereits beschrie

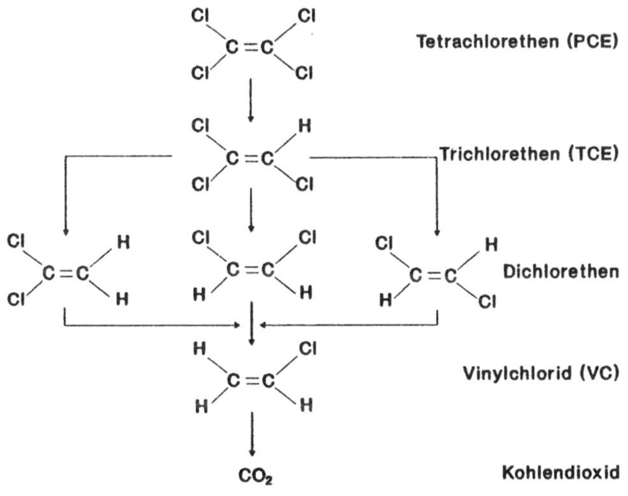

Tetrachlorethen (PCE)

Trichlorethen (TCE)

Dichlorethen

Vinylchlorid (VC)

CO_2

Kohlendioxid

Bild 3.54 Abbau von Tetrachlorethen zu Kohlendioxid /VOGEL, Mc CARTY,1985/

ben; die Behandlung des Bodens kann in-situ, on-site oder off-site erfolgen. Bei der On-site-Sanierung wird der Boden ausgehoben und neben dem Schadensfall behandelt: Hier kommen Bodenwaschverfahren, Verbrennung und das Mieten-Verfahren (entsprechend der Kompostierung, vgl. Abschnitt 3.5) in Betracht. Unter off-site versteht man den Transport des Bodens zu zentralen Behandlungsanlagen (Sonderabfallverbrennung, -deponie etc.).

Wesentlich in diesem Zusammenhang ist, daß der behandelte Boden anschließend einer Verwendung zugeführt werden können muß (Sanierungsziel), was nicht sehr einfach ist: Jeder Boden ist heterogen, so daß dampfflüchtige Verbindungen in Porenräume diffundieren und dort an festen Phasen kondensieren. Damit sind sie vielfach einem mikrobiellen Abbau unzugänglich (s. Abschnitt 2.5.4). Aufgrund der Heterogenität des Bodens kann daher durchaus vorkommen, daß lokal vielleicht ein sehr guter Abbau erfolgt ist; an anderer Stelle aber nicht, selbst wenn man Verfahren angewendet hat, die den Boden permanent umsetzen.

Bei der In-situ-Sanierung verbleibt nun der Boden in seiner Lage, so daß das Problem der Verwendung gelöst ist. Allerdings ist die Etablierung eines mikrobiellen Abbaus extrem erschwert. Die In-situ-Maßnahme kommt überwiegend dann in Betracht, wenn Gebäude bestehen bleiben sollen. Sie wird begleitet von Abluft und Grundwasserbehandlungsmaßnahmen: Über Bodenluftabsaugung werden dampfflüchtige Stoffe und über hydraulische Infiltrationsmaßnahmen gelöste und adsorbierte Stoffe herausgewaschen bzw. umgesetzt. Beide Verfahrensweisen bedingen eine Nachbehandlung: Abluftreinigung meist über Aktivkohle zur Aufkonzentrierung, Bodenwaschwasserreinigung meist in Bioreaktoren.

Da die mikrobielle In-situ-Bodensanierung der interessanteste, aber auch der schwierigste Fall ist, soll er hier eingehender behandelt werden. Das Problem der mikrobiellen In-situ-Bodensanierung ist vielschichtig (Tabelle 3.11) und natürlich nicht gänzlich auf die In-situ-Sanierung beschränkt.

Bei der In-situ-Sanierung muß man den Boden also sehr genau kennen, was eigentlich aufgrund seiner Heterogenität unmöglich ist. Grundsätzlich muß man sich aber einmal

Tabelle 3.12 Problemschwerpunkte bei der mikrobiellen In-situ-Behandlung von Böden

- Festbettreaktor mit starrem Trägermaterial unterschiedlicher Zusammensetzung und Körnung
- Porenraum unterschiedlicher Kapillarität und Durchströmung
- Aerobe/ anaerobe Zonierungen
- Mischbioconeosen mit unterschiedlichen Ansprüchen in verschiedenen Zonen
- Mangelnde Eingriffsmöglichkeiten (vergleichbar dem Tropfkörper in Abschnitt 2.6.1: lediglich über den Flüssigkeitsdurchsatz)
- Diauxie-Effekte schwierig beherrschbar
- Potentielle Veränderung des Wasserchemismus durch mikrobielle Aktivität bis hin zur Veränderung des Bodenwiderstandes (Verstopfung)
- Mobilisierung der Kontamination und Metaboliteneintrag in dieGrundwasserphase

mit den groben Strukturen beschäftigen: Es gibt eine ungesättigte, oberflächennahe und eine ungesättigte oberflächenferne (> 2 m) sowie die gesättigte Zone (= Boden im Grundwasser). Je nach den unterschiedlichen Milieubedingungen sind in diesen Zonen bereits Mikroorganismen vorhanden (zumindest am Rand des Schadensherdes). Es ist zu bemerken, daß Altlasten "alt" sind. D.h., daß im Boden mikrobiell alle Stoffe umgesetzt sind, die unter den herrschendenB odenbedingungen umsetzbar waren. Man darf davon ausgehen, daß die Bodenmikroorganismen ihre Gene und Plasmide ausgetauscht haben, daß Mutanten oder adaptierte Organismen vorhanden sind, die den eingedrungenen Stoff verstoffwechseln könnten. Lediglich scheint, daß der eine oder andere Stoffwechselschritt limitiert ist. Diese Limitation gilt es aufzuheben.

Bei den In-situ-Systemen handelt es sich um großtechnische Perkolatoren (Rieselkörper, s. Abschnitte 2.5.1 und 4.2), in denen dem Boden die Stoffe zugeführt werden, die als limitierend für den Stoffabbau anzusehen sind. Zum Beispiel ist darauf zu achten, daß durch die Aufhebung einer Limitation dann kein ungehemmtes Wachstum einsetzt, das die Bodendurchlässigkeit (k_f-Wert) verschlechtert, wodurch die Sanierung zum Stehen kommen würde. Weiterhin muß man beachten (beispielsweise bei Mineralölschäden), daß Metaboliten entstehen können (z.B. Phenole), die zu einer Verdriftung des Schadstoffes führen können. Der Erfolg der Sanierung wäre war an Ort und Stelle da, während dagegen weiter unterhalb in Grundwasserfließrichtung des Sanierungsgebietes durchaus ein neues Problem entstanden sein könnte.

Bild 3.55 zeigt, wie man in etwa vorgehen muß, um einen Schaden an Ort und Stelle zu halten, bzw. wie man ihn kontrollieren kann. Wie oben ausgeführt, muß man nur in seltenen Fällen eine Mikroorganismenpopulation in den Boden einbringen. Meist genügt es, die am Standort vorhandenen Organismen zu unterstützen. Häufig werden Nährlösungen, Spurenelemente und Sauerstoff in gelöster oder gebundener Form infiltriert. Die autochthone Population kann dann auf diesem Substrat wachsen(z.B. auch co-metabolisch) und den Abbau einleiten bzw. bis zum Kohlendioxid und Wasser vorantreiben.

Natürlich kann der Abbau nur dort stattfinden, wo Mikroorganismen sind oder die Mikroorganismen mit Nährlösung hingespült werden. Dadurch wird in der Praxis niemals der gesamte Boden erfaßt. Weiterhin benötigen die Organismen eine minimale Konzentration der besagten Stoffe, damit der Stoffwechsel induziert wird; eine 100%ige Umsetzung ist also nicht zu realisieren. Schließlich verändern die Mikroorganismen durch ihre Ausscheidungsprodukte die physikalisch-chemischen Randbedingungen des Bodens, z.T. ist mit Kristallisation und damit - neben der mikrobiellen Versiegelung des Bodens - mit einer Erniedrigung der Permeabilität zu rechnen. Physikalische Effekte können ebenso zu einer Herabsetzung der Fließfähigkeit in den Kapillaren führen.

Eine Behandlung des Bodens setzt also folgendes voraus,

- Durchlässigkeit des Bodens ($k_f > 5 \cdot 10^{-4}$ m/s]
- Einrichtung eines Spülkreislaufes
- homogenen Boden
- homogene Verteilung der Kontamination
- Verhinderung der Ausbreitung der Stoffe und Metaboliten in Boden und Grundwasser
- und selbstverständlich den Nachweis, daß unter derartigenedingungen der Stoff abgebaut werden kann.

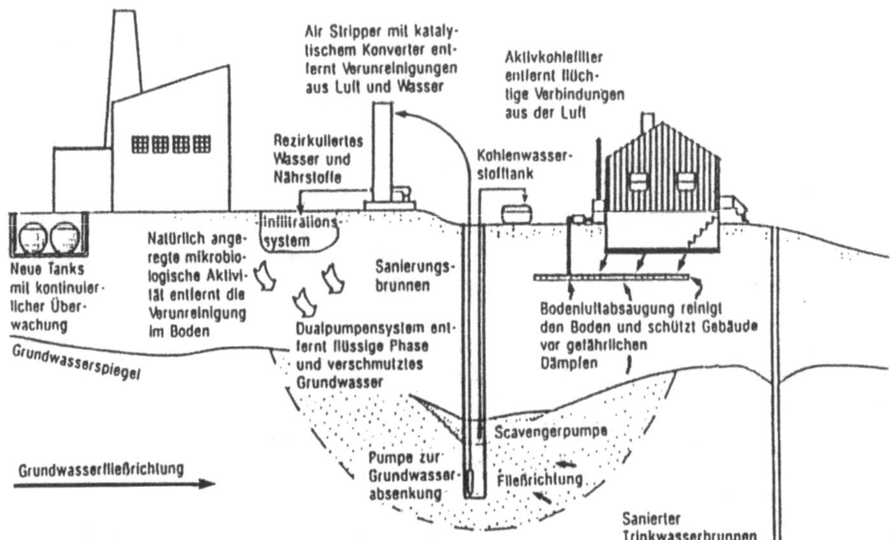

Bild 3.55 Schema einer Sanierung eines Mineralölschadens /nach RISSING, 1989/

Bei aliphatischen und aromatischen Kohlenwasserstoffen kann die mikrobielle In-situ-Sanierung als Stand der Technik angesprochen werden, bei chlorierten Kohlenwasserstoffen ist höchste Vorsicht geboten, da die Abbauwege noch nicht vollständig in Abhängigkeit ihrer Prozeßrandbedingungen beschrieben sind und zum Beispiel mit Vinylchlorid als Stoffwechselmetabolit gerechnet werden muß. Es darf also niemals vergessen werden, daß auch toxische oder persistente Metaboliten entstehen können, wo-

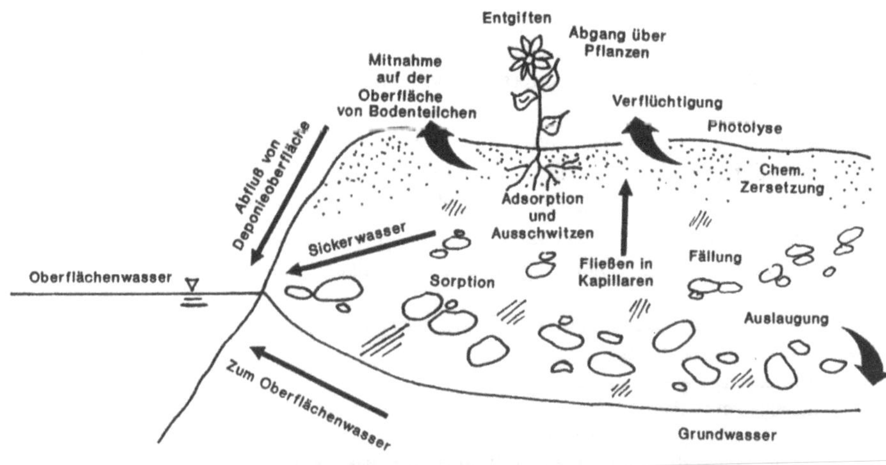

Bild 3.56 Migration der Stoffe im Boden /nach EPA, 1984/

durch das Sanierungsziel verfehlt wird. Beim Mineralölabbau in den Mietenverfahren ist beispielsweise beobachtet worden, daß der Abbau relativ zügig bis auf etwa 30% der Ausgangskonzentration vorangeht; diese dann aber in der Miete verbleiben /DECHEMA, 1990/.

Bild 3.56 zeigt die Faktoren in einem Boden, die bei einer mikrobiellen Bodensanierung beachtet werden müssen - insbesondere in ihrenWechselwirkungen.

Entwicklung eines Perkolatorkonzeptes zur Untersuchung der Sanierbarkeit von Böden

Verschiedene Methoden der Voruntersuchungen vor einer Sanierung von Böden sind in der Literatur beschrieben. Begonnene und abgeschlossene Sanierungen zeigen, daß sowohl daraus abgeleitete Abbauraten überschätzt als auch Sanierungsziele selten erreicht wurden. Deshalb hat sich eine Arbeitsgruppe an der FHT Mannheim die Aufgabe gestellt, einen Perkolator zu entwickeln, mit dem die tatsächlichen Vorgänge in einem Boden im Labor simuliert werden können. Die bekannten Probleme von Perkolatoren sollten dabei umgangen werden.

Perkolatorversuche sind in der Fachwelt - zurecht - umstritten. Eine einzige Bodenprobe sagt im allgemeinen nicht viel aus; wird der Boden auch noch nach der Probenahme gestört (das morphologische Gefüge verändert), sind Aussagen über die tatsächliche Sanierbarkeit mit großen Fragezeichen zu versehen, weil unter anderem Porosität, Oberflächeneigenschaften und Stofftransportcharakteristiken massiv verändert und meist abbauunterstützende Faktoren verbessert werden.

Deshalb haben sich KUNZ et al. /1992/ mit der Frage beschäftigt, wie ein Simulator für den Boden aussehen muß, damit man aus biologisch technischer Sicht ein zufriedenstellendes Untersuchungsergebnis erhalten und entwickeln kann. Hierzu gehört, daß

- ein ungestörter Boden mit maximalen Abmessungen untersucht,
- der entnommene Bodenkörper unter dieselbe - auch schwankende - Bodenspannung gesetzt werden kann, die bisher auf ihm lastete,
- der entnommene Bodenkörper - wie in der Praxis - horizontal und vertikal von Grund- und Sickerwasser durchströmt und
- die Wasserspiegellage im Bodenkörper (gesättigte/ ungesättigteZone) verändert

werden kann.

Die Lösung (Bild 3.57) sieht folgendermaßen aus:

- Perkolatorsäule für Schlauchkernbohrung 200 mm ∅. Ungestörte Bodenproben können maximal mit einem Durchmesser von 200 mm gezogen werden. Die Länge des Schlauchkerns spielt dabei keine so wesentliche Rolle; sie wurde hier auf einen Meter festgelegt.
- Säulenkonzeption für horizontale Durchströmung des Bodenkörpers je nach Grundwasserströmung und -stand. An den perforierten Stützmantel werden Seitentaschen angeschweißt und über einen Verdränger Wasserdruck bzw. -spiegellage in den Vorlage- bzw. Nachlaufkästen eingestellt.
- Säulenkopf- bzw. -fußgestaltung zur Aufbringung eines Einbaudrucks gemäß dem Vordruck, dem der Bodenkörper ursprünglich ausgesetzt war. Über ein geschüttetes Bett wird eine gleichmäßigeDruckverteilung über den Querschnitt erreicht.
- Säulenkopf-Gestaltung zur gleichmäßigen Infiltration von Niederschlagswasser, Nährlösungen etc.

- Die oben erwähnte Schüttung erlaubt auch die verteilende Infiltration von Suspensionen. Hierbei kann es sich auch um Waschwasser handeln, wenn es nur um eine Bodenwäsche geht.
- Automatisierungsstrategie für einen unbeaufsichtigten Dauerbetrieb über mehrere Wochen. Das Perkolatorkonzept ist mit einem MSR-Konzept versehene, das einen Dauerbetrieb ermöglicht, wie er für biologische Prozesse unerläßlich ist.

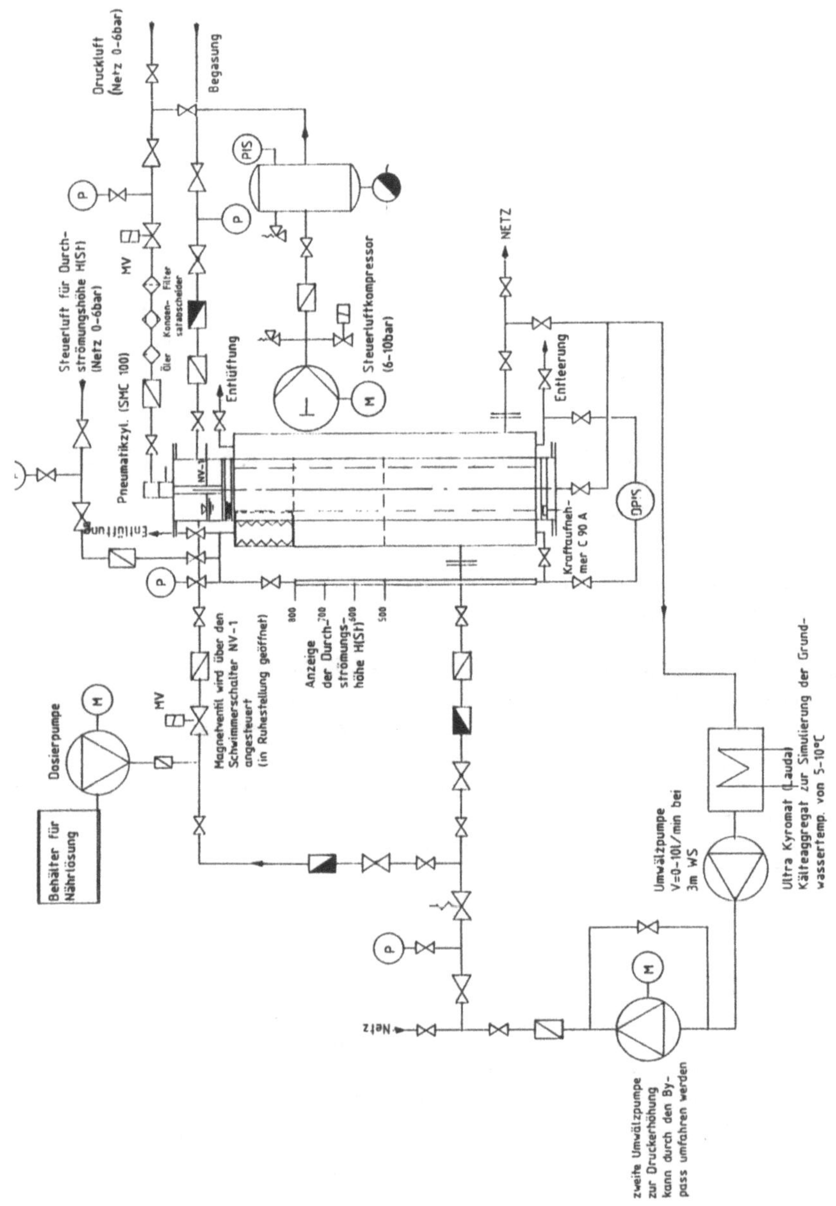

Bild 3.57 Anlagenschema Perkolatoranlage /KUNZ et al., 1992)

4 ANSATZPUNKTE FÜR PRODUKTIONS-VERFAHREN MIT HILFE VON MIKROORGANISMEN

Wie in der Einleitung bereits skizziert , stehen in diesem abschließenden Kapitel nicht die bisher mit Hilfe von Mikroorganismen in Fermentern steril produzierten Produkte für die Nahrungs- und Genußmittel-, pharmazeutische-, kosmetische oder Chemische Industrie zur Diskussion; vielmehr sind es die in die konventionelle Produktion integrierbaren mikrobiellen Prozesse. Die vorgestellten Beispiele haben zum gegenwärtigen Zeitpunkt überwiegend noch perspektivischen Charakter - aber irgendwann muß das Umdenken einmal einsetzen. Deshalb soll einerseits die Methode zur Entwicklung derartiger Innovationen an andererseits einigen bereits im Versuchsstadium bzw. der Umsetzung befindlichen Entwicklungen vorgestellt werden.

Will man die Umwelt wirklich schützen, steht nicht das Machbare im Vordergrund, sondern das Nützliche. Diese Denkweise ist allerdings nicht Allgemeingut aller im Umweltschutz Beteiligten. Die Überwachungsbehörden haben sich zunächst auf das Emissionsprinzip verständigt (alle Emittenten einer Branche müssen mindestens die z.B. nach den Anhängen zur Rahmenabwasserverwaltungsvorschrift vorgegebenen Grenzwerte unterschreiten). Die dabei eingeführten Zahlenwerte wurden auf der Basis gefunden, was nach aktuellem Stand der Produktionstechnik und aktuellem Stand der End-of-pipe-Technik von einem Unternehmen wirtschaftlich zumutbar gefordert werden kann. Die Produktionsleiter und Umweltbeauftragten der betroffenen Unternehmen orientieren sich demzufolge nun an diesen Margen und "legen nach", wenn sie verändert wird. Da die Auflagen am ehesten rasch erfüllt werden können und auch noch zu - vordergründig - tolerablen Preisen, wenn man "Lösungen von der Stange" kauft, muß man sich nicht wundern (s. dazu /KUNZ/1991/), daß die Betriebe noch immer nicht so recht zu produktionsintegrierten Maßnahmen übergehen.

Der End-of-pipe-Umweltschutz ist aber eigentlich keiner: Die Energie zur Durchführung dieser Maßnahmen verursacht Belastungen und nutzt Ressourcen, die Entnahme von Stoffen aus der Luft oder dem Wasser ist mit Rückständen verbunden, die meist als Abfälle nur entsorgt werden können, die End-of-pipe-Anlagen müssen produziert, verpackt, transportiert und irgendwann entsorgt werden usw. ...

4.1 Wasserkreislaufsysteme - Non-Bioreaktoren nach gleichen Kriterien

4.1.1 Ausgangssituation in Wasserkreisläufen

Viele Maßnahmen, die Umwelt zu schützen, haben damit begonnen, die benötigten Wassermengen zu reduzieren. Wasser wird schließlich technisch überwiegend als Lösungs- und Transportmittel, zum Beispiel zu Wärmetransport und Kühlung benötigt, teilweise gelangt es auch in die Produkte. Überall dort, wo es nicht in seiner chemischen Bedeutung gebraucht wird, lassen sich Wassersparmaßnahmen durch Kreislaufführung realisieren. Die Umweltstatistiken weisen mittlerweile für die verschiedensten Branchen enorme Wassernutzungsgrade aus. Bild 4.1 zeigt zum Beispiel einen Wasserkreislauf in der Papierindustrie, bei dem das VE-Wasser (vollentsalztes Wasser) von der reinen Seite bis zum Maischen im Pulper mehrfach verwendet und in zunehmendem Maße im Kreislauf geführt wird. Diese einerseits sehr positive Entwicklung hat aber auch ihre Kehrseite:

Wo immer Wasser mit Spuren organischer, aber auch anorganischerSubstanzen beladen ist, kommt es über mikrobielle Syntheseprozesse (Chemo-, manchmal auch Photosynthese) zu lebhaften Mikroorganismen-Entwicklungen. Dadurch wird ein Kreislauf in Gang gesetzt, der das Wasser ungenießbar bis krankheitserregend macht (Algenbildung, Toxine). Tabelle 4.1 zeigt eine Übersicht über organische und anorganische Feststoffe, die in Kühlwässern (meist allerdings in Durchgangssystemen) angetroffen werden. Nimmt man die aktuelle Trinkwasser-Verordnung (Tabelle 4.2) als Maßstab für das, was im Wasser enthalten sein kann, und bezieht man nun noch die Substanzen ein, die in das aufbereitete Wasser zur Konservierung bzw. Stabilisierung (Tabelle 4.3) zugegeben werden, muß man sich über mikrobielles Wachstum in Wasserkreislaufsystemen nicht mehr wundern. In der Papierindustrie zum Beispiel spielt darüberhinaus noch eine Rolle, daß das Wasser direkt mit den zu verarbeitenden Substraten (Zellstoff, Leime, Pigmente, Kaolin usw.) in Berührung kommt, die sich im Wasser lösen oder benetzen.

Tabelle 4.1 Organische und anorganische Feststoffe in Kühlwasser

Luftverunreinigungen	
	Ruß
	Flugstaub
	Chitine von Insekten
	Detritus
Aeroplankton	
	Viren
	Bakterien
	Sporen
	Pollen
	Samen
Kühlwasser-Bestandteile	
	Calciumcarbonat, sulfat
	Silikate, Eisenoxide
	Korrosionsprodukte
	Korrosionsschutzmittel
	Flockungsmittel
	Stabilisatoren
	Mikroorganismen

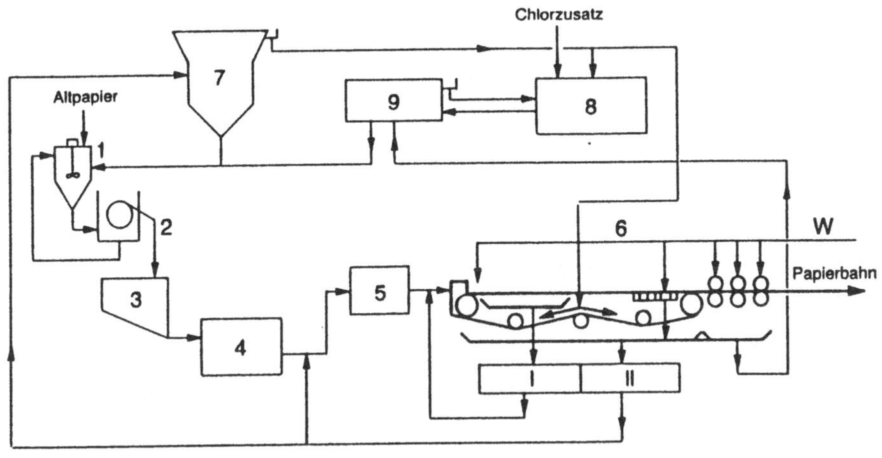

1 Hydropulper
2 Siebtrommel
3 Eindickbütte
4 Maschinenbütte
5 Konsistenzregelung
6 Papiermaschine
7 Trichterstoffänger
8 Speicherbecken
9 Siebwasserbecken
I Siebwasser I
II Siebwasser II
W Reinwassereinschleusung

Bild 4.1 Wasserkreislauf in einem altpapierverarbeitenden Betrieb /s. KUNZ, 1992/

Tabelle 4.2 Grenzwerte nach der Trinkwasser-Verordnung/ TWVO, 1990/

Bezeichnung	**Grenzwert mg/l**	**berechnet als**
Polycyclische aromatische Kohlenwasserstoffe	0,0002	C
Cyanid	0,05	CN^-
Nitrat	50	NO_3^-
Nitrit	0,1	NO_2^-

Aber auch in vollständig getrennten Kreisläufen, die mit VE-Wasser betrieben werden, finden sich - wenn auch nur wenige, so doch immerhin - Mikroorganismen. Tabelle 4.4 zeigt Beispiele von Bakterien-, die in VE-Wasser nachgewiesen wurden. Neben den *Pseudomonaden*, die den Hauptanteil stellen, sind die auf Nährböden kultivierten intensiv rot, orange oder gelbgefärbten coryneformen Bakterien, die orange-roten *Caulobacter*, die violetten *Chromobakterien*, die gelb bis orangefarbenen *Flavobakterien* und rosa bzw. orange- bis zitronengelben *Micrococcus*-Arten in VE-Wasser eine schillernde, aber eben störende Entwicklung.

Tabelle 4.3 Beispiele für zugelassene Substanzen zur Konservierung und Stabilisierung von Wasser

Härtestabilisatoren
anorganische Phosphate
organische Konditionierungsmittel
Dispergiermittel
anionische Tenside
kationische Tenside
nichtionische Tenside
Flockungsmittel
Eisen(III)aluminiumsulfat
Eisen(III)sulfat
Polyaluminiumchlorid
Flockungshilfsmittel
s. Dispergiermittel

Tabelle 4.4 Mikroorganismen in VE-Wasser /nach WALLHÄUSSER, 1988/

Bakterien-Gattungen/ Arten	**Anzahl gefundener Arten**
Caulobacter	10
Pseudomonas aeruginosa	91
Pseudomonas fluorescens	1
Legionella	6
Moraxella	10
Acinetobacter	1
Flavobacterium	7
Alcaligenes	2
Escherichia Coli	2
Citrobacter	3
Klebsiella	4
Enterobacter	6
Chromobacterium	2
Micrococcus	9
Staphylococcus	19
Deinococcus	4
Bacillus spp.	34
Lactobacillus	48
Corynebacterum	16

4.1.2 Problembeschreibung

Die mikrobielle Besiedelung von Wasserkreisläufen wäre an sich kein Problem, wenn daraus nicht

- Energiemehrverbräuche über verschlechterte Wärmeübergänge (Biofilme mit Schichtdicken um 1 mm führen zur Reduzierung des Wärmeübergangs um 60 bis 70%),
- Veränderungen bis hin zu Zerstörungen der Oberflächen und
- Rückwirkungen auf die Produkte (z.B. Batzenbildung beim Papiermachen)

resultieren würden.

Um nun die mikrobielle Besiedlung von Wasserkreislaufsystemen zu verhindern, zu behindern oder zumindest einzugrenzen, wurden und werden Mikroorganismen heute bekämpft; es werden eine Vielzahl von antimikrobiellen Wirkstoffen dem Wasser - teils kontinuierlich, teils stoßweise - zudosiert (z.B. Silberionen im Trinkwasser von Schiffen, Ozon zur Abtötung und Chlordioxid zur Konservierung in Wasserwerken, Per-Verbindungen in Kühlwasserkreisläufen und je nach Problemtiefe zum Schutz technischer Einrichtungen eine Vielzahl weiterer Chemikalien (Mercaptane, Dithiocarbamate und Heterocyclen), die die Mikroorganismen im Wachstum hemmen oder abtöten /detaillierte Angaben s. KUNZ, FRIETSCH, 1986/.

Nach ihrem Gebrauch gelangen Ausgangsstoffe wie Reaktionsprodukte mit dem Wasser in die Umwelt. Sie müssen fallweise vorher unter Zusatz weiterer Chemikalien und von Energie aus dem Wasser entfernt werden. Tabelle 4.5 zeigt die aktuellen Anforderungen an die Ableitung von Kühlwasser in die Gewässer, die bis zum Jahreswechsel jedoch erheblich verschärft werden sollen (Nachweis des Verlustes einer bioziden Wirkung).

Angesichts der Kosten und sonstigen apparativen und personellen Aufwendungen für den Einsatz von Mikrobiziden müßten sich eigentlich die Anwender schon lange die Frage stellen, ob nicht über die Kenntnis der Zusammenhänge mikrobiellen Wachstums, Zusatzstoffe eingespart oder gänzlich vermieden werden können. Dies müßte eigentlich um so eher möglich sein, je stärker Wasser im Kreis geführt wird und je weniger von außen nachdosiert werden muß.

Tabelle 4.5 Anhang 31 zur Rahmenabwasserverwaltungsvorschrift

Stoffkonzentration mg/l	**Kreislaufsystem in einem Kraftwerk**	**Kreislaufsystem in industriellen Prozessen**
Absetzbare Stoffe	0,3	0,3
Wirksames Chlor	-	0,3
CSB	30	40
Phosphor	3	5
Zink	-	4

4.1.3 Gründe für ein mikrobielles Wachstum in Wasserkreisläufen

Bevor man sich mit der Eindämmung mikrobiellen Stoffwechsels in Wasserkreislaufsystemen beschäftigen kann, muß man wissen, wie die Verkeimung zustandekommt. Voraussetzung für eine Verkeimung ist natürlich, daß erstens Mikroorganismen vorhanden sind und zweitens Energie- und Kohlenstoffquellen. Drittens ist festzuhalten, daß die ökologischen Randbedingungen ein Wachstum zulassen müssen (s. Abschnitt 2.5).

Quellen für Mikroorganismen-Ansiedelungen sind:

- Rohwasser-Verkeimung.
- Verkeimung über Kontaktstellen mit der Umgebung (Lecks).
- Besiedelte Chemikalien für die Wasseraufbereitung.
- Durchwucherung feuchter Dichtungen und Anlagenelemente (Filterkerzen).
- Besiedelung von Wänden und Armaturen bzw. Materialien (Vorratsbehälter, Krümmer, Flansche, Aktivkohle, Ionenaustauscherharze /EISMAN et al., 1949/).

Neben der Verwertung von Harzbestandteilen als Nährstoffe, die in Lösung gehen, werden auf den Oberflächen organische Substanzen sorbiert /SAUNDERS, 1954/, die den eingeschleppten Mikroorganismen zur Verstoffwechslung zur Verfügung stehen. Im Bereich der Trinkwasseraufbereitung sind es Schutzanstriche, Dichtungsmaterialien, Folienauskleidungen aus den verschiedensten Werkstoffen (Leder, Hanf, Bitumen, Gummi, Epoxidharz, PVC, Zementmörtel /SCHOENEN, 1988/).

In offenen Systemen liefert die Luft weitere Nährstoffkomponenten nach, aber auch das Wasser enthält - wie oben erwähnt - bereits alle Komponenten, um daraus eine mikrobielle Besiedelung entstehen zu lassen:

Wie erwähnt (s. Abschnitt 2.1) nutzen chemolitotrophe Bakterien als Energiequelle anorganische oxidierbare Verbindungen, wie Kohlenmonoxid, Sulfid, Ammonium und Nitrit, zweiwertiges Eisen und Wasserstoff, während sie Kohlendioxid zu organischen Kohlenstoff-Verbindungen mit der daraus gewonnenen Energie reduzieren. Die Endprodukte dieses Stoffwechsels sind Sulfat, Nitrat, dreiwertiges Eisen, und Wasser (s. Bild 4.2). Die so aufgebauten organischen Verbindungen können dann wieder von heterotrophen Mikroorganismen verwertet werden, so daß ein stetiger Zuwachs an Biomasse zu erwarten ist. Interessanterweise gibt es neben den heterotrophen und autotrophen Organismen auch Arten, die mixotroph CO_2 und Acetat verwerten können (*Nitrobacter, Desulfovibrio vulgaris*). Allerdings können nicht alle Organismen alle für das Wachstum notwendigen Verbindungen (Vitamine, Purine oder Pyramidine) selbst aufbauen; diese sind dann auf die Anwesenheit anderer Organismen angewiesen. Limitiert wird dieser Prozeß eigentlich nur dadurch, wenn eine wesentliche Nährstoff-Komponente (Kohlenstoff, Stickstoff oder Phosphor) ins Minimum gerät.

Schließlich spielen die ökologischen Randbedingungen in das mikrobielle Wachstum hinein (s. Abschnitt 2.5.2), beispielsweise Temperatur, Wasserstoffionenkonzentration, Salzgehalt, aber auch der Wechsel von Feuchtigkeit kann eine Rolle spielen. Osmotolerante Hefen und Schimmelpilze wachsen noch bei sehr niedrigen Wassergehalten (man definiert eine Wasseraktivität a_W durch das Verhältnis des Wasserdampfdruckes eines Fluids zum Wasserdampfdruck von Wasser bei gleicher Temperatur). Einige Organismen können sich bei zurückgehender Wasseraktivität durch Sporenbildung schützen, die Schleime stellen ebenfalls einen Schutz dar.

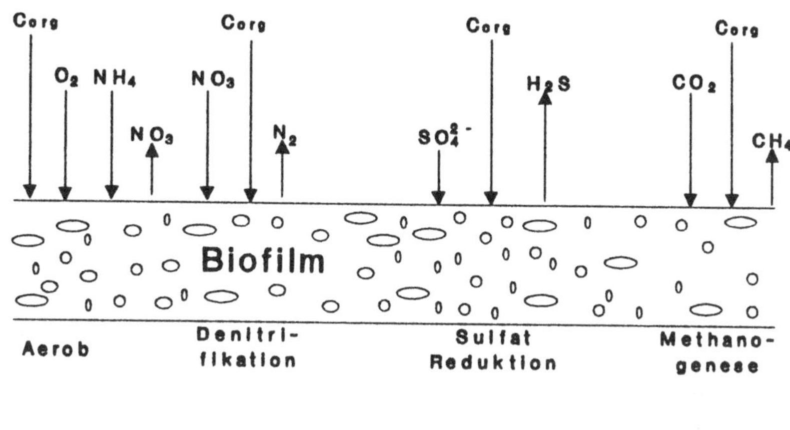

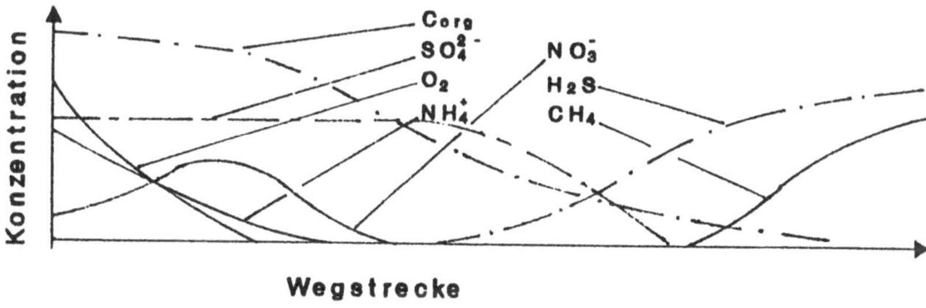

Bild 4.2 Modellvorstellung einer Kompartimentierung des Biofilms längs des Fließweges in Wasserleitungssystemen (nach /HAMILTON,1987/)

Temperaturbetrachtungen sind vielfach zu oberflächlich, weil in mikrobiellen Lebensgemeinschaften größere Aggregate entstehen, die einen höheren Wärmeübergang mit sich bringen oder über heterotrophes rasches Wachstum Wärmemengen entstehen, die ausreichen, andere Organismen mit höheren Temperaturansprüchen am Leben zu erhalten (s. Abschnitt 3.2.4). Werden die Umgebungstemperaturen erhöht, setzen sich quantitativ wärmeliebende Organismen durch: die Anzahl kann konstant bleiben, die Arten ändern sich. Selbst arktische Böden beherbergen Bakterien in der Größenordnung von 10^5 Bakterien/g TS.

Schließlich sind auch hier die fakultativ anaeroben Bakterienspezies bevorzugt anzutreffen. Sie leben dann analog zum aeroben Stoffwechsel, indem sie unter anaeroben Bedingungen den sonst auf den Sauerstoff übertragenen Wasserstoff auf andere Verbindungen (Nitrat, Sulfat) übertragen, wodurch diese reduziert werden. Liegen die Redoxpotentiale um ± Null, muß gefolgert werden, daß nicht nur kein O_2 mehr vorhanden ist, sondern Mikroorganismen auch Reduktionsmittel gebildet haben. Alkalische Bedingungen förden Oxidationsreaktionen, unter sauren Bedingungen laufen Reduktionen ab. So setzt beispielsweise eine Schwefelwasserstoffbildung erst ein, wenn kein Nitrat mehr vorhanden ist (Bild 3.35).

Mikroorganismen besiedeln die unterschiedlichsten Werkstoffe (keramische, metallische und vor allem organische, s. Abschnitt 2.5.4). Die Bildung von Biofilmen auf Oberflächen ist allerdings nicht durch einen einzigen Mechanismus zu erklären. Das Aufwachsen wird durch drei Komponenten determiniert:

- **Mikroorganismen** (Spezies, mikrobielle Zusammensetzung, Anzahl Zellen, Wachstumsphase, Ernährungszustand, Oberflächenladung, Hydrophobizität).
- **Oberfläche** (chemische Zusammensetzung, Oberflächenspannung, -ladung, Rauhigkeit, Hydrophilie).
- **Wasser** (Temperatur, pH-Wert, O_2-Konzentration, Redox-Potential, organische und anorganische Inhaltsstoffe, Viskosität, Oberflächenspannung, Strömungsverhältnisse).

Hat sich einmal ein Biofilm in einem System ausgebildet, wird man ihn so schnell nicht wieder los. Biofilm-Bakterien sind wesentlich unempfindlicher gegen Biozide, vor allem sind die Zellen im Innern bzw. in Konsortien geschützt. Biofilme wurden demzufolge selbst in Rohrleitungen von Desinfektionsmittelanlagen gefunden /EXNER et al., 1987/. Da Biofilme durch antimikrobielle Verbindungen nicht vollständig von den Oberflächen abgelöst werden können, findet man im zeitlichen Ablauf dieser Systeme die typische Sägezahnkurve der Wiederverkeimung. FLEMMING /1990/ führt dazu aus:

- Die Mikroorganismen sind im Biofilm geschützt.
- Überlebende Mikroorganismen infizieren das System erneut.
- Abgetötete Mikroorganismen bilden eine Aufwuchsgrundlage.

4.1.4 Materialzerstörung durch Mikroorganismen

Stellvertretend für die anderen genannten Problemschwerpunkte sollen im folgenden die Wechselwirkungen zwischen Mikroorganismen und den von ihnen besiedelten Oberflächen diskutiert werden, weil sie zu einer Vertiefung des Verständnisses mikrobieller Phänomene in unserem Umfeld beitragen können.

Man unterscheidet direkte und indirekte Schädigungsvorgänge:

- **Direkte Prozesse:** Über die Ausscheidung aggressiver Stoffwechselprodukte, wie organische und anorganische Säuren, Komplexbildner im besonderen, Schwefelwasserstoff- und Stickoxid-Bildung. Über den lösenden Angriff auf säurelösliche Werkstoff-Bestandteile wirken vor allem Produkte, wie Schwefel-, Salpetersäure, salpetrige Säure, Essig-, Glucon- und Oxalsäure sowie Kohlensäure. Dazu kommen organische Säuren aus dem intermediären Stoffwechsel, wie Citronen-, Bernstein-, Apfelsäure. Die Citronensäure, aber auch die Aminosäuren mit zwei Carboxylgruppen, wie Glutaminsäure, Asparaginsäure, schädigen die Werkstoffe zusätzlich über ihre komplexierende Wirkung, indem sie spezifisch und/oder unspezifisch gelöste Kationen binden. Über das Löslichkeitsgleichgewicht werden dann dem Werkstoff Kationen entzogen. Schließlich reagiert Schwefelwasserstoff mit gelösten Schwermetallkationen zu Schwermetallsulfiden, die meist als schwerlösliche Verbindungen ausfallen. Auf diese Weise werden dem Werkstoff ständig weitere Moleküle entzogen.
- **Indirekte Prozesse:** Durch die Anwesenheit von Reaktionsprodukten einer direkt wirkenden Stoffgruppe oder durch an sich unschädliche Stoffe können Salze ausfallen oder durch Aufnahme von Kristallwasser Umkristallisationen erfolgen, die ein Absprengen von oberflächennahen Schichten auslösen. Darüber hinaus verändert sich über die Biofilmbildung der Chemismus der Oberfläche.

Korrosion

Am Beispiel "Kühlkreisläufe" soll das Phänomen der mikrobiellen Materialzerstörung durch Korrosion ein wenig näher erklärt werden: Kühlkreisläufe sind als wäßrige Systeme mit einem sehr guten Nährstoffangebot und behaglichen Temperaturen ein Paradies für Mikroorganismen. Wie bereits oben ausgeführt, sind in Kühlkreisläufen alle für ein mikrobielles Wachstum erforderlichen Stoffkomponenten enthalten. In einem sich aufbauenden Biofilm sind bei offenen Rückkühl-Kreisläufen Verunreinigungen, wie in Tabelle 4.1 beschrieben, in großen Mengen neben den absichtlich eingetragenen Zusatzstoffen zu finden.

Kühlkreisläufe bestehen in der Regel aus metallischen Werkstoffen, weshalb diesen im folgenden das Augenmerk gilt: Metalle werden aufgrund besonderer Eigenschaften in Leicht- und Schwermetalle (Dichtegrenze 4,5 g/cm^3), in Edel-, Eisen- und Nichteisenmetalle eingeteilt. Man unterscheidet weiterhin reine Metalle, Mischkristall-Legierungen (Messing), ausscheidungshärtbare Legierungen (Kupfer-Beryllium-Legierungen), umwandelbare Legierungen (Stahl), Gußlegierungen (Grauguß).

Die Bewertung der Beständigkeit erfolgt über die Korrosionsbeständigkeit (Korrosion: Reaktion eines metallischen Werkstoffes mit seiner Umgebung, die eine meßbare Veränderung des Werkstoffes bewirkt und zu einer Beeinträchtigung des Bauteils oder des gesamten Systems führen kann. In den meisten Fällen ist diese Reaktion elektrochemischer Natur. Sie kann aber auch chemischer oder metallphysikalischer Natur sein. Entscheidend ist dann ihre Stellung in der elektrochemischen Spannungsreihe (für Metalle in wäßrigen Lösungen ihrer Ionen unter Standardbedingungen: Lithium bis Gold) und ihre Tendenz, Passivschichten zu bilden (dünne Oxidschichten, die bewirken, daß sich die betreffenden Metalle edler verhalten als es ihrer Stellung in der Spannungsreihe entspricht; passivierte Metalle zeigen jedoch eine hohe Anfälligkeit gegenüber lokalen Korrosionsarten wie Loch-, Spalt- und Spannungsrißkorrosion).

Eine metallische Korrosion läuft formal in zwei Teilreaktionen ab: Die anodische Metallauflösung

$$Me \rightarrow Me^{z+} + z \cdot e^-$$

und die katodische Teilreaktion der Reduktion eines Oxidationsmittels (meist Sauerstoff)

$$O_2 + H_2O + 2 \cdot e^- \rightarrow 2 \cdot OH^-,$$

die zur Bildung von Hydroxidionen führt.

Wenn die anodischen und katodischen Teilstromdichten überall gleich groß sind (homogene Mischelektrode), findet ausschließlich Flächenkorrosion statt, andernfalls eine örtliche Korrosion als Folge einer heterogenen Mischelektrode. Ein galvanisches Element kann werkstoffseitig durch unterschiedliche Metalle oder Werkstoffinhomogenitäten, mediumseitig durch Konzentrationsunterschiede oder durch Temperatur- und Strahlungsgradienten gebildet werden.

Der Schutz von metallischen Werkstoffen beinhaltet deshalb nicht, Korrosion grundsätzlich zu vermeiden (weil dies nicht geht), sondern Korrosionsschäden zu vermeiden.

Korrosionsschäden bei Anwesenheit von Mikroorganismen

Man geht davon aus, daß es sich hierbei um eine indirekte Wechselwirkung ausgehend von mikrobiellen Stoffwechselprodukten handelt und nicht um einen direkten Angriff von

Mikroorganismen auf das Metall. In Anwesenheit von Organismen können die Korrosionsprozesse nur elektrochemischer Natur sein: Auslösung von anodischen und katodischen Teilreaktionen. Der größte Teil der Metallkorrosionsvorgänge wird auf die Anwesenheit von freiem Sauerstoff zurückgeführt (Schimmelpilze produzieren Säuren), unter anaeroben Bedingungen (*Desulfovibrio desulfuricans*) können ebenfalls oxidative Schritte ablaufen

Bild 4.3 veranschaulicht die beiden Korrosionstypen. Bei der Lochkorrosion erfolgt ein lokaler Angriff durch Ausbildung von Sauerstoffquellen bzw. -senken als Folge der Ansiedlung von Mikroorganismen (*Pseudomonas* aerob, Sulfatreduzierer anaerob, Sulfatreduzierende und eisenoxidierende Spezies (*Gallionella*) unter Eisenhydroxid-Tuberkeln). Weiterhin werden durch Sulfatreduzierer Eisensulfidschichten gebildet, die die Sauerstoff-Korrosion beschleunigen (Säurekorrosion, H_2 aus H_2S). Schließlich greifen organische Säuren und Komplexbildner in anaerobem Milieu bei Anwesenheit einer C-Quelle und/ oder H_2an.

Bild 4.4 zeigt nun beispielhaft die Teilreaktion einer Sauerstoff-Korrosion. Bei einem dünnen Biofilm oder bei Ablösung von Biofilmfetzen wird das Milieu an der Werkstoff-Oberfläche alkalischer; es entsteht der Katodenbereich. Durch das Wachstum des Biofilms werden Carbonsäuren gebildet (im Innern Sauerstoff-Mangel, pH-Wert-Erniedrigung); dieser Bereich wird anaerob. Tritt nun an einer Stelle im eisenhaltigen Rohrleitungssystem Sauerstoff in Kontakt mit dem Metall (unter anaeroben Verhältnissen an der Metalloberfläche werden katodisch Nitrat und Sulfat reduziert), entsteht ein galvanisches Element, wie oben beschrieben. Im Anodenbereich kommt es in Folge zur Materialauflösung; Eisenionen wandern in den Biofilm, indem sie durch produzierte Komplexbildner komplexiert/chelatisiert werden. Zur Gleichgewichtseinstellung werden ständig Eisenionen aus dem Werkstück nachgeliefert bis der Werkstoff vollständig durchkorrodiert ist. Eisenbakterien (*Gallionella, Leptothrix*) produzieren Rost, der als Eisenrost bei Anwesenheit von Chloriden Lochkorrosion verursacht.

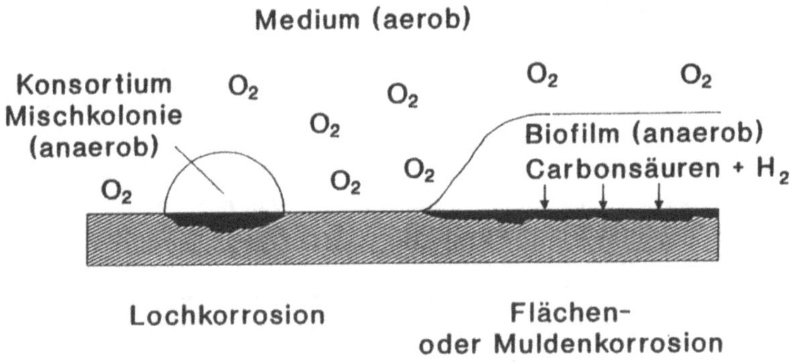

Bild 4.3 Typen mikrobieller Korrosion: Lochkorrosion durch lokalen Sauerstoffangriff durch Aerobier oder Sulfatreduzierer (links), Bildung von Carbonsäuren und Wasserstoff unter anaeroben Bedingungen (rechts)

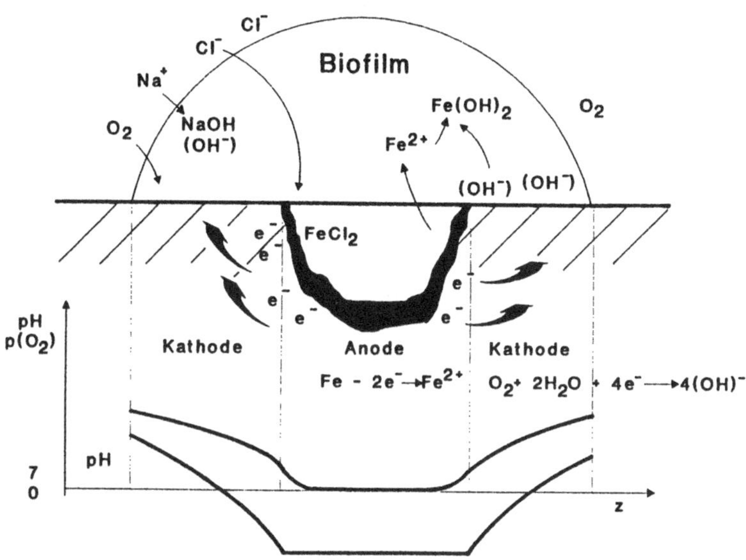

Bild 4.4 Ausbildung eines galvanischen Elementes durch mikrobielles Wachstum in einem Wasserkreislaufsystem

Die korrosionsfördernde Wirkung von Ablagerungen in Rohrleitungen besteht vornehmlich darin, daß sich durch Ausbildung von Belüftungselementen unter porösen Ablagerungen Lokalanoden aufgrund gehemmten Sauerstoff-Zutritts ausbilden, an welchen sich - insbesondere in Anwesenheit gelöster Salze - das Metall mit erhöhter Geschwindigkeit auflöst. Die Anwesenheit von Chloriden bewirkt eine örtliche Ansäuerung im Bereich der Lokalanode durch Hydrolyse gebildeter Eisen-(II)-Salze: Durch Hydrolyse bildet sich Salzsäure, wodurch der Elektrolyt an der Lokalanode aggressiver wird und die örtliche Materialabzehrung noch zunimmt.

Ähnlich verhält es sich mit dem Schwefelwasserstoff: Mikrobiell entstandener Schwefelwasserstoff (z.B. aus dem Abbau von Proteinen) führt analog zu den Carbonsäuren zu einer Säurekorrosion; hierbei entstehender Wasserstoff steht den Bakterien als Energiequelle wieder zur Verfügung; er wird von Desulfurikanten auf die Sulfationen übertragen. Die korrosionsstimulierende Wirkung auf Metalle liegt in der katodischen Wasserstoffentwicklung aus H_2S:

$$H_2S + 2 \cdot e^- \rightarrow H_2 + S^{2-},$$

die gegenüber der Reaktion

$$2 \cdot H_2O + 2 \cdot e^- \rightarrow H_2 + 2 \cdot OH^-$$

kinetisch begünstigt ist sowie in der Beschleunigung des anodischen Teilschrittes durch Eisensulfidbildung

$$Fe + S^{2-} \rightarrow FeS + 2 \cdot e^-.$$

Neuere Korrosionsuntersuchungen haben gezeigt, daß eine sulfidbedeckte Eisenoberfläche auf Erhöhung des Sauerstoffpartialdruckes besonders empfindlich reagiert: Die FeS-Schicht (= Elektronenleiter) katalysiert die Sauerstoffreduktion. Auch der Biofilm hat eine katalytische Wirkung. Tritt nun O_2 dazu (Biofilmablösung etc.) kann der H_2S mikrobiell und chemisch zu elementarem Schwefel oxidiert werden, der dann an Eisensulfid in einer katodischen Teilreaktion reduziert werden kann oder über *Thiobacillus* zu Schwefelsäure oxidiert wird.

Die Anionenzusammensetzung des Kühlmediums ist von besonderer Bedeutung für die Anodenreaktion, der Gehalt an Calciumhydrogencarbonat für die Katodenreaktion. Die Abscheidung von Calciumcarbonat ($CaCO_3$) wird durch das Austreiben von gelöstem CO_2 begünstigt. Die Verdunstung des Wassers führt zu einer Aufkonzentrierung der Wasserinhaltsstoffe, was die Korrosivität erhöht.

Faßt man zusammen, muß man erkennen, daß der Zusatz von Mikrobiziden (z.B. Per-Essigsäure) eine fatale Wirkung auf den Bestand von Rohrleitungssystemen haben kann:

- Durch Ablösung von Biofilmfetzen von der Oberfläche auf der einen Seite, wodurch sich die oxidierende Wirkung des Mikrobizids verliert und Sauerstoff an die Werkstoffoberfläche besser herantreten kann,
- und durch Verstoffwechselung der verbleibenden Essigsäure, die von vielen Mikroorganismen verwertet werden kann, wodurch auf der anderen Seite Anaerobie entsteht,

wird die Lochkorrosion geradezu gefördert. Derartige Lösungen sind also tunlichst zu überprüfen.

4.1.5 Lösungsansätze zur Limitation mikrobiellen Wachstums in Wasserkreisläufen

In diesem Zusammenhang ist zunächst interessant, wie sich eigentlich Krustentiere im Meer gegen eine Besiedelung ihrer Schalen wehren. VROLIJK et al. /1990/ fanden heraus, daß eine niedrige Oberflächenenergie, also eine niedrige biologische Affinität vorliegen muß. Manche Organismen erwehren sich einer mikrobiellen Besiedelung durch Häutung, Exkretion antibakterieller, fungizider und antimitotischer Agentien sowie durch Enzyme, die Lähmungen verursachen /WAHL et al., 1989/.

Geht man also allein von den verwendeten Werkstoffen aus, könnte man versuchen, diese antimikrobiell auszurüsten, wie dies heute schon in vielen technischen Anwendungen gemacht wird (Depot-oder Retardform /s. KUNZ, FRIETSCH, 1986/). Die Werkstoffe würden sich folgendermaßen schützen lassen, wenn es nur um Korrosion geht:

- Wahl edlerer Metalle zur Erhöhung der thermodynamischen Stabilität.
- Passivierung der Oberfläche und Stabilisierung durch Legierungszusätze, wie z.B. Chrom.
- Verwendung antimikrobieller Zusätze (Silber, ggf. Kupfer).

Allerdings kann dadurch über die Zeit wohl die Verkeimung nicht ausgeschlossen, sondern lediglich hinausgeschoben werden. Das verwendete System ließe sich dadurch allerdings gegen Korrosionsfolgen besser schützen. Will man aber mikrobiellen Befall wirklich begrenzen, muß ein biotechnischer Ansatz gewählt werden. Dieser ist im Verständnis dort angesiedelt, wo es um das erwünschte Wachstum von Mikroorganismen geht: in der Fermentation. Hier gilt es lediglich, dieses Wissen unter umgekehrten Vorzeichen zu nutzen: Wasserkreisläufe sind als Bioreaktoren aufzufassen, bei denen Wachstum gerade nicht stattfinden soll.

Unter diesen Vorzeichen müssen die in der Literatur häufig genannten Lösungsansätze gesehen werden:

- Vermeidung oxidierender Inhaltsstoffe (Sauerstoff, Metallionen, Halogene),
- Vermeidung von chemisch gebundenem Sauerstoff (Sulfat, Nitrat) oder
- Verringerung von organischen und anorganischen Verbindungen, die von Mikroorganismen oxidiert werden können (Alkohole, Ammonium).

Realistisch betrachtet, sind diese Parameter in Wasserkreisläufen nicht zu begrenzen. Allerdings liegt derSchlüssel mit Sicherheit in der Limitierung der zwei wesentlichen Faktoren:

1. Die Zahl der Mikroorganismen im Frischwasser-Zulauf muß gegen Null gebracht werden.
2. Ein einziger, wesentlicher Stoffwechselbaustein aller Mikroorganismen muß ins absolute Minimum geführt werden.

Begrenzung des Zutritts von Mikroorganismen

Die Begrenzung von Mikroorganismen im Frischwasser-Zulauf kann analog der Sterilfiltration in der Biotechnologie laufen, bei der das Medium über einen Sterilfilter mit Durchgangsweiten kleiner 0,2 µm erfolgt (dabei können unter Umständen Sporen und Viren passieren). Die Technik ist im Rahmen der Crossflow-Membrantechnik inzwischen als durchaus gängig zu bezeichnen, wobei allerdings die erforderlichen Membrantrennflächen (konventionelle Membranen weisen Wasserwerte um 200 $l/m^2 \cdot h$ auf) ein erhebliches Anlagenvolumen zur Folge haben können (vgl. Abschnitt 2.6.2).

Die Membrananlagen als solche sind übrigens ebenfalls ein Wasserkreislaufsystem und werden mit Sicherheit anstelle des zu schützenden Wasserkreislaufsystems nun selbst mikrobiell besiedelt werden. Allerdings können hier speziellere Maßnahmen ergriffen werden, wenn die Anlagentechnik darauf ausgelegt ist. Hierzu gibt es bereits Erfahrungen.

Begrenzung des Stoffwechsels

Bei SCHLEGEL /1985/ findet sich der Hinweis, daß einer der natürlichen Abwehrmechanismen höherer Organismen gegen Mikroorganismen die Freihaltung des Milieus von Eisenionen ist. Diese Freihaltung erfolgt durch eisenbindende Proteine, wie z.B. im Hühnereiklar durch Conalbumin, in der Tränenflüssigkeit durch Lactotransferrin oder im Blutserum durch Serotransferrin). Diese Chelatbildner können also ein Schlüssel für die Regulation des Eisens in Wasserkreisläufen sein. Daneben könnten auch als Kronenether bezeichnete Moleküle dienen, die Metallionen vergleichbar selekiv einschließen können und damit dem Stoffwechsel entziehen /TRASCH, 1992/.

In der Praxis findet man in Biofilmen in Kühlkreisläufen in der Regel Eisenoxide. Das Fe^{3+} kann aber nur aus der reduzierten, gelösten und damit transportablen Fe^{2+}-Form stammen. Bei Anwesenheit von O_2 und pH-Wert über 5 wird das Fe^{2+} allerdings zu $Fe(OH)_3 \cdot H_2O$ oxidiert. Redox-pH-Verhältnisse und die Gegenwart von Eisenbakterien determinieren die Mobilität des Eisens im Leitungssystem. Eisen(II) kann z.B. unter pH 5 von *Thiobacillus ferrooxidans* als Energiequelle genutzt werden.

Da es neben den Eisenoxidierern auch einen Vielzahl von Organismen gibt, die Metalle speichern können (*Gallionella, Leptothrix, Siedercapsazeen*), müssen sich also die beiden genannten Lösungsaspekte ergänzen. Neben einer Sterilfiltration könnte z.B. ein Molchsystem verwendet werden (Bild 4.5), an dessen Oberfläche die genannten Chelate fixiert sind, um sie einerseits nicht im System zu verlieren (Proteine sind ihrerseits wieder eine Nährstoffquelle) und andererseits immer wieder erneuern zu können. Die Oberfläche eisenhaltiger Wasserkreislaufsysteme müßte nach diesem Lösungsansatz passiviert werden.

Die genannten, eisenionenbindenden Substanzen werden in einer Patrone so eingekapselt, daß das zu stabilisierende Medium die Patrone durchströmen muß, wobei die Wirksubstanzen die Patrone nicht verlassen können. Dazu sind diese entweder auf Trägern immobilisiert oder aber über Membranen mit entsprechender Trenngrenze (Ultrafiltrationsmembranen) zurückgehalten werden. Die Molche werden für jedes Rohrleitungssystem verfügbar gefertigt. An den Wasserkreislauf wird lediglich ein Bypass angeflanscht, der sich abschiebern und entleeren läßt, so daß der Molch über eine Schleuse aus dem Bypass herausgenommen werden kann. Dabei können die Patronen gewechselt werden. Das Molch-Prinzip kann auch außerhalb des Wasserkreislaufs angewendet werden. So werden die Wirksubstanzen in geeigneten Rieselfilmreaktoren immobilisiert und das Medium periodisch aus dem Wasserkreislauf entnommen und darübergeleitet. Die Vorteile dieser Verfahrensweise: Der Anwender agiert, anstelle zu reagieren. Das Medium wird nicht negativ verändert: Feststoffe und Mikroorganismen werden nur abfiltriert und die Eisenionen ins Minimum geführt, so daß mikrobielles Wachstum nicht stattfinden kann.

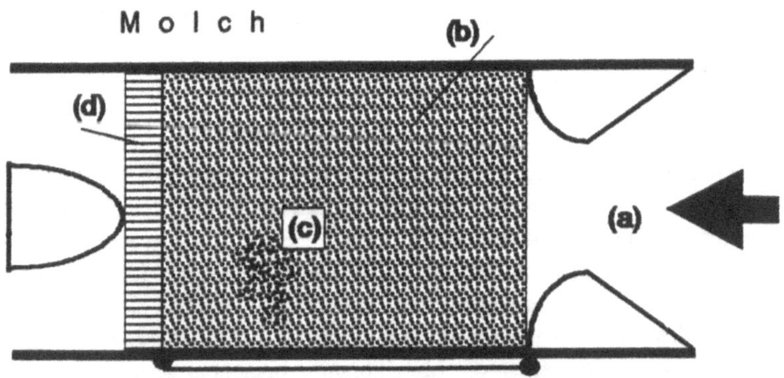

Bild 4.5 Molchsystem zum Schutz von Wasserkreislaufsystemen (/KUNZ, 1992/ a: Flüssigkeitsdurchtritt; b: Patrone; c: Komplexbildner etc.; d: Düsenboden):

4.2 Mikrobielles Leaching - Laugung von Metallen

Laugung oder Leaching sind Begriffe aus der technischen Chemie. Sie geben einen Prozeß wieder, bei dem Bestandteile aus einer Matrix durch ein chemisches Agens herausgelöst - gelaugt -werden und in die lösliche Phase übergehen. Bei der mikrobiellen Laugung übernehmen Mikroorganismen die Funktion von chemischen Lösungsmitteln, indem sie teils unmittelbar die Metalle in Lösung überführen, teils Lösungsmittel (H_2SO_4) produzieren.

Vorwiegend chemolithotrophe Bakterien der Gattung Thiobacillus, aber auch Archaeobakterien und einige heterotrophe Mikroorganismen sind in der Lage, schwerlösliche Metallsulfide in lösliche Metallsulfate zu überführen. Schwerpunktmäßig hat man sich bisher mit den *Thiobacillus*-Arten *ferrooxidans* und *thiooxidans* beschäftigt, eine Arbeit ist mit *Leptospirillus* durchgeführt worden /SCHÄFER-TREFFENFELDT, 1986/.

4.2.1 Kupfergewinnung mit Hilfe von Mikroorganismen

Technisch werden derzeit mikrobiell Kupfer- und Urangewinnung betrieben (s. Bild 4.6). Erfahrungen zur Erzlaugung von Zink, Nickel, Blei, Cobalt, Eisen, Silber und Mangan liegen vor.

Bei der technischen Nutzung im Bereich der Haldenlaugung werden die Haldenflächen diskontinuierlich geflutet oder ständig mit Sauerstoff-angereichertem Wasser bewässert. Das am Fuße der Halde austretende Sickerwasser wird extrahiert und wieder auf die Halde zurückgepumpt. Zur Stabilisierung der EisenIIIIonen wird das Sickerwasser meist mit Schwefelsäure auf pH 2 angesäuert und zur Regeneration der Mikroorganismen be-

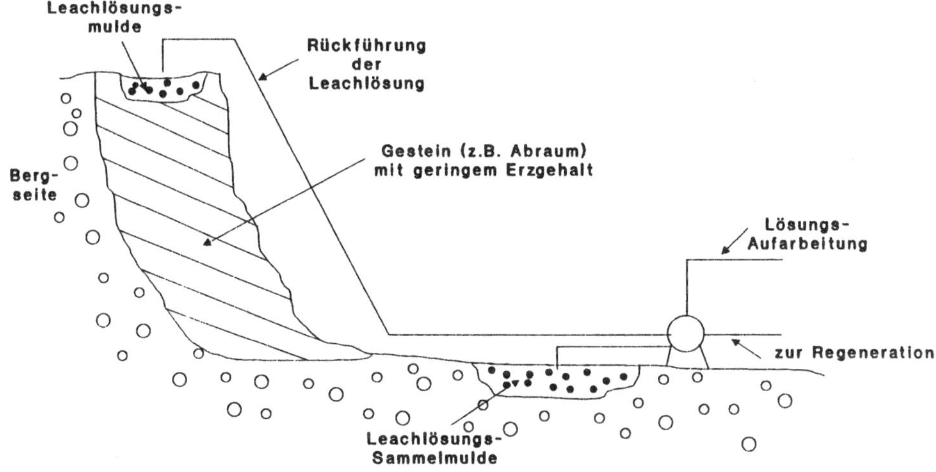

Bild 4.6 Prinzipschaubild einer Haldenlaugung (s.a. BRAUCKMANN, 1985)

lüftet. Man erreicht im Sauerwasser Konzentrationen von ca. 0,5 bis 1 g/l Cu, 5 bis 8 g/l Zn und Fe /BRAUCKMANN, 1985/.

Auch im Bergbau selbst werden Vorkommen, die konventionell nicht mehr kostendekkend abgebaut werden können, in-situ gelaugt. Die Stollen werden dazu teilweise geflutet oder besprüht; die abfließende Laugungsflüssigkeit im tiefstgelegenen Schacht gesammelt und abgepumpt. Allerdings muß bei diesem Verfahren, das zur Uran-Laugung in Kanada eingesetzt wird, sichergestellt sein, daß das umliegende Gestein wenig wasserdurchlässig ist, damit die Laugungsflüssigkeit nicht unkontrolliert abfließt.

4.2.2 Chemismus der mikrobiellen Laugung

Bei der direkten oder unmittelbaren Laugung werden die Metallionen (hier: zweiwertiges Eisen) enzymatisch oxidiert:

$$2 \cdot FeS_2 + 7 \cdot O_2 + 2 \cdot H_2O \xrightarrow{\textit{Thio. ferrooxidans}} 2 \cdot FeSO_4 + 2 \cdot H_2SO_4$$

Die entstehende Schwefelsäure verstärkt nun direkt als chemisches Agens die weitere Laugung. Neben Eisen werden auch Kupfersulfid (Covellin - CuS), Zinkblende (ZnS), Bleiglanz (PbS), Haarkies (NiS), Cobaltsulfid (CoS), Kupferglanz (Cu_2S), Antimonglanz (Sb_2S_3), Bornit (Cu_5FeS_4) und Arsenkies (AsFeS) durch *Thio. ferrooxidans* direkt oxidiert.

Bei der indirekten Laugung wird zweiwertiges Eisen zu dreiwertigem oxidiert, was seinerseits ein starkes Oxidationsmittel ist, das mit anderen Metallen reagiert und sie in schwefelsaurer Lösung in die oxidierte, leicht lösliche Sulfatform überführt:

$$4 \cdot FeSO_4 + O_2 + 2 \cdot H_2SO_4 \xrightarrow{\textit{Thio. ferrooxidans}} 2 \cdot Fe_2(SO_4)_3 + 2 \cdot H_2O$$

$$MeS + Fe_2(SO_4)_3 \longrightarrow MeSO_4 + 2 \cdot FeSO_4 + S$$

Der dabei entstehende Schwefel wird durch *Thio. ferrooxidans*, schneller noch durch den *Thio. thiooxidans* zu Schwefelsäure oxidiert, was die Lebensbedingungen für die Organismen weiter verbessert (pH-Werte zwischen 2 und 3).

$$2\ S + 3 \cdot O_2 + 2 \cdot H_2O \xrightarrow{\textit{Thio. thiooxidans}} 2 \cdot H_2SO_4$$

Bei der indirekten Laugung kommt den Mikroorganismen also eine katalytische Wirkung zu. Bei einer chemischen Laugung ist das zweiwertige Eisen relativ stabil; die über das dreiwertige Eisen laufende chemische Laugung verläuft langsam. LACEY und LAWSON /1980/ haben gezeigt, daß die Fe^{2+}-Oxidation 10^5 bis 10^6-mal schneller bei mikrobieller Oxidation abläuft.

In der Praxis verläuft die mikrobielle Laugung wesentlich komplizierter als hier dargestellt: Einige chemische Reaktionen zwischen Metallsulfiden und Fe(III)-Verbindungen führen zu Sekundärmineralien und elementarem Schwefel, die sich auf den reaktiven

Oberflächen niederschlagen. Dann werden beispielsweise *Thermotrix thiopara* zu unentbehrlichen Helfern, da sie den Schwefel zu Schwefelsäure oxidieren, wodurch das Metall wieder zugänglich wird.

4.2.3 Mikrobiologie - Laugungsbakterien

Thiobacillus thiooxidans (1922 von WAKSMAN und JOFE isoliert) ist ein Gram-negatives, nicht-sporenbildendes, aerob obligat chemolithoautotrophes Stäbchen von rund 0,5 µm Durchmesser und einer Länge von 1 bis 2 µm, das vorwiegend einzeln anzutreffen ist. Er ist im pH-Bereich von 2 bis 5 bei optimalen Temperaturen von 30 °C anzutreffen - häufig in Begleitung des *Thio. ferrooxidans;* er ist in der Lage, elementaren Schwefel und Thiosulfat zur Oxidationsstufe + 6 (Schwefelsäure bzw. Sulfat) zu oxidieren.

Thiobacillus ferrooxidans (1947 von COLMER und HINKLE aus schefelsauren Kohlegruben isoliert) spielt bei der mikrobiellen Laugung die wichtigere Rolle. Morphologisch unterscheidet er sich nur wenig von *Thio. thiooxidans*. Er ist ein aerob fakultativ chemolithoautropher Organismus, der seine Energie neben der Oxidation von Schwefel auch aus der Oxidation von zweiwertigem Eisen bezieht: Um aus anorganischen Verbindungen Energie zu gewinnen, muß der Mikroorganismus einen Elektronentransfer vornehmen; und zwar bei der direkten Laugung vom Sulfid, bei der indirekten vom Eisen zum Sauerstoff. Die anorganischen Ionen gelangen dabei nie in das Innere der Zelle, sondern werden über ein Proteinsystem der Zellmembran zum Sauerstoff befördert, der ausder Luft, aber auch aus Kohlendioxid stammen kann.

Neben dieser Gattung verdienen noch die *Sulfolobus*-Arten Erwähnung, die aus der Gruppe der Archaeobakterien als thermoacidophile Organismen Schwefel, Eisen und Sulfide oxidieren können, wobei auch hier der Sauerstofff als Elektronenakzeptor fungiert; bei Abwesenheit von Sauerstoff können aber auch Molybdän und Eisen(III) die Rolle des Elektronenakzeptors übernehmen. Sie wurden in sauren, heißen Quellen und Vulkangegenden angetroffen; bei Haldenlaugungen konnte man sie noch nicht isolieren.

4.2.4 Biotechnische Faktoren

Die Laugung ist unmittelbar an das Wachstum der Organismen gekoppelt; d.h., daß nur über wachstumsfördernde Maßnahmen die Laugung gefördert werden kann. Eine intensive Belüftung mit CO_2 (autotroph!) und O_2 (aerob) ist wesentliche Voraussetzung für den Prozeß. Die Prozeßtemperaturen sind um 30 °C einzustellen, was sich jedoch auf die Sauerstofflöslichkeit ungünstig auswirkt. Bei Laborversuchen hat sich gezeigt, daß Licht einen hemmenden Einfluß ausübt, so daß die Kulturen abgedeckt angesetzt werden sollten, bis die Kulturbrühe trüb geworden ist.

Die Thiobacillus-Arten besitzen außergewöhnlich hohe Toleranzen gegenüber Schwermetallionen (z.B. Cd 2 g/gTS, Cu 8 g/gTS, Ni 12g/gTS). Durch langsame Steigerung der Metallionen ist es möglich, die Metalltoleranzen noch zu erhöhen /MARCHLEWITZ et al., 1961/. Sie vertragen auch eine 10%ige Schwefelsäurelösung ohne weiteres. Durch Aminosäuren, Carbonsäuren, Hefextrakt, Pepton, Kohlenhydrate werden einige Arten der Thiobacillen gehemmt; Nitrate und Chloride verstärken die Hemmwirkung, Sulfate

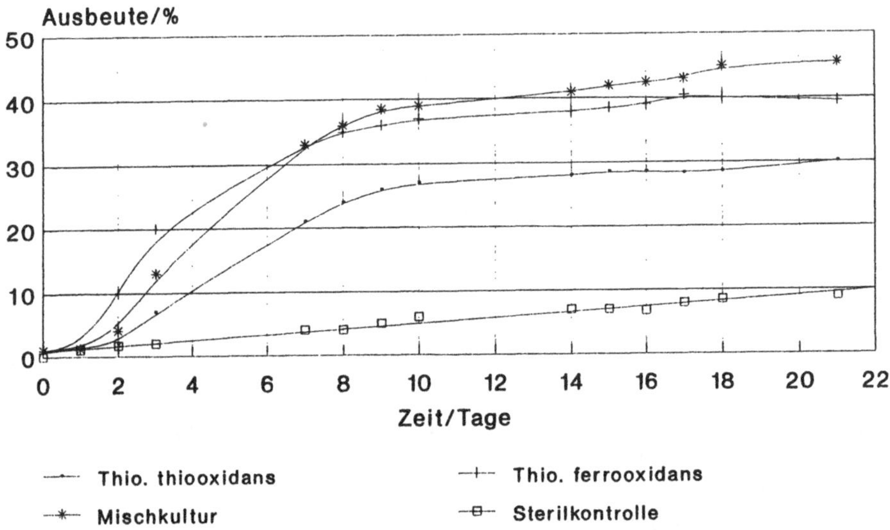

Bild 4.7 Leaching von Bleisulfidschlamm /GENSICKE, 1988/

und Phosphate puffern sie ab /TUTTLE, DUGAN, 1976/. Oberflächenaktive Substanzen setzen die Grenzflächenspannung des Wassers und damit den Sauerstoff-Übergang herab, woraus verschlechterte Umsatzleistungen resultieren. In bestimmten Situationen produzieren die Organismen selbst Tenside.

Die Korngröße des Laugungsmaterials hat natürlich erheblichen Einfluß auf die zur Verfügung stehende Oberfläche und damit auf die Substratverfügbarkeit. Allerdings darf das Material auch nicht zu fein sein, damit die Konvektion nicht behindert wird. Entsprechend der elektrochemischen Spannungsreihe werden die Metalle aus dem Material herausgelaugt (Zink, Kupfer, Eisen,...).

4.2.5 Laugung von Schwermetallen aus Sonderabfällen

Angesichts dieser Erfahrungen war es naheliegend zu untersuchen, ob mittels mikrobiellen Leachings Sonderabfälle, vorwiegend hydroxidisch/sulfidisch gefällte Schlämme /s. KUNZ, 1992/, von Schwermetallen quantitativ befreit werden könnten. Bild 4.7 zeigt Ergebnisse ause rsten orientierenden Versuchen mit Bleisulfidschlämmen.

CALMANO und AHLF /1988/ hatten mehr Erfolg mit der Laugung von Hamburger Hafenschlick, der bereits mit Laugungsbakterien besiedelt ist. Nach Zugabe von Schwefel konnte 100% des Cadmium, bis zu 87% des Zink und bis zu 81% des Kupfer gelöst werden. Bemerkenswert ist, daß z.B. Blei nicht mehr gelöst wird, wenn der Suspension Eisensulfat und Schwefel zugegeben werden. Die Laugung kann somit - sobald man die Zusammenhänge noch besser kennt - selektiv auf bestimmte Schwermetalle erfolgen.

Allerdings muß man heute konstatieren, daß anstehende Probleme wie die des Hamburger Hafenschlicks mit jährlich rund 2 Milliarden Kubikmeter Schlamm mit mikrobieller Laugung nicht gelöst werden können, wenn die maximale Feststoffkonzentration unter 5% liegen soll und die Laugungsdauer mindestens 20 Tage beträgt.

Als Ergebnis bleibt festzuhalten, daß der mikrobielle Laugungsprozeß derzeit technisch noch nicht mit der chemischen Laugung (mit Hilfe von Schwefelsäure bei erhöhten Drücken und Temperaturen) konkurrieren kann.

Eine wesentliche Erkenntnis aus den eigenen Versuchen war aber, daß unter Umgebungsbedingungen Schwefelsäure allein kaum in der Lage ist, sulfidisch gefällte Produkte in Lösung zu setzen. Das heißt aber wiederum nichts anderes, als daß aus sulfidisch gefällten Schlämmen nur unwesentliche Mengen an Metall in der Natur remobilsiert werden können. Konsequent weitergedacht bedeutet dies, daß anaerob (bei Anwesenheit von Sulfat) behandelte Schlämme als unter natürlichen Bedingungen inert zu betrachten ist, womit eine umweltverträgliche Senke für die Schwermetalle gefunden ist.

Das mikrobielle Leaching von Galvanik- oder ganz allgemein Schwermetall-Konzentraten zur Abreicherung von Metallionen und Rückgewinnung für den Produktionsprozess bleibt aber mit Sicherheit eine wichtige Aufgabe für die Zukunft.

4.3 Mikrobielle Entrostung von Oberflächen

Da metallische Werkstücke nur in den seltensten Fällen direkt nach ihrer Herstellung weiterbearbeitet werden, bildet sich ohne Schutz bereits nach kurzer Zeit eine "Rostschicht" auf der Werkstückoberfläche. Diese auch als "Flugrost" bezeichnete Ausbildung einer oberflächennahen, erkennbar veränderten Schicht erfolgt bereits bei Lagerung in der Umgebungsluft. Vor einer Weiterverarbeitung müssen die Werkstücke entrostet werden; meist werden hierzu anorganische Säuren ("Beizbäder") verwendet.

4.3.1 Bildung von Rost

Vom "Rosten" spricht man im allgemeinen, wenn Stahl korrodiert (s. Abschnitt 4.1). Eisen rostet, Kupfer patiniert und Silber läuft schwarz an. Dies sind Korrosionserscheinungen. Häufig reagieren Wasser (feuchte Luft) und im Wasser gelöster Sauerstoff mit dem Metall, was dazu führt, daß die Werkstückoberfläche andere Eigenschaften aufweist als das Werkstück.

Die am häufigsten auftretende Form ist die elektrochemische Korrosion, wie oben beschrieben, die sich insbesondere einstellt, wenn sich zwei unterschiedliche Metalle in Verbindung mit einer Elektrolytlösung (elektrisch leitfähige Flüssigkeit) berühren, so daß ein galvanisches Element entsteht. Gemäß der Spannungsreihe der Metalle (Tabelle 4.6) wird stets das unedlere Element aufgelöst, indem es oxidiert wird.

Praktisch kann nicht vermieden werden, daß zwei unterschiedliche Metalle miteinander in Berührung kommen (z.B. beim Schleifen). Wenn Metalle in einen Elektrolyten eingetaucht oder benetzt werden, reagieren sie untereinander und mit dem Elektrolyten. Sie

Tabelle 4.6 Spannungsreihe der Metalle

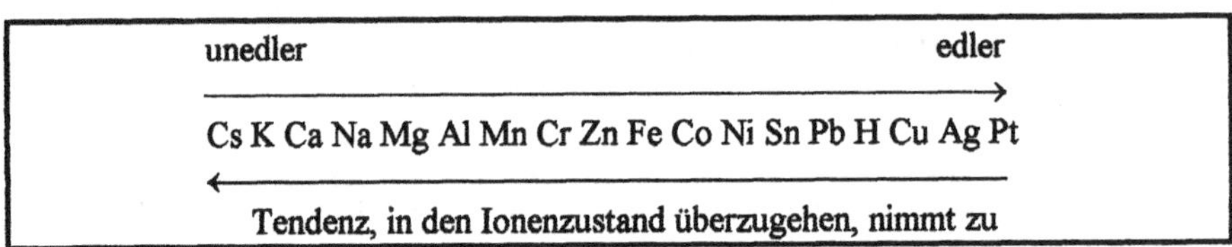

unedler → edler

Cs K Ca Na Mg Al Mn Cr Zn Fe Co Ni Sn Pb H Cu Ag Pt

← Tendenz, in den Ionenzustand überzugehen, nimmt zu

bilden zusammen das Korrosionssystem. Die im Elektrolyten gelösten Stoffe wirken sich stark auf die Korrosionsgeschwindigkeit und -intensität aus, der Gehalt angelösten Stoffen erhöht die Leitfähigkeit und beschleunigt ebenfalls die Reaktion im Korrosionssystem.

Das galvanische Element läßt sich am einfachsten an einer Flüssigbatterie erklären (Bild 4.8): Bei ihr fließt Strom aufgrund eines Korrosionsprozesses. Und zwar löst sich an der Anode ein Metall auf, wodurch die dabei freigesetzten Elektronen zur Katode fließen. Die anliegende Spannung ergibt sich als Potentialdifferenz zwischen den Elektroden in Abhängigkeit von im wesentlichen

- den Metall-Elektroden,
- der Elektrolytzusammensetzung,
- der Temperatur.

Gemäß dieser Reaktion, die bei örtlich unterschiedlichem pH-Wert im Elektrolyten und insbesondere bei unterschiedlichen Sauerstoffkonzentrationen räumlich getrennt abläuft, treten Korrosionsprodukte auf, die nach Erreichen der Sättigungsgrenze ausfallen und sich auf der Oberfläche niederschlagen. Das Eisen geht als Fe^{2+} in Lösung und bildet mit

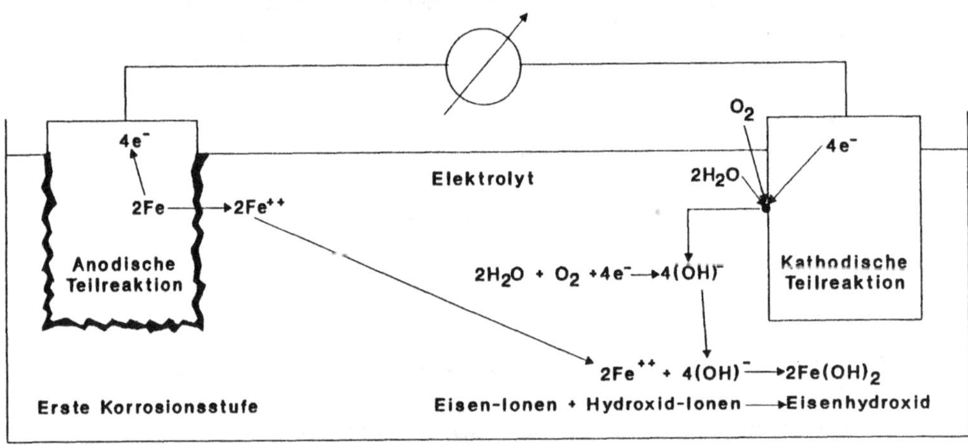

Bild 4.8 Das galvanische Element (Erläuterung der ersten und zweiten Korrosionsstufe; s.a. Bild 4.6 /BMBAU, 1992/)

O_2 das unbeständige Wüstit (FeO), welches in Wasser zum weißen Eisen(II)hydroxid ($Fe(OH)_2$) und unter oxidativen Bedingungen zu Eisen(III)hydroxid weiterreagiert. Dieses Produkt geht unter Wasserabspaltung in das rote Eisen(III)oxid (Fe_2O_3) über, das in Wasser überwiegend das stabile Eisen(III)oxidhydrat (FeO(OH) bzw. $Fe_2O_3 \cdot H_2O$) bildet. Besteht O_2-Mangel, wird überwiegend das schwarze Eisen(II,III)oxid (Fe_3O_4) gebildet, das in Wasser als Ferroferrithydrat (Gemisch aus Eisen(II)- und Eisen(III)hydroxid) vorliegt.

Derartige Schichten haften nicht fest und schützen auch in der Regel die Oberfläche nicht vor einer weiteren Korrosion, wie dies bei Oxidschichten der Fall ist, die direkt auf der Oberfläche aufwachsen (Aluminium, Chrom, Zink nach Bildung von Zinkcarbonat, Kupfer nach Reaktion zu Kupfersulfat, -chlorid oder -carbonat). Unmittelbar auf der Werkstückoberfläche bildet sich eine unbeständige, mit Poren durchsetzte Eisen(II)oxidschicht. Darüber legt sich eine lockere, poröse Mischoxidschicht (Magnetit) und darüber eine dichte Eisen(III)oxidschicht. Das Eisen(III)oxidhydrat saugt sich mit Wasser voll und vermindert dadurch die Sauerstoffzufuhr. Darunter liegendes Eisen(II)hydroxid wird also nur noch sehr verzögert weiteroxidiert (Ferroferrit).

Aufgrund sinkender Sauerstoffkonzentrationen im Elektrolyten hin zur Phasengrenzfläche weist ein typischer Rostbuckel von innen nach außen zum Beispiel die folgende Struktur auf: Fe - FeO - Fe_3O_4 - Fe_2O_3 - FeO(OH). Beim Übergang in Eisen(III)oxid färbt sich die Rostschicht bekanntlich dunkelbraun.

4.3.2 Chemische Entrostung

Die chemische Entrostung erfolgt nach zwei Prinzipien /LASKA, FELSCH, 1987 und SINGER, STRAUSS, 1978/: Zum einen versucht man den Rost umzuwandeln, zum anderen abzubeizen:

- Rostumwandler bestehen im wesentlichen aus Phosphorsäure, neben Fettlösern, Netzmitteln und Korrosionsinhibitoren. Sie reagieren mit dem vorhandenen Rost und mit dem Untergrund und bilden Eisenphosphat.
- Beim Beizen werden geeignete Mineralsäuren oder Laugen (je nach Art des Grundmetalls) zur Entfernung der Oxide und Hydroxide eingesetzt. Die Auswahl der Säuren erfolgt in Abhängigkeit von der Löslichkeit des entstehenden Salzes. In der Regel genügen 10%ige Schwefel- oder Salzsäure, um in wenigen Minuten die Metalloberfläche zu entrosten; Salpetersäure ist nicht für eisenhaltige Stähle geeignet, weil sie diese unter Bildung von Nitrosegasen angreift und auflöst. Die Schwefelsäure muß nach dem Entrostungsvorgang sofort abgespült werden, da sie das Grundmetall selbst angreift und aufgrund ihrer oxidierendenWirkung wieder Rost bildet.

Die Verwendung von Phosphorsäure ist beim Beizen ebenfalls möglich; es bildet sich jedoch eine Phosphatschutzschicht aus, die bei Werkstücken mit Passmaßen wegen eingeschränkter Maßhaltigkeit nicht tolerabel ist; bei manchen Beschichtungen würde darüber hinaus die Haftfestigkeit leiden.

4.3.3 Entrostung mit Hilfe von Mikroorganismen

Angesichts der weiter oben bereits aus verschiedenen Blickwinkeln diskutierten Wechselwirkungen von Mikroorganismen mit Metallen lag es dem Verfasser nahe, sich mit der Anwendung von Mikroorganismen in diesem Bereich zu beschäftigen: Bild 4.9 zeigt in der linken Spalte die methodische Vorgehensweise bei der Implementation mikrobieller Prozesse in die Produktionstechnik und in der rechten Spalte die Anwendung auf das Beispiel mikrobielle Entrostung. PAUL /1991/ konnte zeigen, was aufgrund der Versuche zur Sonderabfall-Laugung bereits bekannt war: Mikrobiell produzierte Schwefelsäure wirkt genauso gut wie chemisch hergestellte. Mit Hilfe einer Mischkultur aus Thiobacillus-Arten wurde ein Ergebnis erzielt, das für die Praxis ausreichend ist.

Allerdings: Wo liegt hier der Vorteil für die Umwelt? Mikrobiell wie chemisch produzierte Schwefelsäure müssen nach ihrer Anwendung entsorgt werden; auch nach Beizbadregenerierung über Dialyse fällt von Zeit zu Zeit Abfallsäure an (ausgenommen - s. Abschnitt 3.3 - man wäre in der Praxis bereits soweit und könnte sie im Rahmen einer anaeroben Sulfidfällung der Metalle in einem Kreisprozeß wieder einsetzen). Der Denkprozeß darf also an dieser Stelle noch nicht aufhören, wenn man ein wirklich sinnvolles, mikrobielles Entrostungsverfahren entwickeln will.

Parallel wurde deshalb untersucht, ob eine mikrobielle Rostumwandlung durch Bildung von Phosphorsäure möglich ist. Hierzu gibt es einen von vielen Mikroorganismen (*Escherichia coli, Clostridium*) beschrittenen Weg der Phosphorsäuregewinnung über den von EMBDEN-MEYERHOF-PARNASS beschriebenen Fructose-Diphosphat-Weg (Glycolyse), bei dem Glycerinphosphat durch eine Phosphatase unter Bildung von Glycerin und H_3PO_4 hydrolisiert wird /REHM, 1971/. Die Glycolyse wird über elf nacheinander wirksame, voneinander unabhängige Enzyme katalysiert, wobei alle Zwischenprodukte phosphorylierende Verbindungen sind /LEHNINGER,1976/.

Eine weitere Quelle für Phosphorsäure über mikrobielle Synthesen ist PAUL /1991/ aufgefallen: Im humosen Erdboden ist Phosphorsäure gespeichert. Diese Phosphorsäure wird langsam an die Pflanzen abgegeben, ohne daß vorhandene Aluminium- oder Eisenionen in wesentlichem Umfang eine Immobilisierung als Aluminium- oder Eisenphosphat erfahren.

In ersten orientierenden Versuchen konnte PAUL auch hier zeigen, daß eine Entrostung mit *Clostridium* bis hin zu phosphatierten Oberflächen möglich ist. In einem einfachen "Kompostier"-Versuch (in Folie eingewickelter Kompost) gelang auch an einzelnen Stellen eines eingelegten Prüfmetalls ebenfalls der Nachweis der Phosphatierung.

Schließlich wurde auch mit Hilfe von Komplexbildnern, die mikrobiell produziert werden (Weinsäure, Citronensäure) erfolgreich entrostet. Allerdings dauerte es erwartungsgemäß mehrere Stunden bis zu einem Tag, bis die Prüfmetalle entrostet waren.

An dieser Stelle soll nicht verschwiegen werden, daß z.B. die Firma Siemens in ihrem Haushaltsgerätewerk schon seit über zehn Jahren ein Präparat zum manuellen Entrosten von Oberflächen einsetzt (für ein Prozeßbad ist die Lösung zu teuer), das aus einer "ei-

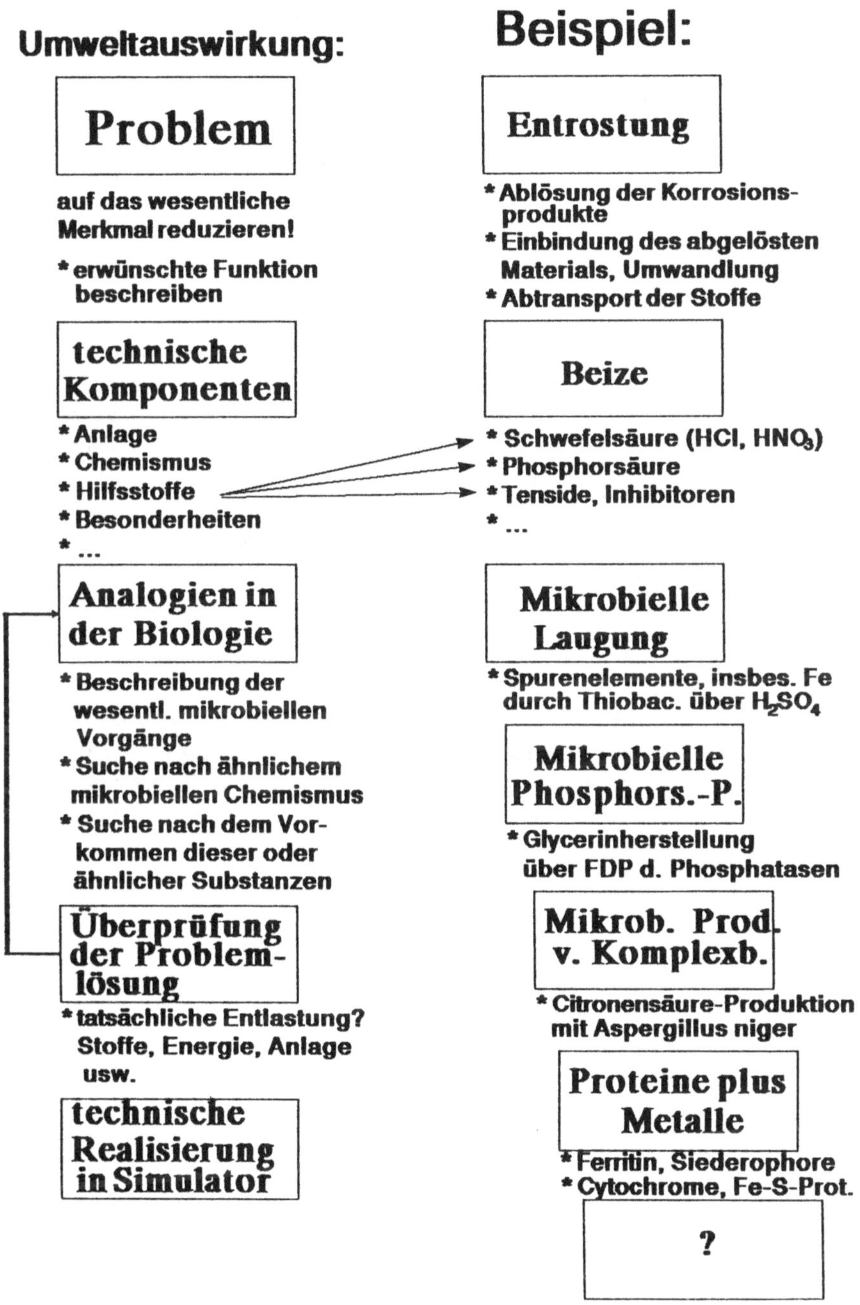

Umweltauswirkung:

Problem

auf das wesentliche Merkmal reduzieren!

* erwünschte Funktion beschreiben

technische Komponenten

* Anlage
* Chemismus
* Hilfsstoffe
* Besonderheiten
* ...

Analogien in der Biologie

* Beschreibung der wesentl. mikrobiellen Vorgänge
* Suche nach ähnlichem mikrobiellen Chemismus
* Suche nach dem Vorkommen dieser oder ähnlicher Substanzen

Überprüfung der Problemlösung

* tatsächliche Entlastung? Stoffe, Energie, Anlage usw.

technische Realisierung in Simulator

Beispiel:

Entrostung

* Ablösung der Korrosionsprodukte
* Einbindung des abgelösten Materials, Umwandlung
* Abtransport der Stoffe

Beize

* Schwefelsäure (HCl, HNO_3)
* Phosphorsäure
* Tenside, Inhibitoren
* ...

Mikrobielle Laugung

* Spurenelemente, insbes. Fe durch Thiobac. über H_2SO_4

Mikrobielle Phosphors.-P.

* Glycerinherstellung über FDP d. Phosphatasen

Mikrob. Prod. v. Komplexb.

* Citronensäure-Produktion mit Aspergillus niger

Proteine plus Metalle

* Ferritin, Siederophore
* Cytochrome, Fe-S-Prot.

?

Bild 4.9 Entwicklungsschema einer Produktion mit Hilfe von Mikroorganismen am Beispiel der mikrobiellen Entrostung

senaufnahmefähigen Pilzkultur" (mehr ist nicht bekannt) besteht /WINKEL, 1991/. Bei Störungen in der Vorbehandlung der Lackiererei wird mittels Pinsel das Präparat auf die mit Flugrost behaftete Oberfläche aufgetragen und nach einigen Minuten Einwirkungszeit mit einem Tuch abgewischt. Die Oberfläche darunter ist blank. Probleme im Hinblick auf Haftungsverluste oder Unterrostung sind bei keinem der verwendeten Lacksysteme aufgetreten. Bei Personen, die damit umgehen, wurden bislang keine Allergien beobachtet.

4.3.4 Perspektiven

Aus den aufgezeigten Beobachtungen und immer noch unter Berücksichtigung der in Bild 4.9 gezeigten Methode zum Aufspüren mikrobieller Problemlösungsansätze ergeben sich für die Zukunft nteressante Perspektiven aus der Mikrobiologie: Dazu muß man wissen, daß unter aeroben Bedingungen bei pH 7 die Konzentration an Eisen(III)-Ionen minimal ist (10^{-18} mol/l, also fast unlöslich). Da aber Mikroorganismen, wie erwähnt (s. Abschnitt 4.1), Eisen unbedingt für ihren Stoffwechsel benötigen, verwundert es nicht, daß sie in der Lage sind, Eisen löslich zu machen, indem sie es komplex binden. Die ausgeschiedenen Substanzen (Siderophore) sind niedermolekular und wasserlöslich; sie können Eisen(III) mit hoher Spezifität und Affinität komplexbinden /SCHLEGEL, 1985/. Entsprechend der Natur der eisenbindenden Liganden wird in Phenolate (sechs phenolische Hydroxygruppen), wie das Enterochelin einiger Enterobakterien, und Hydroxamate (zyklische Hexapeptide), wie das Ferrichrom vieler Pilze, unterschieden (Bild 4.10). Die Bezeichnung "Siderophor" ist dem metallfreien Liganden bzw. Komplex vorbehalten.

Neben diesem Ansatz kann auch in Zusammenhang mit Ferritin geforscht werden: Für den Menschen ist Eisen (im Hämoglobin) ebenso lebensnotwendig wie für die Mikroorganismen; allerdings ist es überdosiert auch toxisch. Neben der Bindung im Sauerstofftransportprotein Hämoglobin kommt es überwiegend in gespeicherter Form im Körper

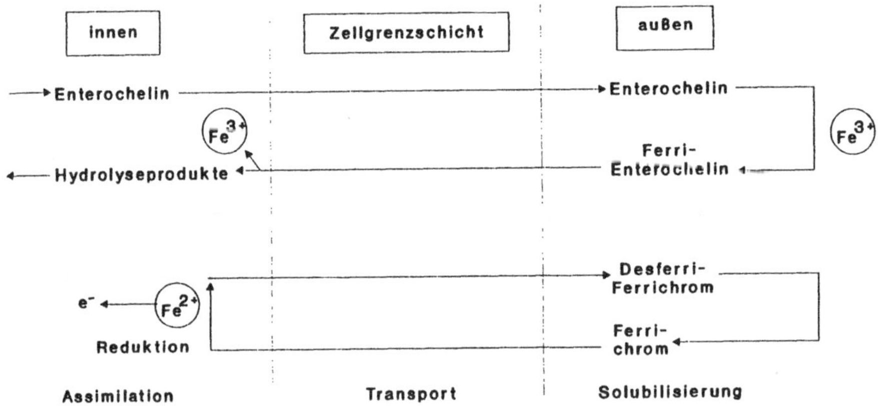

Bild 4.10 Mechanismen des Eisentransportes in die Zellen von Bakterien und Pilzen /nach SCHLEGEL, 1985/

vor. Die dazu notwendige Eisenresorption des zweiwertigen Eisens im Körper erfolgt in Verbindung mit Phosphaten auf den Eiweißkörper Apoferritin zum speichernden Ferritin, von wo es wieder bei Bedarf solubilisiert wird. Ferritin ist ein ubiquitäres Protein mit einer molaren Masse um 450.000 g/mol, das sich aus 24 Proteinuntereinheiten zusammensetzt, die eine Hohlkugel bilden. Im Innern der Hohlkugel können bis zu 4000 Eisenatome in Form von Eisenoxihydroxyphosphat gespeichert werden /KALTWASSER, WERNER, 1980/. Krankhafte Eisenablagerungen im Körper werden im übrigen mit Hilfe von Desferrioxamin, das aus Streptomyceten isoliert wird, beseitigt.

Auch eine Beschäftigung mit den Cytochromen und den Eisen-Schwefel-Proteinen könnte im Hinblick auf eine technischeAnwendung der mikrobiellen Entrostung lohnend sein.

4.4 Mikrobielle Entfettung von Oberflächen

Die Reinigung von technischen Oberflächen von Rost, Zunder und Oxidschichten, von Schmierstoffen aus Umformungsarbeiten, von Korrosionsschutzölen, -wachsen und -mitteln, von Metallabrieb und Pigmenten aus Läppasten, von Handschweiß und Fingerabdrücken ist im Bereich des Anlagen-, Maschinen- und Apparatebaus ein unerläßlicher Vorbehandlungsschritt vor einer weiteren Bearbeitung im Rahmen von Beschichtungen und Oberflächenvergütungen. Gereinigt werden Metalle, Metallbleche, Leiterplatten, Kunststoffe, aber auch Keramiken.

4.4.1 Konventionelle Reinigung von Oberflächen

In der metall- und kunststoffverarbeitenden Industrie sind zwei Methoden zur Reinigung eingeführt: die Lösemittel-Reinigung (wegen Brandgefahr meist chlorierte und fluorierte Kohlenwasserstoffe) und die wässrig-alkalische Reinigung (zum Stand der Technik s. LUTTER /1990/). Infolge der potentiellen Gefährdung der Mitarbeiter und der Umwelt durch chlorierte und fluorierte Verbindungen findet augenblicklich eine Verlagerung des Reinigungsprozesses auf wäßrige Systeme statt.

Das Produkt dieses Prozesses ist ein Gemisch aus Reinigungsmitteln und abgelösten Ölen, respektive Fetten und den anderen oben genannten Komponenten, die von der Werkstückoberfläche abgelöst wurden. Im Gegensatz zur Lösemittel-Reinigung, bei der das Reinigungsmittel abdestilliert werden kann und die abgelösten Stoffe in konzentrierter Form vorliegen, entstehen bei wäßrigen Reinigungsschritten alkalische oder saure Abwässer, die nur zum Teil über Aufbereitungsmaßnahmen rezykliert werden können und deshalb heute ein erhebliches Entsorgungsproblem darstellen.

Man unterscheidet alkalische Reiniger mit pH > 8, Neutralreiniger mit pH zwischen 7,5 und 10 sowie saure Phosphatreiniger mit pH zwischen 3,5 und 5,5. Alkalische Reiniger stellen das Gros der Reinigungsmittel; sie bestehen im wesentlichen aus Buildern (Gerüst) und Tensiden (oberflächenaktive Substanzen). Die Tenside bewirken die Ablösung der Fette und Öle und emulgieren sie, so daß diese in Lösung bleiben; die Gerüstsubstanzen unterstützen die Entfettung und sind bestimmend für die Festkörperentfernung von der Oberfläche. Neutralreiniger enthalten außer Tensiden Korrosionsinhibitoren. Saure Phosphatreiniger spielen vorwiegend bei Spritzreinigungsprozessen eine Rolle, die jedoch von untergeordneter Bedeutung ist.

Da sich Reinigungsbäder "verbrauchen" /KUNZ, FRIETSCH, 1986/, gehen die Herstellerfirmen von Reinigungsmitteln inzwischen dazu über, Systeme aus Chemikalien und Membrananlagen anzubieten, ie eine Rückgewinnung des eingesetzten Reinigungsbades ermöglichen, oder sie bieten direkt biologisch abbaubare Reinigungsmittel an. Die verbrauchten Reinigungs- und Spüllösungen müssen nach ihrem Gebrauch einer biologischen Abwasserreinigung unterzogen werden. Dabei entsteht ein Schlammgemisch aus organischen und anorganischen Verbindungen. Da in Zukunft die Entsorgung der abgelösten Fette und Öle und der verbrauchten Reinigungschemikalien immer schwieriger werden wird, ist der Produktionsprozeß zu überdenken.

Daher lag es nahe (s. Bild 1.2), analog der Ausführungen in Bild 4.9, zu überprüfen, ob nicht durch Einsatz von Mikroorganismen die Umweltbelastungen bzw. die Maßnahmen zur Emissionsbegrenzung reduziert werden, wenn sie bereits im Reinigungsprozeß eingreifen und nicht erst end-of-pipe in einer biologisch arbeitenden Kläranlage. Dadurch können Chemikalien eingespart oder ganz ersetzt werden, zumal bei deren Entwicklung, Herstellung, Formulierung und Distribution zusätzlicheUmweltbelastungen entstehen.

4.4.2 Mikrobieller Fett- und Ölabbau

Aus der Literatur ist bekannt /SCHLEGEL, 1985/, daß Mikroorganismen Kohlenwasserstoffe aus natürlichen Quellen als Nährstoffe erkennen und darauf wachsen können (Alkane finden sich in der pflanzlichen Cuticula und im Bienenwachs (u.a.), Aromaten in einer Vielzahl pflanzlicher Produkte; sie werden auch von Mikroorganismen gebildet; siehe dazu auch Abschnitt 2.1). Wenn solche Verbindungen natürlich aufgebaut werden, darf man auch damit rechnen, daß im Lauf der Evolution sich Mechanismen zum Abbau dieser Substanzen entwickelt haben. Allerdings:

- Höhere Konzentrationen können toxisch wirken,
- Abbauprodukte, wie z.B. die Undekansäure, können toxisch sein,
- eine geringe Löslichkeit bedeutet eine hohe Persistenz,
- Öltröpfchen weisen eine kleine Oberfläche, aber ein großes Volumen in Newtonschen Flüssigkeiten auf,
- ein hoher Sauerstoffpartialdruck ist zum Abbau erforderlich.

Dem Mikrobiologen stehen im übrigen viele fettspaltende und ölabbauende Mikroorganismen zur Auswahl; der mikrobielle Abbau ist verhältnismäßig weit verbreitet und nicht auf wenige Familien und Gattungen beschränkt (s. Tabelle 4.7).

Der Bakterienstamm *Pseudomonas spec.* (ATCC 21808 /s. ERDMANN et al., 1990/) weist gegenüber vielen anderen Kohlenwasserstoff-Abbauern sogar ein Temperaturoptimum um 50 °C und ein pH-Optimum um 10 auf, bei dem er noch eine aktive und stabile Lipase in das umgebende Medium abgibt (extrazelluläres Enzym). Einen interessanten Überblick über die Einsatzbreite von Enzymen geben UHLIG et al. /1987/.

Auch über den Abbau von aliphatischen und aromatischen Kohlenwasserstoffen wird in jüngster Zeit sehr viel berichtet, insbesondere im Zusammenhang mit der Bodensanierung

Tabelle 4.7 Übersicht über einige Kohlenwasserstoff-abbauende Mikroorganismen /nach Rehm, 1988/

Mikroorganismen	Oxidation von Alkanen			Oxidation von Aromaten	
	mono-terminale	**di-terminal**	**sub-terminal**	**Benzol, -derivate**	**mehrkern. o. Derivate**
Pseudomonas aeruginosa	+	+	+	+	+
Pseudomonas putida	+	+	+	+	+
Acetobacter suboxydans	+		+		
Nocardia	+	+	+	+	+
Bacilllus lentus			+		
Candida lipolytica	+	+		+	+
Candida parapsilosis	+	+	(+)	+	+
Rhizopus nigricans	+				
Aspergillus flavus			+		
Chlorella vulgaris			+		

(s. Abschnitt 3.6 sowie /LINGENS, 1988 und MÜLLER-HURTIG, WAGNER,1990/). Der Abbau von Kohlenwasserstoffen erfolgt intrazellulär; bei wasserunlöslichen Kohlenwasserstoffen erfolgt ein direkter Kontakt der lipophilen Zellwand an die Öltröpfchen. Einige Hefen und Bakterien sind darüber hinaus dazu befähigt, biologisch synthetisierte Tenside zum Emulgieren der Kohlenwasserstoffe zu bilden (Tabelle 4.8). Ein Wachstum von Mikroorganismen in Öltröpfchen ist bei ausreichender Diffusion von Sauerstoff und Anwesenheit von Wasser (bei 2% ist Öl wassergesättigt) und Mineralstoffen möglich.

Aus der Klärtechnik weiß man schließlich auch /s. beispielsweise JÄGER et al., 1989 oder DOTT, 1992/, daß sowohl in aeroben als auch anaeroben Behandlungsbecken in Mischkulturen Kohlenwasserstoffe natürlichen Ursprungs als auch synthetische Kohlenwasserstoffe mikrobiell zu Kohlendioxid und Wasser metabolisiert werden.

4.4.3 Abbauwege von Fetten und Ölen im Überblick

Im folgenden soll etwas genauer zwischen den verseifbaren und nicht verseifbaren Kohlenwasserstoffen: unterschieden werden Bei ersteren handelt es sich um Speisefette und -öle pflanzlicher und tierischer Herkunft (s. Abschnitt 2.2), bei letzteren um Mineralöle, die auch pauschal als Kohlenwasserstoffe bezeichnet werden (s. Abschnitt 3.6).

Öle und Fette pflanzlicher und tierischer Herkunft
Diese Öle und Fette besitzen den selben chemischen Aufbau; es handelt sich um Glycerinester verschiedener Fettsäuren, die sich im einzelnen durch die Kombination der Fettsäuren unterscheiden; Naturfette enthalten neben dem Neutralfett auch freie Fettsäuren als wesentliche Bestandteile. Die Anzahl der C-Atome im Fettsäuremolekül ist von großem Einfluß auf das physikalische Verhalten des Fettes: Je langkettiger, um so geringer sind

Tabelle 4.8 Bio-Tenside /nach KÄMPFER et al., 1988/

Gruppe	Komponenten	Eigenschaften	Mikroorganismen
Glycolipide	Trehaloselipide	nichtionisch, extrazellulär und zellwandgebunden	*Arthobacter, Mycobacterium, Corynebacterium, Nocardia*
	Rhamnolipide	anionisch, extrazellulär	*Pseudomonas aeruginosa, Nocardia*
Lipopeptide	Aminosäuren, Hydroxy-Fettsäuren	extrazellulär	*Bacillus, Streptomyces, Corynebacterium*
Phospholipide	Glycerin verestert mit Fettsäure und Phosphorsäuregruppe	extrazellulär oder zellwandgebunden	alle Bakterien angereichert auf Kohlenwasserstoffen
Fettsäuren und	Carboxylsäuren, Alkohole, Ester, Glyceride	extrazellulär oder zellwandgebunden	*Pseudomonaden, Mycobacterium, Acinetobacter, Penicillium*

die Flüchtigkeit und die Wasserlöslichkeit und um so höher liegt der Schmelz- und Siedepunkt. Bis vier C-Atome (Ameisensäure bis Buttersäure) sind sie wasserlöslich, darüber wasserunlöslich. Sie liegen in Wasser meist in Tröpfchenform vor, können aber auch emulgieren oder in alkalischem Medium (Wasserhärte) verseifen.

Aufgrund der Fettsäurebiosynthese aus C-2-Bausteinen herrschen die geradzahligen Fettsäuren in den Naturfetten vor. Man unterscheidet gesättigte (wie Laurin-, Palmitin- oder Stearinsäuren) von ungesättigten Fettsäuren (wie Öl-, Linol- oder Linolensäure). Fette in Mikroorganismen liegen überwiegend nicht als frei, sondern gebunden z.B. als Phospholipid in wasserunlöslicher Form vor. Die Reservefettbildung setzt bei N-Mangel und hohem C-Angebot ein: Es handelt sich auch dabei im wesentlichen um wasserunlösliche wachsartige Substanzen wie z.B.die Poly-ß-hydroxybuttersäure.

Da Mikroorganismen das wasserunlösliche Fett als solches nicht abbauen können, scheiden dazu befähigte Vertreter fettspaltende Enzyme (Lipasen) aus; allerdings nur, wenn keine leichter abbaubaren Verbindungen im Medium vorhanden sind. Die Enzyme zerlegen dann hydrolytisch das Fett in Glycerin und die entsprechenden Fettsäurereste; das Glycerin wird mikrobiell anschließend oxidiert und zu Phosphordihydroxyaceton nach dem FDP-Weg phosporyliert (s. Abschnitt 4.2). Voraussetzung für den weiteren Abbau der Fettsäuren ist die bereits mehrfach erwähnte Versorgung mit den sonstig notwendigen Zellbausteinen (P, N, S usw.), weil die Fettsäuren ja nur aus Kohlenstoff, Wasserstoff und Sauerstoff bestehen.

Der Abbau der Fettsäuren erfolgt stufenweise über ß-Oxidation und enzymatische Abspaltung von C-2-Körpern. Dabei wird ein vierstufiger Reaktionszyklus durchlaufen, der als Fettspirale bekannt ist. Darüber hinaus können gesättigte Fettsäuren mit bis zu 12 C-Atomen von lipolytischen Mikroorganismen zu Methylketon abgebaut werden. Bei der ß-Oxidation wird fortlaufend Acetyl-CoA gebildet, das für die Energiegewinnung in den Citronensäure-(Tricarbonsäure)-zyklus eingespeist wird. Der Energiegewinn für die Zelle ist beträchtlich; beim vollständigen Abbau von z.B. Palmitinsäure (C-16) werden 131 ATP mol frei /DOTT, 1987/.

Abbau von Kohlenwasserstoffen

Der Abbau von Öltröpfchen erfolgt nach POREMKA et al. /1989/ über eine Besiedelung durch hydrophobe, unspezifische Bakterien, in deren Gefolge dann die sogenannten "Ölabbauer" beobachtet werden. Diese erreichen schon nach wenigen Tagen ihre maximalen Zellzahlen. Im Verlauf der Zeit nimmt der Abbaugrad zu, wobei zunehmend von Mikroorganismen besiedelte Mikro-Öltröpfchen frei in der wässrigen Phase auftauchen. Man geht davon aus, daß zellgebundene Biotenside zunächst synthetisiert werden, die anschließend auch in das Medium abgegeben werden: So findet eine mikrobielle Emulgierung statt.

Bislang wurde beobachtet, daß die löslichen Bestandteile von Benzin, Dieselkraftstoffen und leichtem Heizöl innerhalb weniger Wochen abgebaut wurden. Heizöle und Motorenöle und ähnliche Destillate bilden allerdings feste, teer- und wachsartige Emulsionen, die aus unlöslichen Paraffinen und Wasser bestehen. Deren Abbau kann Jahre dauern.

Wie bereits oben erwähnt, werden Öle intrazellulär abgebaut. Wasserlösliche Kohlenwasserstoffe können die Zellmembran über Porine oder andere Shuttle-Mechanismen durchwandern, wasserunlösliche werden an die lipophilen Segmente der Zellwand angelagert. Die in Tabelle 4.8 aufgeführten Mikroorganismen sind darüber hinaus in der Lage, die bereits oben erwähnten Biotenside zu synthetisieren. Davon profitieren wiederum viele Mineralöl-Kohlenwasserstoff-Abbauer, die selbst dazu nicht in der Lage sind.

Die aliphatischen Kohlenwasserstoffe lassen sich in Alkane (gesättigte, wie z.B. Methan, Ethan, Propan, über Dekan und Tetrakontan usw.), Alkene (ungesättigte mit Doppelbindung zwischen zwei C-Atomen, wie z.B. Ethen, Propen, Buten) und Alkine (ungesättigte mit Dreifachbindung) unterscheiden. Sie können verzweigt oder unverzweigt sein; darüber hinaus gibt es cyclische Alkane und Alkene; von den substituierten seien hier die Chloralkane (Chlorkohlenwasserstoffe; s. Abschnitt 3.6) genannt. Da Alkane mikrobiell vollständig mineralisiert werden können, werden sie beim mikrobiellen Ölabbau als Indikatoren verwendet. Allerdings läuft der Stoffwechsel über eine Reihe toxischer Zwischenprodukte, deren Anhäufung (in technischenSystemen) unterbunden werden muß; auch einer Polymerisierung zu schwerer abbaubaren Polymerisaten ist entsprechend vorzubeugen.

Kurzkettige Alkane (< 9 C-Atome) werden hauptsächlich durch Abspaltung von einer Methylgruppe durch methylotrophe Mikroorganismen abgebaut; längerkettige Alkane (9 bis 30 C-Atome) gelten besser abbaubar als kurzkettige; noch längere Ketten und verzweigte Alkane sind wieder schwieriger abbaubar /REHM, 1988/. Die mikrobielle Oxi-

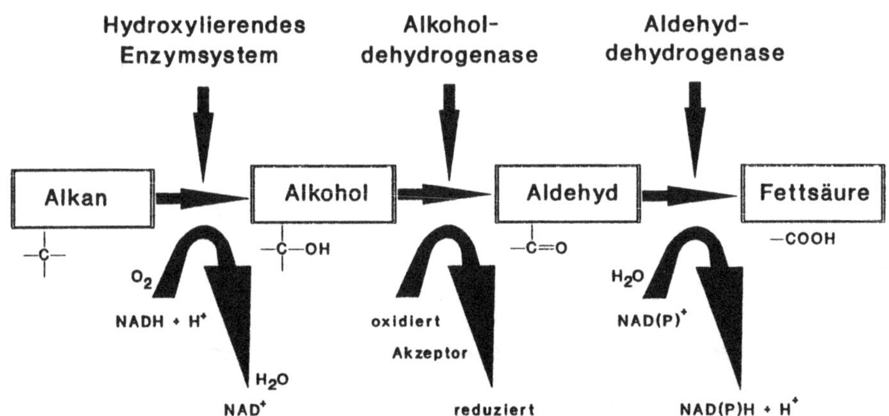

Bild 4.11 Monoterminaler Abbauweg von Alkanen zu ihrer Fettsäure /BÜHLER, SCHINDLER, 1984/

dation erfolgt nach heutiger Kenntnis auf drei verschiedenen Wegen: Der erste enzymatische Schritt der Oxidation eines Alkanmoleküls an der cytoplasmatischen Membran erfolgt danach an einer endständigen Methylgruppe (monoterminal) bis zur Fettsäure, an beiden endständigen Methylgruppen (diterminal) zu Mono- bzw. Dicarbonsäuren oder subterminal (in der Mitte des Moleküls) an einer Methylengruppe zum Keton /MÜLLER-HURTIG, WAGNER, 1990/. Der monoterminale Abbauweg ist in Bild 4.11 dargestellt. Für die Metabolisierung von 1 g Öl sind 3,3 g Sauerstoff, 120 mg Stickstoff und 20 mg Phosphor erforderlich. Die gebildeten Fettsäuren können weiter abgebaut oder aber auch direkt in die Lipide der Mikroorganismen eingebaut werden.

4.4.4 Technisches Konzept für die mikrobielle Entfettung

Das Verfahren beruht nun darauf, bereits am Entstehungsort Fette und Öle im wesentlichen zu Kohlendioxid und Wasser umzusetzen und die bisher erforderlichen Reinigungschemikalien zu ersetzen. Dazu sind allerdings aufgrund der verhältnismäßig geringen spezifischen Stoffwechselleistungen der Mikroorganismen hohe Biomassekonzentrationen erforderlich.

Da es für den Praktiker zunächst noch unvorstellbar ist, seine Oberflächen mikrobiell direkt zu reinigen, lag es nahe, eine Membrantrennanlage (s. Abschnitt 2.6.2) mit mikroporösen Strukturen einzusetzen, die das Entfettungs-/Entölungsbad vom Bioreaktor trennt. Das abgelöste Fett bzw. Öl gelangt über einen Überlauf in den Bioreaktor, während die mikrobiellen Wirkstoffkomponenten über die Membran in das Aktivbad permeieren können, nicht aber die Biomasse. Die Filtrationsanlage entspricht einer Sterilfiltration, wie sie bereits in Abschnitt 4.1 beschrieben wurde. In Bild 4.12 ist das Anlagenschema gezeigt.

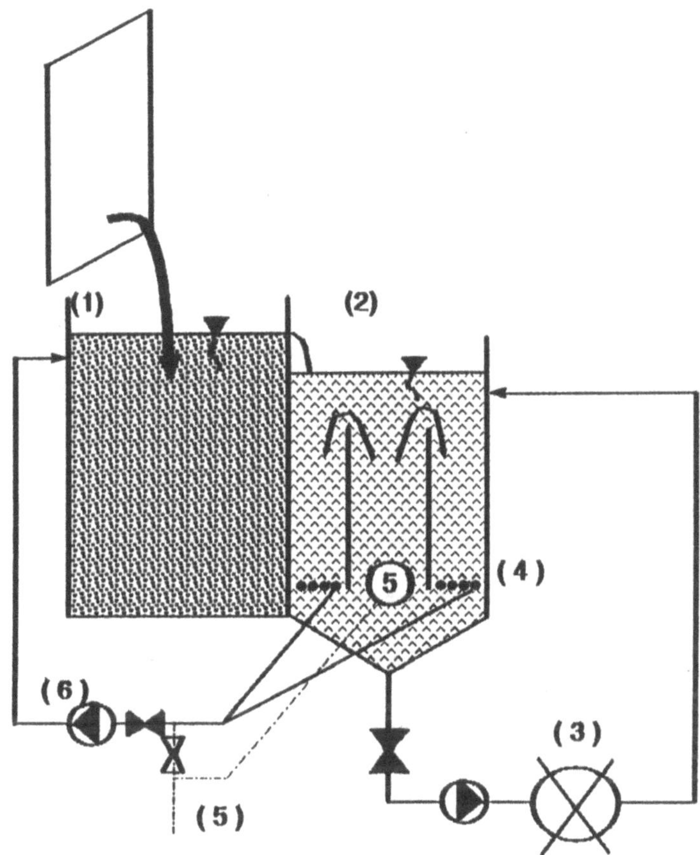

Bild 4.12 Anlagenschema zur mikrobiellen Entfettung von technischen Oberflächen (/KUNZ, 1991/ 1: Entfettungsbad; 2: Bioreaktor; 3: Biomassen-Desintegrator; 4: Membranfilter; 5: Belüfter und Druckluftrückspülanlage; 6: Kreislaufpumpe)

Da der Abbau aerob erfolgen soll und ohnehin Begasungsluft für den Betrieb des Reaktors benötigt wird, sieht die konzipierte Anlage ein Druckluftreinigungssystem im Bereich der Membranen vor, bei dem diese in kurzen Zeitabständen mit Druckluft von innen nach außen durchgeblasen werden, um abgelagerte Biomasse abzusprengen. Entsprechende Maßnahmen zur Bekämpfung der Schleimbildung und Biofilmbildung sind, wie oben beschrieben, durchzuführen.

Bis auf die Zufuhr von Sauerstoff läuft dieses Verfahren autark, weil die überschüssige Biomasse über eine Zellaufschlußanlage (s. Abschnitt 3.4) desintegriert und im Bioreaktorsystem von der dort selektierten Mikroorganismen-Lebensgemeinschaft teils inkorporiert, teils zu Kohlendioxid und Wasser mineralisiert wird. Dadurch sind bis auf wenige Zustände (Einfahren der Anlage, Betriebsunterbrechungen etc.) Dosierungen von Zusatzstoffen nicht notwendig. Insgesamt gesehen produziert diese Verfahrensweise auch keinen Schlamm, abgesehen von eventuellen Betriebsunterbrechungen.

Die Einarbeitung einer mikrobiellen Entfettungsanlage kann beispielsweise mit Hilfe von osmotoleranten, thermophilen Bakterien so erfolgen, daß die bestehende Entfettungs-/Entölungstechnik bei gleichen Temperatur- und pH-Einstellungen beibehalten werden, so daß zu Beginn des modifizierten Prozesses die bisher eingesetzten Chemikalien noch Anwendung finden können. Als Zusatzstoffe sollten nur noch solche Anwendung finden, die mikrobiell nicht verwertet werden können, da sie sonst ständig nachdosiert werden müßten.

Zu Beginn des Prozesses können Mikroorganismen von einer Stammsammlung (zum Beispiel der Deutschen Sammlung von Mikroorganismen in Braunschweig) bezogen oder aus einem Belebtschlamm einer (Raffinerie)-Abwasserreinigungsanlage oder einem etwas abgestandenen Aktivbad isoliert und angezüchtet werden. Wenn das System auch bei variierendem Fett- und Öleinsatz funktionieren muß, sind entsprechende Maßnahmen zu treffen: Dies könnte die Bevorratung von Bakterienpräparaten sein oder der Zukauf von Stammkulturen, sofern sich nicht genügend breitgefächert abbauende Mikroorganismen angesiedelt haben. Eine einfache Lösung dieses Problems besteht z.B. aber auch darin, aus einem kommunalen Klärwerk eine Impfschlammenge zu besorgen.

4.4.5 Möglichkeiten und Grenzen

Der Vorteil des Konzeptes, den Abbau der Fette in den Produktionsprozeß unmittelbar zu integrieren, liegt in der Einsparung von Reinigungsmittelkomponenten und deren Entfernung aus dem Abwasser. Man benötigt also auch keine Hilfsstoffe, um andere Hilfsstoffe aus dem Wasser wieder zu entfernen.

Das Verfahren wird derzeit halbtechnisch erprobt, um Mikroorganismenkonzentrationen, Abbaugeschwindigkeiten und optimale Betriebsparameter angeben zu können. Je nach Reinigungsanforderungen wird der mikrobiell unterstützte Prozeß gegebenenfalls nicht hinreichend sein. Dann kann zweistufig gearbeitet werden, so daß das beschriebene Anlagen- und Verfahrenskonzept ebenfalls sinnvoll eingesetzt werden kann. Dadurch können immer noch Chemikalien eingespart und die Entsorgung der Rückstände aus dem Reinigungsprozeß vereinfacht werden.

4.5 Mikrobielle Stabilisierung von Kühlschmiermitteln

In der Oberflächentechnik spielt weiterhin auch die formgebende oder verbindende Bearbeitung der Werkstücke eine wichtige Rolle. Dazu werden in nicht unerheblichem Umfang Kühlschmiermittel eingesetzt (man rechnet mit einer Million Tonnen pro Jahr in den alten Bundesländern).

4.5.1 Kühlschmiermittel-Emulsionen

Emulsionen sind Dispersionen aus zwei ineinander nicht mischbaren Flüssigkeiten; in den meisten Fällen handelt es sich um Öl-in-Wasser-Emulsionen. D.h., eine geringe Menge (meist zwischen 5 und 10%) Öl ist in Wasser dispergiert. Um die Emulsion stabil zu halten, werden Emulgatoren zugegeben; ganz allgemein werden Additive zugesetzt, um den Emulsionen ihre technische Wirkung zu verleihen (Verschleißschutz, Oxidationsstabilität usw.).

Beim Gebrauch der Emulsionen werden diese chemisch verändert; sie nehmen darüber hinaus Stoffe und Substanzen aus der Umgebung der Anwendung auf (Abrieb, Mikroorganismen). Dadurch werden die Emulsionen mit der Zeit unbrauchbar und müssen verworfen werden.

Aufgrund der aktuellen Gesetzgebung (im wesentlichen handelt es sich bei den Anwendern von Emulsionen um Betriebe, deren Abwasser in die örtliche Kanalisation abgelassen wird = Indirekteinleiter) können die betroffenen Betriebe die Emulsionen nicht in die Kanalisation geben, sondern müssen sie in Wasser und Öl spalten, wobei das Öl günstigenfalls als Altöl zu entsorgen ist, das Wasser aber auch nur in die Kanalisation abgelassen werden darf, wenn es nur noch geringe Mengen Kohlenwasserstoffe (KW) aufweist (unter 20, manchmal sogar unter 10 mg KW/l nach DEV H18). Betriebe, die ihre Abwässer direkt in ein Gewässer ableiten, finden in ihren wasserrechtlichen Bescheiden noch weit niedrigere Grenzwerte, insbesondere was die chemische Oxidierbarkeit anbelangt (CSB).

Deshalb ist es ein Gebot der Stunde (AbfG, 1986; WhG, 1986), daß die Betriebe die Emulsionen möglichst lange gebrauchstauglich halten. Deshalb werden meist Mikrobizide (Bakterizide und Fungizide) der Emulsion zugemischt, um den mikrobiellen Befall, der sich ausgehend von der Umgebungsluft beim Bearbeitungsvorgang ergibt, zu bekämpfen. Die Mikroorganismen finden - wie im vorangegestellten Abschnitt gezeigt - eine hervorragende Nahrungsquelle in der Emulsion.

4.5.2 Mikrobielle Belastung von Emulsionen

Nach obigen Ausführungen ist es nicht verwunderlich, daß gerade Emulsionen, in denen das Mineralöl (oder heute sogar schon pflanzliches Öl), der Emulgator und verschiedene Zusatzstoffe in Wasser besonders gut dispergiert sind, von Bakterien und Pilzen für den Energie- und Baustoffwechsel genutzt werden. Auch wenn Mineralöle nicht für alle Mikroorganismen verwertbar sind, können die wenigen Arten über ihre ausgeschiedenen Abbauprodukte aucha ndere Mikroorganismen ins Spiel bringen. Allerdings spielen auch hier die sekundären Umweltbedingungen eine wichtige Rolle und determinieren, ob ein Mikroorganismus wachsen kann oder nicht.

Da Mineralölemulsionen leicht alkalisch eingestellt sind, um die Rostentwicklung zu unterdrücken, können vorwiegend nur Bakterien gedeihen; Pilze werden kaum beobachtet. Andererseits werden in nahezu neutralem bis leicht sauerem Milieu ausschließlich Pilze gefunden und keine Bakterien. Wird das Milieu gar anaerob (durch intensives Wachstum von Aerobiern), können sich Desulfurikanten ansiedeln, die einerseits den übelriechenden Schwefelwasserstoff produzieren (s. Abschnitt 3.3) und andererseits wichtige Emulsionsbestandteile angreifen und verändern können. Auch hier wird deutlich, daß Emulsionen als Nährflüssigkeiten aufzufassen sind und die Kühlschmiersysteme als Bioreaktoren.

4.5.3 Alternative zur chemischen Konservierung

Anstelle einer antimikrobiellen Ausrüstung der Emulsion kann man allerdings auch den "My-home-is-my-castle-Effekt", der in Abschnitt 2.5.4 beschrieben ist, ausnutzen, wie dies eine Schweizer Firma inzwischen macht. Über die Einstellung eines günstigen pH-Wertes werden nur langsam wachsende Mikroorganismen selektiert, die über Pflegemaßnahmen in ihrer Populationsdichte begrenzt werden können. Die Techniker dieses Unternehmens haben festgestellt, daß mit Keimzahlen bis 10^7/ml das System noch stabil bleibt. Verschiedene Pflegemaßnahmen, die zum Einsatz kommen, dienen der Abtrennung von Fremdstoffen aus der Emulsion (zum einen sind dies Späne, zum anderen entstabilisiertes Öl); gleichzeitig kann die Keimzahl dadurch bereits erheblich vermindert werden. Über ein einfaches Refraktometer (Brechung eines Lichtstrahles durch einen Emulsionstropfen) lassen sich der Zustand der Emulsion beurteilen und entsprechende Feinreinigungsmaßnahmen vornehmen, so daß die Emulsion in ihren stabilen Zustand zurückkehrt.

4.6 Energieträger aus Abfallsubstraten

Wie bereits in den Abschnitten 2.1 und 3.3 zum Ausdruck kam, sind Mikroorganismen unter anaeroben Bedingungen nur in der Lage, energiereiche Ausgangssubstanzen in immer noch energiereiche Stoffwechselprodukte, wie Ethanol und Methan, umzusetzen. Im Augenblick wird hierbei großtechnisch im wesentlichen die anaerobe Faulung von Klärschlämmen und in begrenztem Umfang die anaerobe Abwasserreinigung in der Papiersowie Nahrungs- und Genußmittelindustrie genutzt. Das Endprodukt Methan wird dann meist in Blockheizkraftwerken energetisch für die Stromversorgung und zur Aufheizung der Faulräume eingesetzt. Die Vorgänge bei der Methanisierung sind ausführlich in Abschnitt 3.3.2 beschrieben.

Für die Zukunft interessant dürfte die mikrobielle Produktion von Ethanol aus verschiedenen industriellen Rückständen sein. Schließlich liegen hierzu bereits langjährige Erfahrungen vor (Industrie-Alkohol, Gärungsindustrie kennzeichnen diese Entwicklung). Schließlich darf man nicht vergessen, daß erst 1957 die synthetische Ethanolproduktion aus Erdöl die fermentative quantitativ ablöste.

4.6.1 Ethanolfermentation mit Bakterien

Im Gegensatz zur bekannten Bier- und Weinfermentation mit Stämmen der Hefe *Saccharomyces cerevisiae* bekommt die Produktion von Industriealkohol durch Stämme des Bakteriums *Zymomonas mobilis* (sein Entdecker nannte es *Thermobacterium mobilis*) künftig besondere Bedeutung. Das Bakterium verstoffwechselt das Ausgangssubstrat etwa 5 bis 6 mal schneller und produziert dazu noch etwa 5% mehr Ethanol, wobei die Ethanoltoleranz in der Größenordnung von 13 Vol.-% liegt /SAHM, BRINGER-MEYER, 1987/. Im Augenblick sind als verwertbare Substrate für *Zymomonas* die Hexosen Glucose, Fructose und Saccharose bekannt.

Angesichts der enormen Bedeutung dieses Bakteriums für die Ethanolfermentation wird aber an verschiedenen Stellen an der Mutation für den Abbau weiterer Substrate gearbeitet. So haben TANAKA et al. /1986/ Ethanol aus Stärke in einer Mischkultur des Pilzes *Aspergillus awamori* (aerober Stärkeumsetzer) und des Bakteriums *Zymomonas mobilis* produzieren können.

Morphologisch ist *Zymomonas* ein Gram-negatives gerades Stäbchen; es ist 2 bis 6 µm lang mit einem Durchmesser von 1 bis 1,4 µm. Bewegliche Stämme besitzen büschelförmig angeordnete Geißeln. Die Zellen treten sowohl einzeln als auch paarweise auf. Ruhestadien (wie Sporen- oder Kapselbildung) sind nicht bekannt; erstaunlicherweise gibt es auch keine Lipid- oder Glycogeneinlagerungen in der Zelle. Das Bakterium wächst anaerob, ist jedoch aerotolerant.

Während *Zymomonas mobilis* genauso wie *Saccharomyces cerevisiae* pro mol Glucose 2 mol Ethanol und 2 mol CO_2 bildet, ist die Energie- und damit ATP-Ausbeute des Bakteriums bezogen auf die Glucose nur halb so groß (ENTNER-DOUDOROFF-Stoffwechselweg, s. dazu /ROGERS et al., 1982/). Dadurch kann das Bakterium nur halb soviel Biomasse pro umgesetzte Glucose bilden wie die Hefe.

4.6.2 Substrate für die Ethanol-Produktion

In der jüngsten Vergangenheit wurde in Deutschland immer wieder die Alkohohl-Produktion aus landwirtschaftlichen Überschüssen bzw. auch gezieltem Anbau diskutiert. Wenn man sich vor Augen hält, daß man als Substrat entweder direkt zuckerhaltige Ausgangsstoffe (Rübe, Rohr, Melasse, Fruchtsäfte) oder stärkehaltige (Getreide, Kartoffeln, Topinambur, Reis) einsetzen muß und beispielsweise aus 100 kg Stärke (ca 1000 kg Kartoffeln; 200 m^2 Anbaufläche) nur zwischen 51 und 54 kg reines Ethanol gewinnen kann, läßt sich leicht abschätzen, daß der Bedarf dadurch nicht zu decken ist und wahrscheinlich auch bei heutigen Energiepreisen Wirtschaftlichkeit nicht gegeben ist.

Ganz anders dagegen fällt die Betrachtung aus, wenn man in der industriellen Produktion sekundäre Produkte, die entsorgt werden müssen, zu Ethanol veredeln kann. Hierzu gehören z.B. Substrate, wie Papier oder Holz, die allerdings noch enzymatisch aufgeschlossen und verzuckert werden müssen. Inwieweit Koppelprozesse zu zuckerähnlichen Substraten führen können oder Ethanol- (aber auch Butanol-)Produzenten andere Substrate verwerten können werden, wird die Zukunft zeigen. Hierbei wird nicht unbedingt die Gentechnik bemüht werden müssen, bereits ein Plasmidaustausch zwischen den beteiligten Mikroorganismen in Mischkulturen könnte bereits erfolgversprechend sein.

4.6.3 Perspektiven

Abgesehen von der einfacheren Möglichkeit, *Zymomonas mobilis* genetisch zu manipulieren (es handelt sich um einen Prokaryonten im Gegensatz zur Hefe, die den Eukaryonten mit einem echten Zellkern angehört), ist damit zu rechnen, daß mittelfristig Mutanten erzeugt werden, die auch andere Zucker verstoffwechseln können.

OHNMACHT und DREYER /1992/ arbeiten derzeit an einer Kultur mit dem Ziel der Mannose-Verwertung, da diese wiederum ein Produkt mikrobieller Aktivitäten in Lackklärseen ist. Sollte auf diesem Wege eine technische Reife erlangt werden, könnten Sonderabfälle in eine Produktschiene eingeschleift werden, die dem in Bild 1.1 ausgesprochenen Ziel der Kreislaufschließung sehr nahe käme.

Eine andere, eigentlich noch viel naheliegendere Konzeption, die bereits seit Jahrhunderten praktiziert wurde, aber so gut wie in Vergessenheit geraten ist, sieht die Behandlung stärkehaltiger Wasserinhaltsstoffe aus verschiedenen Verarbeitungen natürlicher Rohstoffe mit der Hefe *Saccharomyces cerevisiae* vor: Nach Verzuckerung produziert die Hefe - wie gezeigt - Alkohol, danach kann sie als Futtermittelzusatz verwertet werden und muß nicht als Belebtschlamm entsorgt werden, wie heute in vielen Betrieben zum Beispiel der Nahrungs- und Genußmittelindustrie praktiziert. Dort wird nämlich mit bakteriellen Belebtschlämmen gearbeitet, die eine derartige Verwertung futtermittelrechtlich nicht zuläßt.

5 AUSBLICK

Die Biologische Verfahrenstechnik ist extrem vielschichtig, und dennoch basiert sie nur auf einer geringen Zahl von Grundelementen, wie sie die klassische Verfahrenstechnik in Form der "unit operations" kennt.

Man benötigt ein Enzym für die Herabsetzung der Aktivierungsenergie unter Umgebungsbedingungen und gegebenenfalls einen Mikroorganismus, der dieses Enzym synthetisiert. Der Mikroorganismus stellt Ansprüche an seine Umgebung, die erfüllt sein müssen, wenn er wachsen soll, oder auch nicht, wenn er gerade nicht wachsen soll. Dazu muß einerseits der Bioreaktor entsprechend gestaltet sein, und die Substrate müssen entsprechend ergänzt werden. Hier kann die Schaffung eines speziellen Nährbodens enorm wichtig werden. Vorteilhaft kann es auch sein, wenn der Mikroorganismus in einer Mischkultur unter unsterilen Bedingungen kultiviert werden kann, da dadurch symbiontische Effekte genutzt werden können, die insbesondere bei Substratveränderungen wichtig sind. Bei wiederkehrenden Substraten, die nicht zur Standard-Nährstoffpalette gehören und die auch noch in unregelmäßigen Abständen angeboten werden, kann die Immobilisierung von Mikroorganismen auf Trägern von Vorteil sein. Die Träger stellen ihrerseits einen milieuschaffenden Faktor dar, den es technisch zu nutzen gilt.

Als Resumee der vorgestellten Betrachtungen im Bereich der konventionellen End-of-pipe-Umweltschutztechnik, aber auch dergezeigten Ansätze zur Integration in die Produktion zur Vermeidung/Verminderung von Emissionen darf man sicher festhalten, daß die beschriebenen Entwicklungen trotz ihrer Neuheit nur einen Schimmer dessen wiedergeben, was biologisch-technisch noch möglich ist. Die Optimierung biologischer Systeme fängt erst an, weil man gerade erst in der Lage ist, Abhängigkeiten zu erkennen und systematisch zu beeinflussen. Bis diese Erkenntnisse Eingang in die Praxis finden werden, werden vermutlich erst noch dramatische Veränderungen in der herrschenden Wirtschaftsstruktur eintreten müssen.

Nichtsdestotrotz gehört die Zukunft den Biologischen Verfahrenstechniken, da nur sie in der Lage sind, abfallfreie Verfahren zu realisieren, wie es die Natur vormacht (Bild 1.1).

Mancher Leser dieses Werkes wird vielleicht eigene Erfahrungen mit biologischen Techniken gemacht haben und entsprechende Informationen hier vermissen (z.B. zu Photobioreaktoren zur CO_2-Umsetzung, zum biologischen Cyanid-Abbau oder auch zu Membraneffektoren, die zu höheren Stoffumsatzleistungen einzelner Mikroorganismenzellen führen können). Die gerade genannten Themen und auch weitere sind in Bearbeitung und werden bei einer neuen Auflage sicherlich berücksichtigt werden. Die Möglichkeiten werden aber immer weitere Kreise ziehen, und neue Anwendungsfälle werden ständig hinzukommen.

Nach dem letzten Jahrhundert, das als das der Physik bezeichnet wurde, und diesem Jahrhundert der Chemie steht das Jahrhundert der Biologie an, das mit Sicherheit durch die Umweltbiotechnologie beginnen und wahrscheinlich mit der mikrobiellen Nutzung solarer Energie im Rahmen der Produktion von Ge- und Verbrauchsgütern enden wird.

6 LITERATURVERZEICHNIS

ABFALLGESETZ (ABFG): Gesetz über die Vermeidung und Ensorgung von Abfällen vom 27.08.1986. BGBl. I, S. 1410. ber. S.1501

ANTHONISEN, A.C.; R.C. LOEHR, T.B.S. RAKSAM, E.G. SRINATH: Inhibition of nitrification by ammonia and nitrous acid. JWPCF. 48(1976)5, p. 835-852

ATKINSON, B.; M. MAVITUNA: Biochemical Engineering. Biotech. Handbook, Mc Millan Publ. Ltd, UK (1983)

ATV: Grundsätze für die Bemessung von einstufigen Belebungsanlagen mit Anschlußwerten über 10.000 Einwohnergleichwerten. ATV-Richtlinie A 131 (1991

ATV-ARBEITSGRUPPE 2.6.1: Biologische Zusatzstoffe in der Abwasserreinigung ▫ Bakterien - Enzyme - Vitamine - Algenpräparate. Korrespondenz Abwasser 37(1990)7, 793-800

ATV-REGELWERK: Arbeitsblatt A 131 Bemessung von einstufigen Belebungsanlagen ab 5000 Einwohnerwerten, Februar 1991

BARDTKE, D.; K. FISCHER: Untersuchungen zur Abbaubarkeit und Abbaukinetik ausgewählter anorganischer und organischer Abluftinhaltsstoffe beim Biofilterverfahren. Stuttgarter Forschungsberichte (1986)

BARRIO-LAGE, G.A.; F.Z. PARSONS, R.J. NASSAR, P.A. LORENZO: Biotransformation of trichloroethene in a variety of subsurface materials. Environm. Toxicol. Chem. 6(1987),571-578

BERGERON, P.: Untersuchungen zur Kinetik der Nitrifikation. Karlsruher Berichte zur Ingenieurbiologie. Heft 12 (1978)

BLAIM, H.: Floraanalysen an Abwasseranlagen der chemischen Industrie. Dissertation TU München (1984)

BMBAU: Korrosion und Korrosionsschutz. Broschüre (1992)

BOCK, E.: Nitrifikation - die bakterielle Oxidation von Ammoniak zu Nitrat. Forum Mikrobiologie (1980)1, 24 - 32

BOCK, E. (in RHEINHEIMER et al. (Hrsg.): Stickstoff-Kreislauf im Wasser. Oldenbourg-Verlag, München 1988

BOCK, E.: persönliche Mitteilungen, Frankfurt 25.01.1989/Hamburg 17.07.1989

BÖHM, E.; P. KUNZ: Steuerung von Kläranlagen nach der Nitrifikationskapazität. Projektantrag FhG-ISI, Karlsruhe (1986)

BOTH, G.-D. VON; P. SPRAU: Einsatz von aktivierenden Substanzen in der Abwasserreinigung. in: Kunz (Hrsg.): Gezüchtete Mikroorganismen in Abwasserreinigungsanlagen. expert-Verlag, Ehningen 1992

BOUWER, E.J.; P.L. MCCARTY: Transform. of 1- and 2-carbon-halogen. aliphatic comp. under methanogenic conditions. Appl. Environm. Microb. 45(1983), 1286-1294

BRAUCKMANN, B.: Autotrophe und heterotrophe Bakterien im Biotop Altes Lager Erzbergwerk Rammelsberg und ihr Einfluß auf die Laugung sulfidischer Mischerze. Dissertation TU Braunschweig (1985)

BRAUCH, H-J.; W. KÜHN, P. WERNER: Vinylchlorid in kontaminierten Grundwässern. Vom Wasser 68(1987), 23-32

BRETSCHER, M.S.: Die Moleküle der Zellmembran. Spektrum der Wissenschaft. Sonderheft: Die Moleküle des Lebens (1986)

BÜCHELER, W.: Desintegration von biologischem Schlamm mit dem Ziel Schlamm-Mengenverminderung und Faulgasausbeutesteigerung. Diplomarbeit am Institut für Biologische Verfahrenstechnik an der FHT Mannheim (1991)

BÜHLER, M.; J. SCHINDLER: Aliphatic hydrocarbons. in Kieslich, K. (Hrsg.): Biotechnology Vol. 6a - Biotransformations.Verlag Chemie, Weinheim (1984), 329-385

CALMANO, W.; W. AHLF: Bakterielle Laugung von Schwermetallen aus Baggerschlamm - Optimierung des Verfahrens im Labormaßstab. Wasser und Boden (1988)1, 30-32

COOK, A.M.; R. SCHOLTZ, T. LEISINGER: Mikrobieller Abbau von halogenierten aliphatischen Verbindungen. gwf-Wasser/Abwasser 129(1988), 61-69

CORD-RUWISCH, R.; W. KLEINITZ; F. WIDDEL: Sulfate-reducing bacteria and their activities in oilproduction. J. of Petroleum Technology (1987)1, 97-106

CHUDOBA, J.; F. TUCEK: Poduction, degradation and composition of activated sludge in aeration system without primary sedimentation. JWPCF 57(1985)3, 201-206

CHUDOBA, J.; P. GRAU, V. OTTAVA: Control of activated sluge filamentous bulking. II. Selection of microorganisms by means of selector. Water Res. (1973)7, 1389-1406

DECHEMA: Interner Arbeitsausschuß Mikrobielle Bodensanierung. DECHEMA, Frankfurt (1990)

DOTT, W.: Vergleichende Untersuchungen zum Abbau von problematischen Stoffen mit verschiedenen biologischen Systemen. in: Kunz (Hrsg.): Gezüchtete Mikroorganismen in Abwasserreinigungsanlagen. expert-Verlag, Ehningen (1992)

DOTT, W.(1987): Skriptum SS1987 FG Hygiene. in KÄMPFER, P. et al.: Untersuchungen zum mikrobiellen Abbau von Kohlenwasserstoffen. Veröffentlichungen aus dem Fachgebiet Hygiene der TU Berlin, Band 2 (1988)

DOWNING, A.L.; H.A. PAINTER, G. KNOWLES: Nitrification in the activated sludge process. J. Inst. Sew. Purification (1964), 130-158

EG (EUROPÄISCHE GEMEINSCHAFT): Richtlinie zum Schutz der Gewässerschutz. Amtsblatt der EG 76/464(1976)

ELBING, G.: Verfahren zum Behandeln von Klärschlamm. Patentschrift DE 3836906 A1 vom 24.10.1991

EPA-US: Review of in-place treatment techniques for contaminated soils. Studie 540/2-84-003a (1984)

EPA-US: Process-Design Manual for Nitrogen Control. Cincinatti, Ohio (1985)

EINSELE, A.; R. K. FINN, W. SAMHABER: Mikrobiologische und biochemische Verfahrenstechnik. VCH-Verlag, Weinheim (1985)

EISMAN, P.C.; F.C. KULL, R.L. MAYER: The bacteriological aspects of deionized water. J. Am. Pharm. Assoc., Sci Ed. 38(1949), 88-91

EITNER, D.: Biofilter in der Abluftreinigung - Biomassen -Planung - Kosten - Einsatzmöglichkeiten. Sonderlösungen der Luftreinhaltung, VDI-Verlag, März (1989), L24-L29

ENVIRONMENTAL PROTECTION AGENCY (EPA): Process design manual for nitrogen control. US. Government Printing Office (1975), 630 - 902

ERDMANN, H.; K. FRITSCHE, M. KORDEL ET AL.: Ausgewählte Beispiele für die Anwendung von Lipasen in der organisch präparativen Chemie. Jahrbuch Biotechnologie Band 3, Hanser-Verlag München (1990), 353-378

ERMEL, G.: Steuerung der simultanen Denitrifikation über den Nitratgehalt des Belebtschlammes. gwf-Wasser/Abwasser 124(1983)10, 484-487

EXNER, M.; G.J. TUSCHEWITZKI, J. SCHARNAGEL: Observations of bacterial growth an a copper pipe line of a central disinfection dosage apparatus. ZBl. Bakt.Hyg.Orig.B.177(1983),170-181

FARKÁS, P.: Veränderungen der mikrobiellen Lebensgemeinschaften in Klärsystemen infolge Substratveränderungen. in: KUNZ, P. (Hrsg.): Gezüchtete Mikroorganismen in Abwasserreinigungsanlagen. expert-Verlag, Ehningen (1992)

FISCHER, K.: persönliche Mitteilungen, 23.09.1991

FISCHER, K. (Hrsg.): Biologische Abluftreinigung. Kontakt und Studium, Band 212. expert-Verlag, Ehningen (1990)

FLEMMING, H.C.: Verkeimung und Desinfektion von Ionenaustauschern. CONCEPT-Symposion (1985): Der Einsatz von Desinfektionsmitteln bei der Produktion von Pharmazeutika.

FLEMMING, H.C.: Biofilme und Wassertechnologie, Teil I: Entstehung, Aufbau, Zusammensetzung und Eigenschaften von Biofilmen. gwf-Wasser/Abwasser 132(1991)4, 197-207

FLEMMING, H.C.: Biofouling in water treatment. In: Biofouling and biocorrosion in industrial water systems (Eds.: Flemming, Geesey), Springer-Verlag, Heidelberg (1991)

FRANSSEN, A.; H. ALBRECHT: Die Genehmigungspraxis für Kompostanlagen. Umwelt 19(1989)7/8, 383-385

GÄRTNER, S.: Untersuchungen zur biologischen Abluftbehandlung mit dem Biosorber. Diplomarbeit am Institut für Biologische Verfahrenstechnik FHT-Mannheim (1992)

GENSICKE, R.: Untersuchug der Möglichkeiten zur mikrobiellen Schadstoffentfrachtung von Galvanikschlämmen. Diplomarbeit am Institut für Biologische Verfahrenstechnik an der FHT-Mannheim (1989)

GRABBE, K.: Kompostierung biogener Reststoffe - Lösung oder Verlagerung der Entsorgungsproblematik. HdT-Vortragsveranstaltung, Essen (1991)

GRÜNEBAUM, TH.: Pufferverhalten des Abwassers gegen pH-Wert-Schwankungen. Korrespondenz Abwasser 38(1991)2, S. 214-221

GSCHWANDNER, K.: Untersuchung über den Einfluß der Desintegration von Klärschlamm auf die Faulgasproduktion. Studienarbeit am Institut für Biologische Verfahrenstechnik an der FHT-Mannheim (1990)

GUJER, W.: Verfahrenstechnische Grundlagen der Nitrifikation in Belebtschlammanlagen. Gaz-Eaux-Eaux usées. 56(1976)11, 609-614

GUJER, W.; A.J.B. ZEHNDER: Water Science Technolog. 15(1983),127-167

GUST, M.; H. GROCHOWSKI; S. SCHIRZ: Staub-Reinhaltung der Luft 39(1979)9, 308-314 und 11, 397-402

HAANDEL, A.C.; G.V.R. MARAIS: Nitrification and denitrification kinetics. University of Cape Town - South Africa; Research Report No W.39, May (1981)

HAMILTON, W.A.: Biofilms: Microbial interactions and metabolic activities. in FLETCHER, M.; T.R.G. GRAY, J.G. JONES (Hrsg.): Ecology of microbial environments. Cambridge Univ. Press (1987), 361-385

HARMS, H.; H.-P. KOOPS, H. WEHRMANN: An ammonia-oxidizing bacterium, Nitrosovibrio tenuis nov. gen. nov. sp. Arch. Microbiol. 108(1976), 105-111

HARTMANN, L.: Biologische Abwasserreinigung. Springer Verlag, Berlin-Heidelberg (1984)

HAUG, R.T.; P.L. MCCARTY: Nitrification with the submerged filter. Stanford University - EPA, Report No. 17010 EPM, (1971)

HELMER, R.; I. SEKOULOV: Weitergehende Abwasserreinigung. Verlag Braun, Mainz (1977)

HERBERT, D.; R. ELSWORTH, R.C. TELLING: J. gen. Microbiol 14(1956), 601

HILLENBRAND, TH.; E. BÖHM, P. KUNZ: Untersuchungen zur Vrebesserung der Prozeßstabilität bei der Stickstoffelimination in kommunalen Kläranlagen. Endbericht zum BMFT-Forschungsvorhaben 02-WA 8816, Karlsruhe (1991)

HÜTTERMANN, A.: Verwendung von Weißfäulepilzen in der Biotechnolologie. GIT Fachz. Lab. (1989)10, 943-950

JAEGER, D. (in RHEINHEIMER et al. (Hrsg.): Stickstoff-Kreislauf im Wasser. Oldenbourg-Verlag, München (1988)

JÄGER ET AL.: gwf-Wasser/ Abwasser 130(1989)7, 328-333

KÄMPFER, P.; P. FEIDIEKER, S. STRECHEL, M. STEIOF: Untersuchungen zum mikrobiellen Abbau von Kohlenwasserstoffen. Band 2, Veröffentlichungen aus dem Fachgebiet Hygiene der TU Berlin und dem Institut fürHygiene der FU Berlin (1988)

KALTE, P.; B. NOLTING: Stickstoff- und Phosphorelimination - Messen und Regeln. Umwelt 21(1991)6, S. 317-320

KALTWASSER, J.P.; E. WERNER: Serum Ferritin. Springer-Verlag, Berlin-Heidelberg (1980)

KAPP, H.: Zur Interpretation der "Säurekapazität" des Abwassers. gwf-wasser/abwasser 124(1983)3, S. 127-130

KAYSER, R.: Möglichkeiten und Grenzen der Flexibilisierung von Kläranlagen durch Prozeßregelung. abwassertechnik(1989)6, 13-19

KIENZLE, K.-H.: Abwasserreinigung in Kläranlagen mit Denitrifikationsbecken. Wasserwirtschaft 77(1987)3, S.109-113

KLÄRSCHLAMM-AUFBRINGUNGSVERORDNUNG (ABFKLÄRV): Klärschlamm-Verordnung. BGBl. I Nr. 21 vom 15.04.1992, 912-934

KLEIN, B.: Erfahrungen mit Leuchtbakterientests. Seminar Bioteste an der Technischen Akademie Esslingen. 21./22.10.1991

KLEIN, J.; H. ZIEHR: Immobilisierung von Mikroorganismen durch Adsorption. BioEngineering 3(1987)3, 8-16

KLEINER, D.: Bacterial ammonium transport. FEMS Microbial. Rev.32 (1985), 87-100

KLEINER, D.: Regulation des Stickstoff-Katabolismus bei Bakterien. BIOforum (1991)3, 60-63

KLEINERT, P.: Persönliche Mitteilung, Frankfurt (1989)

KREBS, F.: Der Leuchtbakterientest für die Wassergesetzgebung. Schriftenreihe des WABOLU, Heft 85 (1991)

KROOS, H.: Verfahren zur biologischen Klärung von Abwasser. Patentanmeldung Deutsches Patentamt, Offenlegungsschrift P38 26 519 A1 (1990)

KUNZ, P.: Prozeßführung von Kläranlagen - Technisch-wirtschaftliche Optimierung am Beispiel der biologischen Vorklärung. Springer-Verlag, Berlin-Heidelberg, (1988)

KUNZ, P.: Mikrobiozide in der Umwelt - eine Problemanalyse. GIT-Supplement Umwelt (1989)2, 29-35

KUNZ, P.: Gezielte Vorbehandlung zur Optimierung biologischerKlärsysteme. gwf-Wasser/Abwasser 132(1990)6, 355-359

KUNZ, P. (Hrsg.): Betrieb von Schlammbehandlungsanlagen. Erfahrungen und Perspektiven. expert-Verlag, Ehningen (1990)

KUNZ, P.: Externe Pilotierung von Versuchen im Abwasserbereich - problemorientierte Forschung und Entwicklung. wasser-luft-boden-report 35 (1991) ACHEMA-Ausgabe, 14-20

KUNZ, P.: Modulklärtechnik - Untersuchung problematischer Abwässer auf optimale Behandlung zur Rückführung in den Prozeß oder schadlosen Ableitung. Abwassertechnik 42(1991)3,

KUNZ, P.: Planung von Versuchen zur Emissionsminderung. abwassertechnik (1991)2, 54-57

KUNZ, P.: Behandlung von Abwasser. 3. Auflage; Vogel-Buchverlag, Würzburg (1992)

KUNZ, P. (Hrsg.): Gezüchtete Mikroorganismen in Abwasserreinigungsanlagen. Möglichkeiten und Grenzen. expert-Verlag, Ehningen (1992)

KUNZ, P.: Verfahrenstechnik zur Kultivierung von Spezialisten in bestehenden Abwasserreinigungsanlagen am Beispiel der Nitrifikanten-Fermentation. in Kunz, P. (Hrsg.): Gezüchtete Mikroorganismen in Abwasserreinigungsanlagen. expert-Verlag, Ehningen (1992)

KUNZ, P; G. FRIETSCH: Mikrobizide Stoffe in biologischenKläranlagen - Immissionen und Prozeßstabilität. Springer-Verlag, Heidelberg-Berlin (1986) - ISBN 3-540-16426-X

KUNZ, P.; A. CARLI, TH. MÜLLER: Entwicklung eines Perkolatorkonzeptes Zur Untersuchung der Sanierbarkeit von Böden. DECHEMA-Fachgespräche Umweltschutz (Hrsg.: D. BEHRENS; J.WIESNER): Mikrobiologische Reinigung von Böden, DECHEMA, Frankfurt (1992)

KUNZ, P; S. GÄRTNER; S. WAGNER: Vorrichtung und Verfahren zur biologischen Reinigung von Abluft mit Hilfe von Nährböden. Patentanmeldung (1991)

KUNZ, P.; M. RHODE, M. SCHULZ: Anlage und Verfahren zur Stickstoffelimination aus Wasser mit gezielter Zugabe und Entnahme von Nitrifikanten und anderen Spezialisten. Patentanmeldeschrift, August (1991)

LACEY, D.T.; F. LAWSON: Kinetics of the liquid-phase oxidation of acid ferrous sulfate by the bacterium *Thiobacillus ferrooxidans*. Biotechnology and Bioengineering 12(1980), 29-50

LASKA, R.; C. FELSCH: Werkstoffkunde für Ingenieure. Vieweg-Verlag, Wiesbaden (1987)

LEHNINGER, A.: Biochemie. Institut für med. und pharm. Prüfungsfragen. 2. Auflage, Mainz (1976)

Lemmer, H.: Entwicklungsbedingungen von Mikroorganismen in Belebungsanlagen. in KUNZ, P. (Hrsg.): Gezüchtete Mikroorganismen in Abwasserreinigungsanlagen. Möglichkeiten und Grenzen. expert-Verlag, Ehningen (1992)

LINGENS, F.: Mikrobieller Abbau von aromatischen Verbindungen. Jahrbuch Biotechnologie Band 2, Hanser-Verlag München (1988),. 297-318

LUTTER, E.: Die Entfettung - Grundlagen, Theorie und Praxis. 2. Auflage. Eugen Leuze Verlag, Saulgau (1990)

MARCHLEWITZ, B.; D. HASCHE, W. SCHWARTZ: Untersuchungen über das Verhalten von Thiobakterien gegenüber Schwermetallen. Z. für Allgemeine Mikrobiologie 1, 3(1961), 719-730

MENNER, M.; R. BRONNENMEIER: Reinigung einer formaldehydhaltigen Abluft im Technikums- und Pilotmaßstab. Seminar an der Technischen Akademie Esslingen, 23./24.09.1991

MEINERS, M.: Biotechnologie für Ingenieure. Vieweg-Verlag (1990)

MÖLLER, U.: Schlammengen und -beschaffenheit. 3. Bochumer Workshop: Neue Ansätze zur Schlammbehandlung. Bochum (1985)

MONOD, J.: Annual Rev. Microbiol. 3(1949),371

MONOD, J.: Recherches sur l croissance des cultures bactériennes. Hermann-Verlag, Paris (1950)

MONOD, J.: Technique of continuous culture - theory and application. Ann. Inst. Pasteur 79(1950), S.167 ff

MONOD, J.: Recherches sur la croissance des cultures bactériennes. Hermann, Paris (1958)

MOSEY, F.E.: Water Pollution Control (1981), 273-391

MÜLLER, J.: Interner Zwischenbericht zur Klärschlammentfeuchtung mit Hilfe von Rührwerkskugelmühlen, TU Braunschweig (1991)

MÜLLER, R.; F. LINGENS: Mikrobieller Abbau halogenierter Kohlenwasserstoffe. Ein Beitrag zur Lösung vieler Umweltprobleme? Z. f. Angew. Chemie 98(1986), 778-787

MÜLLER-HURTIG, R.; F. WAGNER: Mikrobieller Abbau von aliphatischen Kohlenwasserstoffen unter umweltrelevanten Aspekten. Jahrbuch Biotechnologie Band 3, Hanser-Verlag, München (1990) S. 337-350

OECD (organisation for economic cooperation and development): Guidelines for testing of chemicals. Paris ISBN 92-64-12221-4 (1981)

OHNMACHT, K.; M. DREYER: Mikrobielle Konversion von Lackschlämmen. Diplomarbeiten am Institut für Biologische Verfahrenstechnik der FHT Mannheim (1992)

OPALLA, F.: Anthrazit - Trägermaterial für die biologische Abwasserreinigung. in: KUNZ, P. (Hrsg.): Gezüchtete Mikroorganismen in Abwasserreinigungsanlagen. expert-Verlag, Ehningen (1992)

PAGGA, U.: Stoffprüfung in einem Kläranlagenmodell -Abbaubarkeits- und Toxizitätstests im BASF-Toximeter. Zeitschrift für Wasser- und Abwasserforschung 18(1985), 222-232

PAGGA, U.: Erfahrungen mit Abbau- und Toxizitätstestverfahren in der Praxis. Seminar Bioteste an der Technischen Akademie Esslingen, 21./22.10.1991

PARSON, F.; P.R. WOOD, J. DEMARCO: Transformations of tetrachloroethene and trichloroethene in microcosms and groundwater. J. Amer. Water Works Assoc. 76(1984), 56-59

PAUL, M.: Laboruntersuchungen zur biologischen Entrostung von Oberflächen. Studienarbeit am Institut für Biologische Verfahrenstechnik der FHT Mannheim (1991)

POREMKA, K.; W. GUNKEL, S. LANG, F. WAGNER: Mikrobieller Ölabbau im Meer. Biologie in unserer Zeit (1989)5

PREUSSNER,W.: Umbau für gestiegene Ansprüche. umwelt&technik (1989)12, 68-70

PROSSER, J.I. Nitrification. Soc. f. General Microbiology, Vol. 20(1986), IRL Press, Oxford-Washington DC

REHM, H.-J.: Einführung in die industrielle Mikrobiologie.Springer-Verlag, Heidelberg (1971)

REHM, H.-J.: Mikrobiologie und Biochemie der Kohlenwasserstoffe. in Schweisfurth, R. (Hrsg.): Angewandte Mikrobiologie der Kohlenwasserstoffe in Industrie und Umwelt. expert-Verlag, Ehningen (1988), 1-16

RHEINHEIMER, G.; W. HEGEMANN, J. RAFF, I. SEKOULOV (Hrsg.): Stickstoff-Kreislauf im Wasser. Oldenbourg-Verlag, München (1988)

RISSING, P-J.: On-site und in-situ sind die Favoriten. Chemische Industrie (1989)6, 19-22

ROEDIGER, M.; H. ROEDIGER, H. KAPP: Anaerobe alkalische Schlammfaulung. Oldenbourg-Verlag, München (1990)

ROGERS, P.L.; K.J. LEE, M.L. SKOTNICKI, D.E. TRIBE: Ethanol production by zymomonas mobilis. in Fiechter, A. (Hrsg.): Advances in Biochemical engineering/microbial reactions.Springer-Verlag, Berlin - Heidelberg (1982)

SAHM, H.; S. BRINGER-MEYER: Continuous ethanol production by zymomonas mobilis on an industrial scale. Acta Biotechnol. 7(1987)4

SATTLER, K.: Thermische Trennverfahren. VCH-Verlag, Weinheim (1990).

SAUNDERS, L.: Demineralized water for pharmazeutical purposes. H. Pharm. Pharmaceut. 6 (1954), 1014-1022

SCHÄFER-TREFFENFELDT, W.: Metallgewinnung aus mineralischen Industrierückständen mit Hilfe chemoautotropher Bakterien und Einfluß von heterotrophen Begleitorganismen auf die Laugung eines Flotationsrückstandes. BMFT-FB-T 84-257, (1986)

SCHLEGEL, H.G.: Allgemeine Mikrobiologie. Thieme-Verlag (1985)

SCHOENEN, D.: Der Einfluß von Werkstoffen auf die mikrobielle Besiedlung des Trinkwassers. CONCEPT-Symposion (1988): Wasseraufbereitung für pharmazeutische Zwecke.

SCHÜGERL, K.: Bioreaktionstechnik, Band 1. Otto Salle Verlag/Verlag Sauerländer (1987)

SCHULZ GEN. MENNINGMANN, J.M.: Biologie submerser Nitrifikations-Festbetten in der Abwasseraufbereitung, unter besonderer Berücksichtigung des Besiedlungsverhaltens von Nitrifikanten. Dissertation TH Aachen (1991)

SIGG, L.; W. STUMM: Aquatische Chemie. B.G. Teubner-Verlag, Stuttgart (1992)

SINGER, W.; H. STRAUB: Korrosion und Oberflächenbehandlung. VDI-Verlag, Düsseldorf (1978)

STEIN, T.; K. KÜSTER: Der biologische Abbau von TBTO in einer Belebtschlammanlage. Z. f. Wasser und Abwasserforschung 15(1982)4, 178-180

STILLER, J.: Die biologische Bedeutung der Schutzhüllenbildung bei peritrichen Ciliaten und ihre Bedeutung als Bioindikator bei der Beurteilung des Wassers. Annales historico naturales Hungarici Pars Zoologica 54(1962), 231-236

SVENSON, A.; L.O. KJELLER; C. RAPPE: Enzyme mediated formation of 2,3,7,8 tetra-substituted chlorinated Dibenzodioxin and Dibenzofurans. ENVIRON. SCIENCE TECHNOLOGY 23(1989)

TAGUCHI, H.; A.E. HUMPHREY: J. Fermenter Technol. 44(1966), 881

TANAKA, H.; H. KUROSAWA, H. MURAKAMI: Ethanol production from starch by a coimmobilized mixed culture system of aspergillus awamori and zymomonas mobilis. Biotechnology and Bioengineering 28(1986)12

THAUER, R.K.; K. JUNGERMANN, K. DECKER: Energy conservation in chemotrophic anaerobic bacteria. Bact. Reviews 41(1977), 100-180

THOMLINSON, BOON, TROTMAN: Inhibition of nitrification in the activated sludge process of sewage disposal. J. App. Bacteriol. 29(1966)2, 266-291

THOFERN, E.: Die Erscheinungsformen mikrobieller Oberflächenbesiedlung in Trinkwasserspeichern. gi 102.Jhrg. (1988)3, 114-116

TRASCH, H.: Persönliche Mitteilungen (1992)

TRINKWASSERVERORDNUNG (TWVO): Verordnung über Trinkwasser un über Wasser für Lebensmittelbetriebe. BGBl. I, S. 2613 vom 12.12.1990

TUTTLE, J.H.; P.R. DUGAN: Inhibition of growth, iron and sulfur oxidation in Thiobacillus ferrooxidans by simple organic compounds. Canadian J. of. Microbiology 22(1976), 719-730

UHLIG, H.; B. SPRÖSSLER, H. PLAINER, T. TAEGER Anwendung von Enzympräparaten in der Technik. Jahrbuch Biotechnologie Band 1, Hanser-Verlag, München (1987), 303-340

VCI (Verband der Chemischen Industrie): Verfahrensberichte zur Abwasserbehandlung. Frankfurt (1986)

VDI-Richtlinie3477: Biofilter.

VDI-Richtlinie 3478: Biowäscher.

VOGEL, T.M.; P.L. MC CARTY: Biotransformation of tetrachloroethylene to trichloroethylene, dichlorothylene, vinylchloride and carbon dioxide under methanogenic conditions. Appl. Environm. Microbiol. 49(1985), 1080-1083

VESTER, F.: Ballungsgebiete in der Krise. DeutscheVerlagsanstalt, Stuttgart (1976)

VROLIJK, N.H.; N.M. TARGETT, R.E. BAIER, A.E. MEYER: Surface charakterisation of two Gorgonion coral species; implications for a natural antifouling defence (1990)

WAGNER, R.; G. KAYSER: Laboruntersuchungen zur Hemmung der Nitrifikation durch spezielle Inhaltsstoffe industrieller und gewerblicher Abwässer. gwf-Wasser/ Abwasser 131(1990)4, 165-177

WAHL, M.; B. BANAIGS, F. LAFARGUE: Aufwuchs und Verteidigung oder Lernen von Meeresorganismen. Spektrum der Wissenschaft (1989)2, 15-18

WALLHÄUSER, K.H.: Anforderungen an Wasser für pharmazeutische Zwecke. CONCEPT-Symposion (1988): Wasseraufbereitung für pharmazeutische Zwecke.

WATSON, S.W.: Family I. Nitrobacteriaceae. in: Buchanan, R.E. and Bibbons, N.E. (eds): Bergey's manual of determinative bacteriology, 8th ed. he Williams & Wilkens Co.,Baltimore (1974)

WASSERHAUSHALTSGESETZ (WHG): vom 27.07.57, Neufassung des Gesetzes zur Ordnung des Wasserhaushaltes vom 16.10.76,BGBl. I 3018. geändert am 14.12.76, BGBl. I 3341, zuletzt novelliert am 25.07.86 mit Wirkung zum 01.01.87, BGBl. I1165, Neufassung im BGBl. I S. 530

WEIL, H.: Deusche Patentschrift zur Abwasserreinigung mit Trägermaterial (1991)

WIESMANN, U.: Kinetik und Reaktionstechnik der anaeroben Abwasserreinigung. Chem.-Ing.-Tech. 60(1988)6, 464-474

WILDERER, P.A.; E.D. SCHROEDER: Anwendung des Sequencing Batch Reactor-Verfahrens zur Biologischen Abwasserreinigung. Hamburger Berichte zur Siedlungswasserwirtschaft, Heft 4 (1986)

WINKEL, P.: Entrostung von Oberflächen durch ein biologisches Produt. Schriftenreihe Praxisforum. Fachbroschüre Umwelttechnik 31/91, Berlin (1991)

WIRKUS, H.; I. SEKOULOV: Laboruntersuchungen zur Bestimmung des Einflusses der Fällmittel $FeSO_4$ und $Al_2(SO_4)_3$ auf die Nitrifikationsrate in Festbettreaktoren. gwf-Wasser/Abwasser 131(1990)1, 12-15

WOESE, C.R.; E. STACKEBRANDT, W.G. WEISBURG ET AL.: Syst. Appl. Microbiol. 5(1984), 314-326

ZAHN, R.; H. WELLENS: Prüfung der biologischen Abbaubarkeit im Standversuch. Z. f. Wasser + Abwasserforschung 13(1980)1, 1-7

ZLOKARNIK,M: Neue Wege. BioTechForum 3(1986)4

7 STICHWORTVERZEICHNIS

Chemie und Umwelt

Ein Studienbuch für Chemiker, Physiker, Biologen und Geologen

von Andreas Heintz und Guido Reinhardt

2., durchgesehene Auflage 1991. X, 359 Seiten, 106 Abbildungen und 65 Tabellen. Kartoniert.
ISBN 3-528-16349-6

Dieses Studienbuch bietet in geschlossener Form eine ausführliche Darstellung des Themas „Chemie und Umwelt". Treibhauseffekt, Ozonloch, Waldsterben, Rauchgasreinigung oder der Kfz-Katalysator werden ebenso behandelt wie Probleme des Bodens und der Gewässer, beispielsweise die Kreisläufe von Schwermetallen, Düngemitteln, Pestiziden oder chlorhaltigen Chemikalien. Dabei gehen die Autoren nicht nur auf die aktuellen Schlagwörter ein, sondern vermitteln ein Verständnis der komplexen Vorgänge in der belebten und unbelebten Natur und erläutern Quellen und Auswirkungen anthropogener Emissionen. Besonderes Gewicht messen die Autoren den Strategien zur Vermeidung und Verringerung von Schadstoffen sowie den Wiederverwertungsmöglichkeiten bei. – Die Autoren weisen auf gesetzliche Regelungen und Grenzwerte hin und zeigen auch politische und wirtschaftliche Konsequenzen auf.
Das Buch wendet sich an Studierende naturwissenschaftlicher Fachrichtungen, insbesondere der Chemie, Physik, Biologie und Geologie. Physikalisch-chemische Grundkenntnisse werden vorausgesetzt.

Verlag Vieweg · Postfach 58 29 · D-6200 Wiesbaden 1

Grundlagen der Mechanischen Verfahrenstechnik

von Friedrich Löffler und Jürgen Raasch

1992. VIII, 187 Seiten. Kartoniert.
ISBN 3-528-08341-7

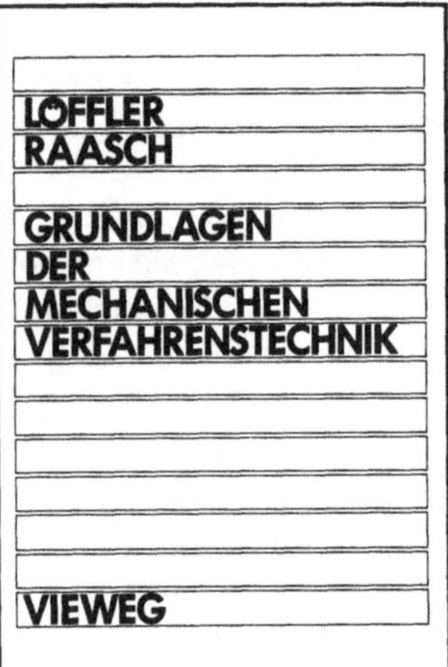

Dieses Lehrbuch soll als vorlesungsbegleitende Einführung in die „Grundlagen der Mechanischen Verfahrenstechnik" dienen und wendet sich damit besonders an die Studierenden in diesem Fach. Es kann darüber hinaus aber auch all denen empfohlen werden, die sich für Partikeltechnik interessieren oder Probleme aus diesem Bereich zu lösen haben. Die Darstellung in diesem Buch lehnt sich eng an die von Professor Dr.-Ing. Dr. h.c. Hans Rumpf eingeführte Struktur der Lehre der Mechanischen Verfahrenstechnik an und betont die physikalischen und theoretischen Grundlagen. Es beginnt mit den Problemen der Beschreibung disperser Systeme, d.h. der Kennzeichnung von Partikeln und der Darstellung von Mengenverteilungen. Danach werden die Grundlagen des Trennens, des Mischens, des Zerkleinerns, des Agglomerierens, der Eigenschaften von Packungen, der Bewegung von Partikeln in Strömungen und der Durchströmung von Packungen und Wirbelschichten dargestellt.

Verlag Vieweg · Postfach 58 29 · D-6200 Wiesbaden 1

SPRINGER NATURE

GPSR Compliance

The European Union's (EU) General Product Safety Regulation (GPSR) is a set of rules that requires consumer products to be safe and our obligations to ensure this.

If you have any concerns about our products, you can contact us on ProductSafety@springernature.com

In case Publisher is established outside the EU, the EU authorized representative is:

Springer Nature Customer Service Center GmbH
Europaplatz 3
69115 Heidelberg, Germany

Zeitfracht Medien GmbH
Ferdinand-Jühlke-Straße 7
99095 Erfurt, Deutschland
produktsicherheit@kolibri360.de